高等学校计算机公共课程"十三五"规划教材

全国高等院校计算机基础教育研究会立项教材

大学计算机基础

（第五版）

主　编　王建国　乔奎贤

副主编　李　文　孙晓燕　张　雅　罗鸿雁

U0316442

中国铁道出版社有限公司

CHINA RAILWAY PUBLISHING HOUSE CO., LTD.

内 容 简 介

本书是按照教育部非计算机专业计算机基础教学指导分委员会提出的《关于进一步加强高等学校计算机基础教学的意见》中的相关要求,并结合当前计算机的发展以及应用型大学的实际情况而编写的。本书是高等院校计算机基础教育研究会立项教材。

本书主要讲述计算机的基本概念和技术,注重基础性和实用性。其内容包括:计算机与计算思维、计算机系统基础、信息表示与计算基础、操作系统基础、计算机网络技术基础、办公自动化基础、软件开发技术、数据的组织与管理技术、多媒体技术基础。在内容组织上注重基础知识与计算机应用的结合,在清晰阐述计算机基础知识和应用技术的基础上,介绍计算机新技术的发展和应用。本书内容翔实,浅显易懂,图文并茂,基础理论知识与应用操作相结合,使读者更容易掌握所学知识。

本书适合作为应用型高等院校非计算机专业本科生和计算机专业高职高专学生的教材,也可作为计算机爱好者的自学参考书。

图书在版编目(CIP)数据

大学计算机基础/王建国,乔奎贤主编. —5 版. —北京:
中国铁道出版社,2016.8(2020.9重印)
高等学校计算机公共课程"十三五"规划教材
ISBN 978-7-113-22306-9

Ⅰ. ①大… Ⅱ. ①王… ②乔… Ⅲ. ①电子计算机—高等
学校—教材 Ⅳ. ①TP3

中国版本图书馆 CIP 数据核字(2016)第 208293 号

书　　名:	大学计算机基础(第五版)	
作　　者:	王建国　乔奎贤	

策　　划:	滕　云	编辑部电话: (010) 63549501
责任编辑:	唐　旭　冯彩茹	
编辑助理:	陆慧萍	
封面设计:	白　雪	
责任校对:	汤淑梅	
责任印制:	樊启鹏	

出版发行: 中国铁道出版社有限公司(100054,北京市西城区右安门西街 8 号)
网　　址: http://www.tdpress.com/51eds/
印　　刷: 三河市宏盛印务有限公司
版　　次: 2006 年 8 月第 1 版　2007 年 8 月第 2 版　2011 年 8 月第 3 版　2013 年 9 月第 4 版
　　　　　2016 年 8 月第 5 版　2020 年 9 月第 5 次印刷
开　　本: 787 mm×1 092 mm　1/16　印张: 16.5　字数: 380 千
书　　号: ISBN 978-7-113-22306-9
定　　价: 38.00 元

前言
（第五版）

"大学计算机基础"是目前大学计算机基础教育的核心课程之一，是大学生学习计算机知识的入门课程，也是高等学校计算机基础教育课程体系改革的重要举措之一。本书第二版自出版发行后，在使用过程中得到了广大师生的一致好评，符合应用型高等院校学生的具体实际情况。近两年来，我校进行了大学计算机基础课程的考试改革，将这门课程的考试改革为以机试为主，并取得了良好的效果，这就要求教材更要贴近实际应用。同时为了使本书在内容上能更好地满足培养应用型人才的需要，我们对第四版的结构进行了部分调整，按内容分为基础篇和应用篇，在内容上补充了一些新的计算机技术，剔除了一些过时的内容，在思路上更加偏重基本知识的讲述和技术应用的阐述。

本书具有以下几个方面的特色：

（1）在指导思想上，继续立足于培养21世纪急需的应用型人才。在充分考虑学生应该学习的基础知识以及机试特点的基础上，更加注重基础知识的讲解和具体应用的阐述。

（2）在内容上，继续注重基础性和实用性。讲述计算机基本概念和技术的同时，更加注重基础知识与计算机应用的结合。但考虑到很多同学需要参与全国计算机等级考试，因此在知识体系方面也兼顾到计算机等级考试大纲的要求。

（3）在选材方面，继续以基础、简明、实用为取材原则，确定各章、节的具体内容。清楚地阐述计算机基础知识和应用技术基础的同时，又介绍了计算机新技术的发展和应用。

（4）在写法上，继续保持简明扼要、理例结合、条理清楚、深入浅出的写作风格，力求易读易懂、易教易学。

（5）在辅助学习方面，本教材还配有专门的实验指导和习题，为学生自学提供了方便，同时减轻了教师实验辅导的工作量。

本书由王建国、乔奎贤任主编，李文、孙晓燕、张雅和罗鸿雁任副主编。尽管编者力求精益求精，付出了艰辛的劳动，但由于水平和视野有限，不足和疏漏之处在所难免，恳请广大读者提出宝贵的意见和建议。

编　者
2016 年 7 月

目　录

基　础　篇

应　用　篇

基础篇

第 1 章　计算机与计算思维

学习目标：

- 掌握计算机系统的基本概念和基础知识；
- 了解计算机的发展历程、特点、分类和应用；
- 掌握"冯·诺依曼型"计算机的特点；
- 理解计算思维的本质。

在认识世界的过程中，人类逐步发明了许多种工具，利用这些工具，人类的体力劳动得到了很大程度的解放，而计算机则延伸了人类的脑力，这不仅是由于计算机的高速度和高精度特性提高了处理信息的速度和正确性，更重要的是，它在相当多的场合中替代了人的脑力劳动，把人类从简单重复的单纯性、事务性工作中解脱出来，使人类能够把更多的时间和精力集中在对信息的分析和利用上，提高决策的正确性及时性，从而加快了人类社会的信息化进程。

本章主要介绍计算机的基本概念，回顾计算机的产生和发展情况及其发展方向，介绍计算机的特点、分类和应用。通过对这些知识的学习，可以初步了解和认识计算机，同时为后面的进一步学习奠定基础。

▶▶▶ 1.1　计算机的基本概念与发展

电子计算机（Electronic Computer）简称计算机，诞生于 20 世纪 40 年代。计算机的研制成功是 20 世纪的一项重大科学技术成就，计算机与以往任何机器相比，具有本质的差别。纵观历史，无论是蒸汽机、电动机，还是内燃机，都只是人的动作器官的延伸，它们放大了人的体力，而计算机能自动进行数值计算、信息处理、自动化管理……且工作效率比人高千百万倍。

1.1.1　计算概述

计算可分为基本计算、复合计算和基于计算机模型的计算。基本计算包括：

① 数值计算，即加、减、乘、除、微分、积分等。

② 字符计算，包括并串（例如，在网上搜索时为了提高效率，往往需要将几个关键词组合在一起进行搜索，组合关键词的操作称为并串计算）、取串（例如，在身份证编

号中提取出生年月的操作，称为取串计算）、找串（例如，文本编辑中对词的替换操作的第一步，就是在文本中找到与指定字符相同的字符，称为找串操作）等。

③ 图像计算，包括图像分割和图像压缩。图像分割指的是将数字图像细分为多个图像子区域（像素的集合，也称超像素）的过程。图像分割的目的是简化或改变图像的表示形式，使得图像更容易理解和分析，它常用于卫星定位、医学影像分析、指纹识别。图像压缩是指图像的数据量非常大，为了有效地传输和存储图像，有必要压缩图像的数据量。随着现代通信技术的发展，要求传输的图像信息的种类和数据量越来越大，若对此不进行数据压缩，便难以推广应用，因为原始图像数据是高度相关的，存在很大的冗余。数据冗余造成数据存储与传输的资源浪费，消除这些冗余可以节约码字，也就达到了数据压缩的目的。除此之外，图像计算还包括图像解压等。

严格、确定、精确的计算称为硬计算。在处理现实生活中的许多问题时，硬计算并不适用。用不确定、不精确及不完全真值的容错来取代低代价的解决方案称为软计算，它模拟自然界中智能系统的生化过程（人的感知、脑结构、进化和免疫等）来有效地处理日常工作。软计算包括模糊逻辑、人工神经网络、遗传算法和混沌理论几种计算模式。这些模式是互补及相互配合的，因此在许多应用系统中组合使用。

1.1.2　计算机的定义

计算无处不在，人类进行运算所使用的工具，也经历了从简单到复杂，由低级到高级的转变；从结绳计数到制定历法，指导农业生产，到算盘的出现，再到电子计算机诞生，直到大型主机时代的来临。高性能集群计算对人类社会的进步起到了推波助澜的作用，随着人类的发展脚步越来越快，人类社会也进入了一个崭新的计算时代。

计算机是由一系列电子元器件组成的机器，在软件的控制下进行数值计算和信息处理。它能按照程序引导的确定步骤，对输入数据进行加工处理、存储或传送，以便获得所期望的输出信息，从而利用这些信息提高社会生产率。

顾名思义，计算机首先具有计算能力。计算机不仅可以进行加、减、乘、除等算术运算，而且可以进行逻辑运算并对运算结果进行判断从而决定执行何种操作。正是由于具有这种逻辑运算和推理判断的能力，使计算机成为一种特殊机器的专用名词，而不再是简单的计算工具。为了强调计算机的这些特点，有人将它称为"电脑"，以说明它既有计算能力，又有逻辑推理能力。

计算机还具有逻辑判断能力。计算机具有可靠的判断能力，以实现计算机工作的自动化，从而保证计算机控制的判断可靠、反应迅速、控制灵敏。至于有没有思维能力，这是一个目前人们正在深入研究的问题。

计算机还具有记忆能力。在计算机中有容量很大的存储装置，它不仅可以长久性地存储大量的文字、图形、图像、声音等信息资料，还可以存储指挥计算机工作的程序。当用计算机进行数据处理时，首先将事先编写的程序存储到计算机中，然后按程序的要求一步一步地进行各种运算，直到程序执行完毕为止。因此，计算机必须是能存储源程序和数据的装置。

除了具有计算功能之外，计算机还能进行信息处理。在信息社会中，各行各业随时随地都会产生大量的信息。人们为了获取、传送、检索信息，必须对信息进行有效的组织和管理。这一切都可以在计算机的控制之下实现，所以说计算机是信息处理的工具。

因此，计算机是一种能按照事先存储的程序，自动、高速、准确地进行大量数值计算和各种信息处理的现代化智能电子装置。

1.1.3　计算机的诞生与发展历程

计算机诞生至今，以惊人的速度发展着，首先是晶体管取代了电子管，继而是微电子技术的发展，使得计算机处理器和存储器上的元件越来越小，数量却越来越多。计算机的运算速度和存储容量迅速增加，各方面的功能也越来越强大。随着计算机的微型化和网络化，计算机已渗透到了人们生活中的各个领域，被普遍地应用到科学技术、文化教育、工农业生产、国防建设以及日常生活中，有力地推动了信息社会的发展。计算机作为获取、加工、存储、处理与管理信息的工具，已成为 21 世纪人们重要的生活、工作工具。

1.　计算机的诞生

在 20 世纪 40 年代，由于当时进行的第二次世界大战亟需高速准确的计算工具来解决弹道计算问题，因此，在美国陆军部的主持下，美国宾夕法尼亚大学莫尔学院的莫克利（Mauchly）、艾克特（Eckert）等人于 1946 年设计并制造了世界上第一台电子数字积分计算机（Electronic Numerical Integrator and Calculator，ENIAC）供美国军方使用，如图 1-1 所示。

ENIAC 的功能在当时是出类拔萃的，与手工计算机相比速度得到了极大的提升。但 ENIAC 也存在着明显的缺点，如体积庞大、耗电量大、字长短、不能存储程序、编程困难等。这些缺点极大地限制了机器的运行速度，急需更合理的结构

图 1-1　第一台电子数字计算机 ENIAC

设计。随后，数学家冯·诺依曼（John von Neumann）在新型计算机的研制过程中，提出了一种全新的存储程序式通用电子计算机设计方案，即现在所称的"冯·诺依曼型"计算机。从此，计算机从实验室研制阶段进入工业化生产阶段，其功能从科学计算扩展到数据处理，计算机产业化趋势开始形成。

2.　计算机的发展历程

以计算机物理器件的变革作为标志，可以将计算机的发展划分为 4 个重要的发展阶段。

第一阶段（1946—1957 年）为电子管计算机时代，计算机应用的主要逻辑元件是电子管。电子管计算机的特点是：体积庞大、运算速度低（一般每秒几千次到几万次）、成本高、可靠性差、内存容量小。这一时期的计算机主要用于科学计算，被应用于军事和科学研究工作。其代表机型有 ENIAC、IBM 650（小型机）、IBM 709（大型机）等。

第二阶段（1958—1964 年）为晶体管计算机时代，计算机应用的主要逻辑元件是晶体管。晶体管计算机的应用被扩展到数据处理、自动控制等方面。计算机的运算速度已提高到每秒几十万次，体积已大大减小，可靠性和内存容量也有较大的提高。其代表机型有 IBM 7090、IBM 7094、CDC 7600 等。

第三阶段（1965—1970 年）为集成电路计算机时代，计算机的主要逻辑元件是集成电路。计算机的运算速度提高到了每秒几十万次到几百万次，可靠性和存储容量进一步提高。这一时期的计算机外围设备种类繁多，计算机和通信密切结合起来，广泛地应用到科学计算、数据处理、事务管理、工业控制等领域。其代表机型有 IBM 360 系列、富士通 F230 系列等。

第四阶段（1971 年至今）为大规模和超大规模集成电路计算机时代，计算机的主要逻辑元件是大规模和超大规模集成电路。计算机的运算速度可达到每秒上千万次到亿万次。计算机的存储容量和可靠性有了很大提高，功能更加完备。计算机的类型除小型、中型、大型机外，开始向巨型机和微型机（个人计算机）两个方向发展。计算机已进入办公室、学校和家庭。

从计算机工作原理来看，以上 4 代计算机都是基于数学家冯·诺依曼提出的"存储程序"的思想：将程序和数据以二进制数的形式预先存储在计算机的存储器中，执行程序时，计算机从存储器中逐条取出指令进行相应操作，完成数据的计算处理和输入/输出。这种"存储程序"的思想是计算机科学发展历史上的里程碑，对于计算机科学的发展具有根本性的指导意义，通常将基于这一原理的计算机称为冯·诺依曼型计算机。

1.1.4　微型计算机的发展

大规模集成电路的发展为计算机的微型化打下了坚实的基础，20 世纪 70 年代初在美国硅谷诞生了第一片微处理器（Micro Processor Unit，MPU）。MPU 将运算器和控制器等部件集成在一块大规模集成电路芯片上作为中央处理部件。微型计算机就是以 MPU 为核心，再配上存储器、接口电路等芯片构成的。短短的 40 多年中，微处理器集成度几乎每 18 个月增加 1 倍，产品每 2～4 年更新换代一次。微型计算机以微处理器的字长和功能为主要划分依据，经历了 6 代演变。

第一代（1971—1973 年）：4 位和 8 位低档微型计算机。字长为 4 位的微处理器的典型代表是 Intel 公司的 4004，由它作为微处理器的 MCS-4 计算机是第一台微型计算机。随后，Intel 公司又推出了以 8 位微处理器 8008 为核心的 MCS-8 微型计算机。这一阶段的微型计算机主要用于处理算术运算、家用电器及简单的控制等。

第二代（1974—1977 年）：8 位中高档微型计算机。在这个阶段，微处理器的典型代表有 Intel 公司的 Intel 8080、Zilog 公司的 Z-80 和 Motorola 公司的 MC 6800。采用这些中高档微处理器的微型计算机其运算速度提高了一个数量级，主要用于教学和实验、工业控制、智能仪器等。

第三代（1978—1984 年）：16 位微型计算机。在这个阶段，微处理器的典型代表有 Intel 公司的 Intel 8086/8088、Zilog 公司的 Z-8000 和 Motorola 公司的 MC 68000。IBM 选择 Intel 8086 作为微处理器，于 1981 年成功开发了个人计算机（IBM PC），从此开始了个人计算机大发展的时代。1982 年 2 月，Intel 公司推出了超级 16 位微处理器 Intel 80286，能够实现多任务并行处理。

第四代（1985—1992 年）：32 位微型计算机。在这个阶段，微处理器的典型代表有 Intel 公司的 Intel 80386。该微处理器集成了 27.5 万个晶体管，数据总线和地址总线均为 32 位，具有 4 GB 的物理寻址能力。1989 年 4 月，Intel 公司又推出了 Intel 80486 微处理器，其芯片内集成了 120 万个晶体管。从此，PC 的功能越来越强大，可以构成与 20 世纪 70 年代大、中型计算机相匹敌的计算能力，并有取而代之之势。

第五代（1993—2005 年）：奔腾（Pentium）系列微处理器时代。典型产品是 Intel 公司的奔腾系列芯片及与之兼容的 AMD 的 K6 系列微处理器芯片。内部采用了超标量指令流水线结构，并具有相互独立的指令和数据高速缓存。随着 MMX（Multi Media eXtended）微处理器的出现，使微机的发展在网络化、多媒体化和智能化等方面跨上了更高的台阶。

第六代（2005 年至今）：酷睿（Core）系列微处理器时代。"酷睿"是一款领先节能的新型微架构，设计的出发点是提供卓然出众的性能和能效，也就是所谓的能效比。2010年 6 月，Intel 发布第二代 Core i3/i5/i7 处理器，基于全新的 SNB（Sandy Bridge）微架构。SNB 是重新定义了"整合平台"的概念，与处理器"无缝融合"的"核芯显卡"终结了"集成显卡"的时代，SNB 采用了更加先进的 32 nm 制造工艺，使 CPU 功耗进一步降低，并使电路尺寸和性能显著优化，进而为将"核芯显卡"与 CPU 封装在同一块基板上创造了有利条件。此外，第二代酷睿还加入了全新的高清视频处理单元，其视频处理速度大大提高。

1.1.5　计算机的发展方向

21 世纪是人类走向信息社会的世纪、是网络的时代。现代计算机的发展表现在两个方面：一是电子计算机的发展趋势更加趋向于巨型化、微型化、网络化和智能化；二是非冯·诺依曼结构化。

1. 电子计算机的发展趋势

（1）巨型化

巨型化是指计算机的运算速度更快、存储容量更大、功能更强，而不是指计算机的体积大。巨型计算机运算速度通常在每秒一亿次以上，存储容量超过太字节。例如，1997年中国成功研制了"银河-Ⅲ"巨型计算机，如图 1-2 所示，其运算速度已达到 130 亿次/s。巨型机主要应用于天文、军事、仿真等需要进行大量科学计算的领域。

（2）微型化

微型化是指进一步提高集成度，目的是利用超大规模集成电路研制质量更加可靠、性能更加优良、价格更加低廉、整机更加小巧的微型计算机。微型计算机现在已大量应用于仪器、仪表、家用电器等小型仪器设备中，同时也作为工业控制过程的心脏，使仪器设备实现"智能化"。

（3）网络化

网络化是用通信线路将各自独立的计算机连

图 1-2　银河系列巨型计算机

接起来，以便进行协同工作和资源共享。例如，通过 Internet，人们足不出户就可以获取大量的信息，进行网上交易等。今天，网络技术已经从计算机技术的配角地位上升到与计算机紧密结合、不可分割的地位，产生了"网络电脑"的概念。

（4）智能化

计算机的智能化就是要求计算机具有人的智能。能够像人一样思维，使计算机能够进行图像识别、定理证明、研究学习、探索、联想、启发和理解人的语言等，它是新一代计算机要实现的目标。智能化使计算机突破了"计算"这一初级的含义，从本质上扩充了计算机的能力，可以越来越多地代替人类的脑力劳动。

2. 非冯·诺依曼结构计算机

近年来通过进一步的深入研究发现，由于电子电路的局限性，理论上基于冯·诺依曼原理的电子计算机的发展也有一定的局限，因此，人们提出了制造非冯·诺依曼结构计算机的想法。该研究主要有两大方向：一是创造新的程序设计语言，即所谓的"非冯·诺依曼"语言；二是从计算机元件方面进行研究，如研究生物计算机、光计算机、量子计算机等。

1982年，日本提出了"第五代计算机"，其核心思想是设计一种所谓的"非冯·诺依曼"语言——PROLOG语言。PROLOG语言是一种逻辑程序设计语言，主要是将程序设计变成逻辑设计，突破传统的程序设计概念。

20世纪80年代初，人们着手研究由蛋白质分子或传导化合物元件组成的生物计算机。研究人员发现，遗传基因——脱氧核糖核酸（DNA）的双螺旋结构能容纳大量信息，其存储量相当于半导体芯片的数百万倍。两个蛋白质分子就是一个存储体，而且阻抗低、能耗小、发热量极小。人们基于这一特点，研究如何利用蛋白质分子制造基因芯片。尽管目前生物计算实验距离使用还很遥远，但是鉴于人们对集成电路的认识，其前景十分看好。

光计算机是用光子代替电子来传递信息。1984年5月，欧洲研制出世界上第一台光计算机。光计算机有三大优势：①光子的传播速度非常快，电子在导线中的运行速度与其无法相比，采用硅、光混合技术后，其传送速度可达到每秒万亿字节；②光子不像带电的电子那样相互作用，因此经过同样窄小的空间通道可以传送更多数据；③光无须物理连接。如果能将普通的透镜和激光器做得很小，以至于能安装在微芯片的背面，那么未来的计算机就可以通过稀薄的空气传送信号。

量子计算机是一种基于量子力学原理，利用质子、电子等亚原子微粒的某些特性，采用深层次计算模式的计算机。这一模式只由物质世界中一个原子的行为决定，而不是像传统的二进制计算机那样将信息分为0和1（对应于晶体管的开和关）进行处理。在量子计算机中最小的信息单元是一个量子比特，量子比特不只有开和关两种状态，而是能以多种状态同时出现，这种数据结构对使用并行结构计算机来处理信息是非常有利的。量子计算机还具有一些近乎神奇的性质：信息传输几乎不需要时间（超距作用），信息处理所需的能量可以接近于零。

1.1.6　计算机的特点

计算机作为一种通用的信息处理工具之所以具有很强的生命力，并以飞快的速度发展，是因为本身具有许多特点，具体表现在以下5个方面：

1. 运算速度快

运算速度是衡量计算机性能的重要指标之一，现在高性能计算机的运算速度已达到每秒几十万亿次，甚至千万亿次，微型计算机也可达每秒上亿次。

2. 计算精确度高

现在计算机对数据处理的结果精度可以有十几位甚至几十位（二进制）有效数字，

计算精度可由千分之几到百万分之几，是其他任何计算工具无可比拟的。而且在理论上计算机的计算精度并不受限制，通过一定的技术手段可以实现任何精度要求。

3. 记忆能力强

随着计算机存储容量的不断增大，可存储记忆的信息越来越多。目前，计算机不仅提供了大容量的主存储器，同时提供了海量的外部存储器，只要存储介质不被破坏，就可以使信息永久保存，永不丢失。

4. 具有逻辑判断能力

计算机不仅能进行数值计算，而且能进行各种逻辑运算，具有逻辑判断能力。因此，可以处理各种非数值数据，如语言、文字、图形、图像和音乐等。

5. 具有自动控制能力

计算机的内部操作是根据人们事先编写的程序自动控制进行的。用户可根据需要，事先设计好运行步骤与程序，计算机十分严格地按程序规定的步骤操作，整个过程不需要人工干预。这也是计算机区别于其他工具的本质特点。

1.1.7 计算机的分类

计算机已经发展成为一个庞大的家族，并表现出不同的特点。根据其特点，可以从不同的角度对计算机进行分类。总的来说，计算机根据其功能可分为通用计算机和专用计算机。专用计算机功能单一，适应性较差，但是在特定的用途下，配备解决特定问题的软、硬件可以高效、快速、可靠地解决特定问题。通用计算机功能齐全、通用性强，通常人们所说的计算机就是指通用计算机。通用计算机又可按照计算机的运算速度、存储容量、指令系统的规模等综合指标将其划分为巨型机、大型机、小型机、微型机、服务器及工作站等几大类。

1. 巨型机

巨型机运算速度快，可达每秒几百亿次；主存容量大，最高可达几百兆字节甚至几百万兆字节；结构复杂，一般采用多处理器结构，价格昂贵。巨型机的生产和研制是衡量一个国家经济实力和科技水平的重要标志。中国自行研制的银河系列巨型机的运算速度已达每秒上万亿次，从而成为世界上能研制巨型机的少数几个国家之一。巨型机主要应用于复杂、尖端的科学研究领域，特别是军事科学领域。

2. 大型机

大型机是指通用性能好、外围设备负载能力强、处理速度快的一类计算机。在运算速度、主存容量等性能指标方面仅次于巨型机。大型机主要应用于大公司、银行、政府部门、制造企业等大型机构中，进行事务处理、商业处理、信息管理、大型数据库处理和数据通信等。

3. 小型机

小型机具有规模小、结构简单、价格较低、易于操作和维护等优点，既可用于科学计算、数据处理，也可用于工业自动控制、数据采集及分析处理。

4. 微型机

微型机采用微处理器、半导体存储器和输入/输出接口等部件，体积小、性能价格比高、灵活性好、使用方便，是当今世界上使用最广泛、数量最多的一类计算机。

5. 服务器

服务器是在计算机网络环境下为多用户提供服务的共享设备，一般分为文件服务器、打印服务器、计算服务器和通信服务器等。服务器一般具有大容量、可靠的存储设备及丰富的外围设备。服务器上的资源可供网络用户共享。

6. 工作站

工作站是介于微型机和小型机之间的一种高档微型计算机，具有较强的图形功能和数据处理能力，一般配有大屏幕显示器和大容量的内存和外存。主要应用于图形、图像处理。

随着大规模集成电路的发展，目前，微型计算机与工作站、小型计算机乃至大型机之间的界限越来越模糊，现在微处理器的速度已经达到甚至超过了过去一些大型机 CPU 的速度。

▶▶▶ 1.2 计 算 思 维

计算思维在计算机领域广泛地被认识和关注，科学界把计算思维、实验思维和理论思维认为是人类的三大科学思维方式。

思维是思维主体处理信息及意识的活动，从某种意义上说，思维也是一种广义的计算。思维过程是一个从具体到抽象，再从抽象到具体的过程，其目的是在思维中再现客观事物的本质，达到对客观事物的具体认识。思维规律由外部世界的规律所决定，是外部世界规律在人的思维过程中的反映。

1.2.1 计算机应用系统的计算模式

计算机应用系统中数据与应用（程序）的分布方式称为企业计算机应用系统的计算模式，有时也称企业计算模式。在计算机的发展过程中，计算机应用系统的模式发生了几次变革，它们分别是单主机计算模式、分布式客户机/服务器计算模式（Client/Server，C/S）和浏览器/服务器计算模式（Browser/Server，B/S）。

1. 单主机计算模式

1985 年以前，计算机应用一般是单台计算机构成的单主机计算机。主机计算模式又可细分为两个阶段：①单主机计算模式的早期阶段，系统所用的操作系统为单用户操作系统，系统一般只有一个控制台，限单独应用，如劳资报表系统等。②分时多用户操作系统的研制成功及计算机终端的普及，使早期的单机计算模式发展成为单主机-多终端的计算模式。在单主机-多终端的计算模式中，用户通过终端使用计算机，每个用户都感觉好像是在独自享用计算机的资源，但实际上主机是在分时轮流为多个终端用户服务。

单主机-多终端的计算模式在我国当时一般称为"计算中心"，在单主机模式阶段，计算机应用系统中已可实现多个应用（如物资管理和财务管理）的联系，但由于硬件结构的限制，只能将数据和应用（程序）集中放在主机上。因此，单主机-多终端计算模式有时又被称为"集中式的企业计算模式"。

2. 分布式客户机/服务器计算模式

20 世纪 80 年代，个人计算机的发展和局域网技术逐渐趋于成熟，使用户可以通过计算机网络共享计算机资源，计算机之间通过网络可协同完成某些数据处理工作。虽然个人计算机的资源有限，但在网络技术的支持下，应用程序不仅可利用本机资源，还可通过网络方便地共享其他计算机的资源，在这种背景下分布式客户机/服务器（C/S）的计算模式形成。

在客户机/服务器模式中，网络中的计算机被分为两大类：一是用于向其他计算机提供各种服务（主要有数据库服务、打印服务等）的计算机，统称为服务器；二是享受服务器所提供的服务的计算机，称为客户机。

客户机一般由微机承担，运行客户应用程序。应用程序被分散地安装在每台客户机上，这是 C/S 模式应用系统的重要特征。部门级和企业级的计算机作为服务器运行服务器系统软件（如数据库服务器系统、文件服务器系统等），向客户机提供相应的服务。

在 C/S 模式中，数据库服务是最主要的服务，客户机将用户的数据处理请求通过客户机的应用程序发送到数据库服务器，数据库服务器分析用户请求，实施对数据库的访问与控制，并将处理结果返回给客户机。在这种模式下，网络上传送的只是数据处理请求和少量的结果数据，网络负担较小。

对于较复杂的 C/S 模式的应用系统，数据库服务器一般情况下不止一个，而是按数据的逻辑归属和整个系统的地理安排可能有多个数据库服务器（如各子系统的数据库服务器及整个企业级数据库服务器等），企业的数据分布在不同的数据库服务器上，因此，C/S 模式有时也称为分布式客户机/服务器计算模式。

C/S 模式是一种较成熟且应用广泛的企业计算模式，其客户端应用程序的开发工具也较多，这些开发工具分为两类：一类是针对某一种数据库管理系统的开发工具（如针对 Oracle 的 Developer 2000），另一类是对大部分数据库系统都适用的前端开发工具（如 PowerBuilder、Visual Basic、Visual C++、Delphi、C++Builder、Java 等）。

3. 浏览器/服务器计算模式

浏览器/服务器（B/S）模式是在 C/S 模式的基础上发展而来的。导致 B/S 模式产生的原动力来自不断增大的业务规模和不断复杂化的业务处理请求，解决这个问题的方法是在传统 C/S 模式的基础上，由原来的两层结构（客户机/服务器）变成三层结构。B/S 模式具体结构为浏览器/Web 服务器/数据库服务器。在三层应用结构中，用户界面（客户端）负责处理用户的输入和输出（出于效率的考虑，它可能在向上传输用户的输入前进行合法性验证）。商业逻辑层负责建立数据库的连接，根据用户的请求生成访问数据库的 SQL 语句，并把结果返回给客户端。数据库层负责实际的数据库存储和检索，响应中间层的数据处理请求，并将结果返回给中间层。

B/S 模式的系统以服务器为核心，程序处理和数据存储基本上都在服务器端完成，用户无须安装专门的客户端软件，只要通过网络中的计算机连接服务器，使用浏览器就可以进行事务处理，浏览器和服务器之间通过通信协议 TCP/IP 进行连接。浏览器发出数据请求，由 Web 服务器向后台取出数据并计算，将计算结果返回给浏览器。B/S 模式具有易于升级、便于维护、客户端使用难度低、可移植性强、服务器与浏览器可处于不同的操作系统平台等优点，同时也受到灵活性差、应用模式简单等问题的制约。在早期的

OA（办公自动化）系统中，B/S 模式是被广泛应用的模式。B/S 模式系统主要的应用平台有 Windows Server 系列、Lotus Notes、Linux 等，其采用的主要技术手段有 Notes 编程、ASP、Java 等，同时使用 COM+、ActiveX 控件等技术。

4．云计算

云计算（Cloud Computing）是基于互联网的相关服务的增加、使用和交付模式，通常涉及通过互联网来提供动态易扩展且经常是虚拟化的资源。云是网络、互联网的一种比喻说法。过去在图中往往用云来表示电信网，后来也用来表示互联网和底层基础设施的抽象。狭义云计算指 IT 基础设施的交付和使用模式，指通过网络以按需、易扩展的方式获得所需资源；广义云计算指服务的交付和使用模式，它通过网络以按需、易扩展的方式获得所需服务。这种服务可以是 IT 与互联网相关的服务，也可是其他服务。它意味着计算能力也可作为一种商品通过互联网进行流通。

百度定义：云计算是基于互联网相关服务的增加、使用和交付模式，通常涉及通过互联网来提供动态扩展且经常是虚拟化的资源。

美国国家标准与技术研究院（NIST）定义：云计算是一种按使用量付费的模式，这种模式提供可用的、便捷的、按需的网络访问，进入可配置的计算资源共享池（资源包括网络、服务器、存储、应用软件和服务），这些资源能够被快速提供，只需投入很少的管理工作，或与服务供应商进行很少的交互。"云计算"概念被大量运用到生产环境中，如国内的"阿里云"与云谷公司的 XenSystem，以及在国外已经非常成熟的 Intel 和 IBM。各种"云计算"的应服务范围正日渐扩大，影响力也无可估量。

云计算常与网格计算、效用计算、自主计算相混淆。

网格计算：分布式计算的一种，由一群松散耦合的计算机组成的一个超级虚拟计算机，常用来执行一些大型任务。

效用计算：IT 资源的一种打包和计费方式，如按照计算、存储分别计量费用，像传统的电力等公共设施一样。

自主计算：具有自我管理功能的计算机系统。

事实上，许多云计算部署依赖于计算机集群（但与网格的组成、体系结构、目的、工作方式大相径庭），也吸收了自主计算和效用计算的特点。

5．普适计算

普适计算又称普存计算、普及计算，这一概念强调和环境融为一体，而计算机本身则从人们的视线里消失。在普适计算的模式下，人们能够在任何时间、任何地点以任何方式进行信息的获取与处理。

普适计算的核心思想是小型、便宜、网络化的处理设备广泛分布在日常生活的各个场所，计算设备将不只依赖命令行、图形界面进行人机交互，而更依赖"自然"的交互方式，计算设备的尺寸将缩小到毫米甚至纳米级。

在普适计算的环境中，无线传感器网络将广泛普及，在环保、交通等领域发挥作用；人体传感器网络会大大促进健康监控以及人机交互等的发展。各种新型交互技术（如触觉显示、OLED 等）将使交互更容易、更方便。

普适计算的含义十分广泛，所涉及的技术包括移动通信技术、小型计算设备制造技术、小型计算设备上的操作系统技术及软件技术等。

间断连接与轻量计算（即计算资源相对有限）是普适计算最重要的两个特征。普适计算的软件技术就是要实现在这种环境下的事务和数据处理。

在信息时代，普适计算可以降低设备使用的复杂程度，使人们的生活更轻松、更有效率。实际上，普适计算是网络计算的自然延伸，它不仅适用于个人计算机，而且其他小巧的智能设备也可以连接到网络中，从而方便人们即时获得信息并采取行动。

目前，IBM 已将普适计算确定为电子商务之后的又一重大发展战略，并开始了端到端解决方案的技术研发。IBM 认为，实现普适计算的基本条件是计算设备越来越小，方便人们随时随地携带和使用。在计算设备无时不在、无所不在的条件下，普适计算才有可能实现。

科学家认为，普适计算是一种状态，在这种状态下，iPad 等移动设备、谷歌文档或远程游戏技术 Onlive 等云计算应用程序、4G 或广域 Wi-Fi 等高速无线网络将整合在一起，清除"计算机"作为获取数字服务的中央媒介的地位。随着每辆汽车、每台照相机、每台计算机、每块手表以及每个电视屏幕都拥有几乎无限的计算能力，计算机将彻底退到"幕后"，以至于用户感觉不到它们的存在。

1.2.2　计算思维的概念

科学思维是人在社会实践的基础上，对感性材料进行分析和综合，通过概念、判断、推理，形成概念、判断和推理，以反映事物的本质和规律。在科学认识活动中，科学思维必须遵守 3 个基本原则。在逻辑上要求严密的逻辑性，达到归纳和演绎的统一；在方法上要求辩证地分析和综合两种思维方法；在体系上，实现逻辑与历史的一致，达到理论与实践的具体的、历史的统一。

如果从人类认识世界和改造世界的思维方式出发，科学思维可分为理论思维、实验思维和计算思维 3 种。一般来说理论思维、实验思维和计算思维分别对应于理论科学、实验科学和计算科学。

① 理论思维：理论源于数学，理论思维支撑着所有的学科领域。正如数学一样，定义是理论思维的灵魂，定理和证明是它的精髓。公理化方法是最重要的理论思维方法。理论思维支撑着所有的学科领域。科学界一般认为，公理化方法是世界科学技术革命推动的源头。用公理化方法构建的理论体系称为公理系统，如欧氏几何。

② 实验思维：实验思维的先驱应当首推意大利著名的物理学家、天文学家和数学家伽利略，他开创了以实验为基础具有严密逻辑理论体系的近代科学，被人们誉为"近代科学之父"。爱因斯坦为之评论说："伽利略的发现，以及他所用的科学推理方法，是人类思想史上最伟大的成就之一，而且标志着物理学的真正开端。"与理论思维不同，实验思维往往需要借助于某些特定的设备（科学工具），并用它们来获取数据以供以后的分析。例如，伽利略就不仅设计和演示了许多实验，而且还亲自研制出不少先进的实验仪器，如温度计、望远镜、显微镜等。以实验为基础的学科有物理、化学、地学、天文学、生物学、医学、农业科学、冶金、机械，以及由此派生的众多学科。

③ 计算思维：计算思维（Computational Thinking，CT）是运用计算机科学的基础概念进行问题求解、系统设计以及人类行为理解的涵盖了计算机科学之广度的一系列思维活动。

1. 计算思维概述

计算思维的本质是抽象和自动化。如同所有人都具备"读、写、算"能力一样，计算思维是必须具备的思维能力。

（1）求解问题中的计算思维

利用计算手段求解问题的过程为：首先将实际问题转换为数学问题，然后建立模型、设计计算法和编程实现，最后在实际的计算机中运行并求解。前两步是计算思维中的抽象，后两步是计算思维中的自动化。

（2）设计系统中的计算思维

任何自然系统和社会系统都可视为一个动态演化系统，演化伴随着物质、能量和信息的交换，这种交换可以映射为符号变换，使之能用计算机实现离散的符号处理。当动态演化系统抽象为离散符号系统后，就可以采用形式化的规范来描述，通过建立模型、设计计算法和开发软件来揭示演化的规律，实时控制系统的演化并自动执行。

（3）理解人类行为的计算思维

利用计算手段来研究人类的行为，可视为社会计算。即通过计算机构建一个人与人之间的沟通的虚拟空间，研究计算机以及信息技术在社会中影响传统的社会行为的过程。近年来蓬勃兴起的微博、百度百科等应用更是强调借助网络工具有效地利用用户群体的智慧，在这样的环境中，计算机成为一项通信工具，而用户利用这一通信工具，构建了自己的人际交互关系。这样，利用这种社会软件提供的便利，用户也被连接在一起，形成了虚拟空间上的社会网络。社会计算通过各种信息技术手段，设计、实施和评估人与社会之间的交互，涉及人们的交互方式、社会群体的形态及其演化规律等问题。研究生命的起源与繁衍，理解人类的认识能力，了解人类与环境的交互，研究传染病毒的结构与传播以及国家的福利与安全等都属社会计算的范畴，这些都与计算思维科学密切相关。使用计算思维的观点对当前社会计算中的一些关键问题进行分析与建模，尝试从计算思维的角度重新认识社会计算，找出新问题、新观点和新方法等。

计算思维就是通过约简、嵌入、转化和仿真等方法，把一个困难的问题阐释为如何求解它的思维方法。计算思维是一种递归思维，是一种并行处理，它能把代码译成数据又能把数据译成代码，是一种多维分析推广的类型检查方法。计算思维是一种采用抽象和分解的方法来控制庞杂的任务或进行巨型复杂系统设计的方法，是基于关注点分离的方法。计算思维是一种选择合适的方式陈述一个问题，或对一个问题的相关方面建模使其易于处理的思维方法。计算思维是按照预防、保护及通过冗余、容错、纠错的方式，并从最坏情况进行系统恢复的一种思维方法。计算思维是利用启发式推理寻求解答，即在不确定情况下的规划、学习和调度的思维方法。计算思维是利用海量数据来加快计算，在时间和空间之间、在处理能力和存储容量之间进行折中的思维方法。

2. 计算思维的特征

（1）计算思维是概念化，不是程序化

计算机科学不是计算机编程。像计算机科学家那样去思维意味着远远不止能为计算机编程，还要求能够在抽象的多个层次上思维。计算机科学不只意味着计算机，就像音乐产业不只意味着麦克风一样。

（2）计算思维是根本的技能，不是刻板的技能

计算思维是一种根本技能，是每一个人为了在现代社会中发挥职能所必须掌握的。刻板的技能意味着简单的机械重复。

（3）计算思维是人的，不是计算机的思维

计算思维是人类求解问题的一条途径，但决非要使人类像计算机那样工作。计算机枯燥且沉闷，人类聪颖且富有想象力。计算机赋予人类强大的计算能力，人类应该好好利用这种力量去解决各种需要大量计算的问题。

（4）计算思维是思想，不是产品

不只是将我们生产的软、硬件等产品到处呈现在我们的生活中，更重要的是计算的概念，它被人们用于问题求解、日常生活的管理，以及与他人进行交流和互动。

（5）计算思维是数学和工程思维的互补与融合

计算机科学在本质上源自数学思维，它的形式化基础建筑于数学之上。计算机科学又从本质上源自工程思维，因为人们建造的是能够与实际世界互动的系统。所以计算思维是数学和工程思维的互补与融合。

（6）计算思维面向所有人、所有地方

当计算思维真正融入人类活动的整体时，它作为一个问题解决的有效工具，人人都应当掌握，处处都会被使用。

1.2.3 计算思维与计算机的关系

计算思维具有计算机的许多特征，但计算思维本身并不是计算机的专属。即使没有计算机，计算思维也会逐步发展，但是计算机的出现，给计算思维的研究和发展带来了根本性的变化。什么是计算？什么是可计算？什么是可行计算？计算思维的这些性质由于计算机的出现得到了彻底的研究。由此不仅推进了计算机的发展，也推进了计算思维本身的发展。在这个过程中，一些属于计算思维的特点被逐步揭示出来，计算思维和理论思维、实验思维的差别越来越清晰化。计算机及计算思维的内容得到了不断的丰富和发展。

计算机方法论与计算思维研究的重点不同，它更关注计算学科认识理论体系的构建，也就是计算学科概念认知模型的构建。计算机方法论借鉴了一般科学技术方法论的思想，采用了抽象、理论和设计以"认知从感性认识（抽象）到理性认识（理论），再由理性认识（理论）回到实践（设计）"作为唯一原始命题，构建了计算学科认知领域的理论体系，完成了计算学科认知模型框架的构建。从思维角度看，计算科学主要研究思维的概念、方法和内容，并发展为解决问题的一种思维方式，极大地推动了计算思维的发展。

总的来说，计算思维与计算机方法论的研究，就相当于现代数学思维与数学方法论的关系，当然相比于数学，计算机方法论的研究要简单一些。计算思维和计算机方法论的研究内容有坚实的基础，它建立在世界著名计算机组织 ACM 和 IEEE-CS 大量研究工作结论的基础上，并且与国外计算思维方面的研究互通互补，积极地吸收国外教育的先进理念。

虽然研究视角不太一样，但是计算思维与计算机方法论注重的都是计算学科最基本的东西。计算思维是从学科思维的简易层面讨论学科的思维方式，计算机方法论是从方

法论的角度去讨论学科的本质问题。计算思维直接抓住思维的本质，即抽象（Abstraction）与自动化（Automation）来讨论问题，并用大量的实例讨论它们与数学和物理等学科的不同，以及这种强大的思维能力对其他学科的影响。例如，在对指令和数据的研究中，层次性、迭代表述、循环表述各种组织结构被明确提出来，这些研究成果也使计算思维的具体形式和表达方式更加清晰。

▶▶▶ 1.3 计算机的应用

计算机已经被广泛地应用到社会的各个领域中，从科研、生产、国防、文化、教育、卫生，直到家庭生活都离不开计算机提供的服务。计算机改变了人们的工作、学习和生活方式，推动了社会的发展。其应用领域可归纳为以下几个方面：

1. 科学计算

科学计算又称数值计算。计算机最开始就是为解决科学研究和工程设计中遇到的大量数学问题的数值计算而研制的计算工具。时至今日，虽然计算机在其他方面的应用得到不断加强，但它仍然是科学研究和科学计算的最佳工具。例如，人造卫星轨迹的计算、地震预测、气象预报及航天技术等，都离不开计算机的精确计算。

2. 信息处理

信息处理主要是指利用计算机来加工、管理和操作各种形式的数据资料，包括对数据资料的收集、存储、加工、分类、排序、检索和发布等一系列工作。在科学研究和工程技术中，往往会得到大量的原始数据，其中包括大量图片、文字、声音等，这些信息需要利用计算机进行处理。目前计算机的信息处理应用已非常普遍，如办公自动化、企业管理、物资管理、报表统计、财务管理、图书资料管理、商业数据交流、信息情报检索等。信息处理已成为当代计算机的主要任务，是现代化管理的基础。据统计，全世界计算机用于信息处理的工作量占全部计算机应用的80%以上。

3. 自动控制

自动控制是指通过计算机对某一过程进行自动操作，它不需人工干预，能按人们预定的目标和预定的状态进行自动控制。目前，计算机被广泛应用于钢铁工业、石油化工和医药工业等复杂的生产自动控制中，从而大大提高了控制的实时性和准确性，提高了劳动效率和产品质量，降低了成本，缩短了生产周期。计算机自动控制还在国防和航空航天领域中起着决定性作用，例如，对无人驾驶飞机、导弹、人造卫星和宇宙飞船等飞行器的控制，都是靠计算机实现的。可以说，计算机是现代国防和航空航天领域的神经中枢。

4. 计算机辅助设计与制造

计算机辅助设计（Computer Aided Design，CAD）是指借助计算机强有力的计算功能和高效率的图形处理能力，人们可以自动或半自动地完成各类工程设计工作。目前，CAD技术已应用于飞机设计、船舶设计、建筑设计、机械设计、大规模集成电路设计等。采用CAD可缩短设计时间，提高工作效率，节省人力、物力和财力，更重要的是提高了设计质量。

计算机辅助制造（Computer Aided Manufacturing，CAM）有广义和狭义之分。广义CAM是指利用计算机辅助完成从原材料到产品的全部制造过程，其中包括直接制造过程和间接制造过程；狭义 CAM 是指在制造过程中的某个环节应用计算机，在计算机辅助设计和制造系统中，通常是指计算机辅助机械加工，更准确地说是指数控加工，它的输入信息是零件的工艺路线和工序内容，输出信息是刀具加工时的运动轨迹和数控程序。

5．人工智能

人工智能（Artificial Intelligence，AI）是计算机应用中的一个新领域，该方面的研究和应用正处于发展阶段，在医疗诊断、定理证明、语言翻译、机器人等方面，已经有了显著的成效。例如，用计算机模拟人脑的部分功能进行思维学习、推理、联想和决策，使计算机具有一定的"思维能力"。机器人是计算机人工智能的典型例子，其核心是计算机。第一代机器人是机械手；第二代机器人对外界信息能够反馈，有一定的触觉、视觉和听觉；第三代机器人是智能机器人，具有感知和理解周围环境的能力，能使用语言，有推理、规划和操纵工具的技能，能模仿人完成某些动作。机器人不会疲劳，精确度高，适应力强，现已开始用于搬运、喷漆、焊接、装配等工作中。机器人还能代替人在危险工作中进行繁重的劳动，如在有放射性污染、有毒、高温、低温、高压、水下等环境中工作。

6．多媒体技术应用

多媒体（Multimedia）是指文本、音频、视频、动画、图形和图像等各种媒体信息的综合。在医疗、教育、商业、银行、保险、行政管理、军事、工业、广播和出版等领域中，多媒体的应用发展很快。随着网络技术的发展，计算机的应用进一步深入到社会各行各业中，人们通过高速信息网实现数据与信息的查询、高速通信服务（电子邮件、电视电话、电视会议、文档传输）、电子教育、电子娱乐、电子购物、远程医疗和会诊、交通信息管理等。计算机的应用将推动信息社会更快地向前发展。

7．计算机仿真

在对一些复杂的工程问题和复杂的工艺过程、运动过程、控制行为等进行研究时，在数学建模的基础上，用计算机仿真的方法对相关的理论、方法、算法和设计方案进行综合、分析和评估，可以节省大量的人力、物力和时间。用计算机构成的模拟训练器和虚拟现实环境对宇航员和飞机、舰艇驾驶员进行模拟训练，也是目前培训驾驶员常用的办法。在军事研究领域，目前也常用计算机仿真的方法来代替真枪实弹、实战演练的攻防对抗军事演习。

8．电子商务

电子商务（Electronic Commerce）是指在 Internet 开放的网络环境下，为电子商户提供服务，实现消费者的网上购物、商户之间的网上交易和在线电子支付的一种新型的商业运营模式。电子商务是 Internet 爆炸式发展的直接产物，是网络技术应用的全新发展方向。Internet 本身所具有的开放性、全球性、低成本及高效率的特点，也成为电子商务的内在特征，并使得电子商务大大超越了作为一种新的贸易形式所具有的价值。电子商务对人们的生活方式也产生了深远影响，可以足不出户，看遍世界；网上的搜索功能可以让顾客方便地货比多家。同时，消费者能以一种十分轻松自由的自我服务方式来完成交易。

本 章 小 结

　　计算机是由一系列电子元器件组成的机器，各组成部件按程序的要求协调合作，完成程序要求的任务。计算机已经经历了电子管、晶体管、集成电路、大规模集成电路和超大规模集成电路4个阶段的发展。这4个阶段的计算机都基于冯·诺依曼型计算机的"存储程序"的原理。按照微处理器的字长和功能作为主要划分依据，微型计算机经历了6个发展阶段。计算机具有运算速度快、计算精确度高、记忆能力强、逻辑判断能力以及自动控制能力等特点。通用计算机又可按照计算机的运算速度、存储容量、指令系统的规模等综合指标将其划分为巨型机、大型机、小型机、微型机、服务器及工作站等几大类。本章还讨论了计算及技术和计算思维的相互作用和关系。计算机的作用归根到底是进行各类信息处理，最后简要介绍了计算机的各个应用领域。

第 2 章　计算机系统基础

学习目标:

- 了解计算机系统的概念;
- 理解指令、指令系统、程序的概念;
- 掌握计算机的基本工作原理;
- 掌握计算机硬件系统的组成;
- 掌握计算机软件系统的组成;
- 了解源程序与机器语言的两种翻译方式;
- 了解应用软件与操作系统之间的关系。

通常所说的计算机实际上指的是计算机系统。计算机系统的组成不仅与硬件有关,而且涉及很多软件技术。了解计算机系统的组成,对于掌握计算机的基本工作原理及有效利用计算机资源有很大帮助。

本章主要介绍计算机系统结构,计算机系统的层次关系,计算机的硬件系统、软件系统、系统总线、指令系统和计算机的基本工作原理等内容。

▶▶▶　2.1　计算机系统结构

计算机是一种能按人工预先编制好的程序自动、高速地进行信息处理的系统,它由硬件和软件两大部分组成。计算机硬件的基本功能是接受计算机软件的控制,实现数据输入、运算、数据输出等一系列基本操作。硬件是基础,软件是灵魂,两者相互依存,密不可分。本节主要介绍通用计算机系统的组成以及计算机系统的层次结构。

2.1.1　计算机系统组成

一个完整的计算机系统包含计算机硬件系统和计算机软件系统两大部分,如图 2-1所示。组成一台计算机的物理设备的总称称为计算机硬件系统,是实实在在的物体。指挥计算机工作的各种程序的集合称为计算机软件系统,是控制和操作计算机工作的核心。计算机通过执行程序而运行,工作时软、硬件协同工作,两者缺一不可。硬件是软件工作的基础,离开硬件,软件无法工作;软件是硬件功能的扩充和完善,有了软件的支持,硬件功能才能得到充分的发挥。硬件和软件相互渗透、相互促进,可以说硬件是基础,软件是灵魂，只有将硬件和软件结合成统一的整体，才能称其为一个完整的计算机系统。

图 2-1　计算机系统的组成

2.1.2　计算机系统的层次结构

作为一个完整的计算机系统，硬件和软件是按一定的层次关系组织起来的。最内层是硬件，由逻辑电路、控制电路等部分组成，通常称为裸机。硬件的外层是操作系统，操作系统的外层是其他软件，最外层是用户程序，如图 2-2 所示。操作系统是直接管理和控制硬件的系统软件，其自身又是软件的核心，同时也是用户与计算机打交道的桥梁——接口软件。操作系统向下控制硬件，向上支持软件，其他软件都必须在操作系统的支持下才能运行。也就是说，操作系统最终把用户与物理机器隔开，凡是对计算机的操作一律转化为对操作系统的使用，使用计算机就要通过使用操作系统来实现，这种层次关系为软件开发、扩充和使用提供了强有力的手段。

图 2-2　计算机系统的层次结构

2.2　计算机的硬件系统

　　计算机硬件是指一些电子的、磁性的、光学的以及机械的器件按一定结构组成的设备，如运算器、硬盘、键盘、显示器、打印机等。每个功能部件各尽其职、协调工作，缺少其中任何一个就不能称为完整的计算机系统。

　　各种类型的计算机硬件虽然有不同的形式，但都有其相同的基本结构和特点。自从第一台电子数字计算机诞生以来，随着电子技术的飞速发展，计算机的体系结构不断得到改进和完善，虽然现在的计算机系统在性能指标、运算速度、工作方式、应用领域和价格等方面都有了长足的发展，但从第一代电子计算机到第四代计算机的体系结构都是相同的，都属于冯·诺依曼结构，即计算机应由 5 个基本部分组成：运算器、控制器、存储器、输入设备和输出设备。其基本组成结构如图 2-3 所示。

图 2-3　计算机硬件系统基本结构

冯·诺依曼描述了 5 个基本组成部分的功能及相互关系，提出了"采用二进制"和"存储程序"两个重要基本思想。冯·诺依曼结构的特点可归纳如下：

① 计算机由运算器、存储器、控制器、输入设备和输出设备五大部件组成。

② 指令和数据均用二进制码表示。

③ 指令在存储器中按顺序存储。指令通常是顺序执行的，在特定条件下，可根据运算结果或设定的条件改变执行的顺序。

在计算机的 5 个基本组成部件中，控制器和运算器是核心部分，称为中央处理器（Center Process Unit，CPU），各部分之间通过相应的信号线进行相互联系。冯·诺依曼结构规定控制器是根据存储在存储器中的程序来工作的，即计算机的工作过程就是运行程序的过程。计算机中的数据和指令均以二进制形式存储和处理，为了使计算机能进行正常工作，程序必须预先存储在存储器中。因而，这种结构的计算机是按存储程序原理进行工作的。

2.2.1　中央处理器

中央处理器（CPU）是计算机的心脏，主要由控制器、运算器和寄存器组成，通常集中在一块芯片上，是计算机系统的核心器件。计算机以 CPU 为中心，输入/输出设备与存储器之间的数据传输和处理都通过 CPU 来控制执行。微型计算机的中央处理器又称微处理器。微处理器采用超大规模集成电路制成，随着计算机技术的进步，微处理器的性能飞速提高。其内部结构也越来越复杂，如今的 Intel Core 2（酷睿）双核处理器内集成了 2.91 亿个晶体管。由于 CPU 处于微型计算机的核心地位，人们习惯用 CPU 来概略地表示微型计算机的规格，如 486 微机、586 微机、Pentium Ⅲ 微机等。

1. 运算器

运算器又称算术逻辑单元（Arithmetic Logic Unit，ALU），是计算机对数据进行加工处理的部件，由各种逻辑电路组成，运算器主要包括算术逻辑单元（ALU）和寄存器。运算器主要负责执行各种算术运算和逻辑运算。算术运算是指各种数值运算，如加、减、乘、除等。逻辑运算是进行逻辑判断的非数值运算，如与、或、非、比较、移位等。计算机所完成的全部运算都是在运算器中进行的，根据指令所规定的寻址方式，运算器从存储器或寄存器中取得操作数，进行计算后送回到指令所指定的寄存器中。运算器的核心部件是加法器和若干寄存器，加法器用于运算，寄存器用于存储参加运算的各种数据以及运算后的结果。

2. 控制器

控制器（Control Unit，CU）负责指挥整个计算机的各个部件，按照指令的功能要求有条不紊地协调工作。它一般由程序计数器（Program Counter，PC）、指令寄存器（Instruction Register，IR）、指令译码器（Instruction Decoder，ID）、时序电路和微操作控制电路组成，其中，程序计数器用来对程序中的指令进行计数，其内存放预执行的指令在内存储器中的存储地址，使得控制器能依次读取指令；指令寄存器在指令执行期间暂时保存正在执行的指令，指令寄存器的位数取决于指令二进制形式的位数。指令译码器用来对指令的操作码进行译码，产生的译码信号识别了该指令要进行的操作，并传送给微控制部件，以便产生相应的控制信号；时序控制电路用来生成时序信号，以协调在指令执行周期内各部件的工作；微操作控制电路用来产生基本的、不可再分的微操作命令信号，即微命令，以指挥整个计算机有条不紊地工作。

当计算机执行程序时，控制器首先从程序计数器（PC）中取得指令的地址，并将下一条指令的地址存入指令寄存器（IR）中，然后从存储器中取出指令，由指令译码器（ID）对指令进行译码后产生控制信号，用以驱动相应的硬件完成指令操作。简言之，控制器就是协调指挥计算机各部件工作的元件，它的基本任务是根据各类指令的需要，综合有关的逻辑条件与时间条件产生相应的微命令。

3. CPU 的性能指标

（1）时钟频率

时钟频率又称主频，是衡量 CPU 运行速度的重要指标，是指时钟脉冲器输出的频率，单位是 Hz。对同一类型的计算机而言，可用它描述系统的运算速度，主频越高，运算速度越快。例如，Pentium 4 的主频有 1.4 GHz 和 1.5 GHz 两款，比 Pentium Ⅲ 的主频高，因而 Pentium 4 的运算速度快。但是，对于不同结构的计算机，当主频相同时，它们的运算速度不一定相同。因此，有人提出用单位时间内执行指令的条数来衡量计算机的运算速度，其单位是 MIPS（Million Instruction Per Second，每秒百万条指令）。但是，由于不同类型的指令所花费的执行时间也不相同，所以，严格来说，用 MIPS 来衡量 CPU 的运算速度也不确切。因此，不管是用主频，还是用 MIPS 衡量的 CPU 的运算速度都只是一个参考值。

（2）字长

字长是指 CPU 一次可以直接处理的二进制数码的位数，通常取决于 CPU 内部通用寄存器的位数和数据总线的宽度。字长一般是字节（8 个二进制位，即 1 B=8 bit）的整数倍，如 8 位、16 位、32 位、64 位等。字长越大，CPU 处理信息的速度越快，运算精度越高。

（3）集成度

集成度也是衡量 CPU 的一个重要技术指标。集成度指 CPU 芯片上集成的晶体管的密度。最早 Intel 4004 的集成度为 2 250 个晶体管，Pentium Ⅲ 时其集成度已经达到 950 万个晶体管以上，集成度提高了 3 000 多倍。

2.2.2　存储器

存储器是计算机的记忆和存储部件，用来存储数据和程序。存储器分为内存储器（简称内存或主存）、外存储器（简称外存或辅存）。内存由半导体存储器组成，是计算机中的工作存储器。内存直接与运算器和控制器相连接，可以直接与 CPU 交换信息，计算机必须把要执行的程序和数据调入内存中，计算机工作时，所执行的指令和数据都是从内存中取出，处理结果一般也都临时存放在内存中。内存的特点是：存取速度快，但存储容量较小，价格相对较高。外存储器中存储计算机系统中所有的信息，计算机运行时，存储在外存储器中的信息首先需要被调入内存，才能被 CPU 使用。外存储器的特点是：存储容量大，价格便宜，但存取速度较慢。外存储器一般作为输入/输出设备，常见的有 U 盘、硬盘和光盘存储器。

1. 内存

内存按存取方式又可分为随机存取存储器（Random Access Memory，RAM）和只读存储器（Read Only Memory，ROM）。

随机存取存储器又称读/写存储器。其特点是：可以读或写；存取任一单元所需的时间相同；通电时存储器内的内容可以保持，断电后存储的内容立即消失。RAM 可分为动态随机存储器（Dynamic RAM，DRAM）和静态随机存储器（Static RAM，SRAM）两大类。所谓动态随机存储器，是用 MOS 电路和电容来做存储元件。由于电容会放电，所以需要定时充电，以维持存储内容，例如，每隔 2 ms 刷新一次，因此称为动态存储器。所谓静态随机存储器，是用双极型电路或 MOS 电路的触发器来做存储元件，它没有电容放电造成的刷新问题，只要有电源正常供电，触发器就能稳定地存储数据。DRAM 的特点是集成密度高，主要用于大容量存储器；SRAM 的特点是存取速度快，主要用于高速缓冲存储器。

只读存储器中的信息在运行时只能读出而不能重新写入和修改，其存储的信息是在生产该存储器时用专门仪器写入的。计算机断电后，ROM 中的信息不会丢失。ROM 常用来存储一些专用固定的程序、数据和系统配置软件，如磁盘引导程序、自检程序、驱动程序等。ROM 可分为可编程 ROM（Programmable ROM，PROM）、可擦除可编程 ROM（Erasable Programmable ROM，EPROM）、电擦除可编程 ROM（Electrically Erasable Programmable ROM，E^2PROM）。例如，可通过紫外光照射来擦除 EPROM 原来存储的内容，从而可以反复使用。

内存由若干存储单元组成，为了区别不同的存储单元，一般从 0 开始对存储单元进行连续编号，每个单元都有一个唯一的号码，称为存储单元的地址。每个存储单元能存储一个二进制数，或一条由二进制编码表示的指令。每个存储单元由若干位二进制位组成，1 位可存储 1 位二进制数，如图 2-4 所示。

内存地址	内存单元及内容
0	10110110
1	10001010
2	01010011
⋮	⋮
n	10100100

图 2-4　内存单元及存储内容

2. 外存储器

内存由于技术及价格等原因，容量有限，不可能容纳所有的系统软件及各种用户程序，因此计算机系统都要配置外存储器。外存储器又称辅助存储器，是内存的扩充，具有存储容量大、价格低、存取速度较慢、不能与 CPU 直接交换信息等特点，一般用来存储需要长期保存、暂时不用的程序、数据和结果，需要时可成批地与内存进行信息交换。目前常用的外存储器有磁盘（U 盘、硬盘）、光盘、磁带等。

（1）U 盘存储器

U 盘（USB flash disk，USB 闪存盘）是一种使用 USB 接口的无需物理驱动器的微型高容量移动存储产品，通过 USB 接口与计算机连接，实现即插即用。

由于软盘存储容量很小，也较易损坏，因此已经被可移动存储器所取代。

（2）硬磁盘存储器

硬磁盘存储器简称硬盘，是计算机系统配置中必不可少的外存储器，结构如图 2-5 所示。硬盘是在非磁性的合金材料或玻璃基片表面涂上一层很薄的磁性材料，通过磁层的磁化方向来存储信息。硬盘存储器的存储容量很大，目前流行的硬盘容量一般在 60～200 GB 之间。

在微型计算机中使用的硬盘称为温氏硬盘，采用 IBM 公司的一个研究所最先开发的"温彻斯特（Winchester）技术"。

一般来说，一块硬盘由多个磁盘片组成。为便于管理，一个盘片被划分为若干级别的管理单位，分别是记录面、柱面和扇区。

盘片的上下两面都能记录信息，称为记录面。硬盘中磁盘面的面数与磁头数量是一样的，故常用磁头号（Head）来代替记录面号。每个记录面包含有上千个磁道，磁道是一系列同心圆，如图 2-6 所示。磁道的编址是从外向内依次编号，最外一个同心圆为 0 磁道。所有记录面上同一编号的磁道就构成了柱面（Cylinder），柱面数等同于每个盘面上的磁道数。

图 2-5　硬盘结构

图 2-6　磁道与扇区

每个磁道又被划分为若干扇区（Sector）。每个扇区的容量大小为 512 B。信息是按扇区存储的，每一个扇区记录一个记录块。如果知道了一个硬盘的磁头数、柱面数和扇区数，就可以知道该硬盘的存储容量。例如，若已知磁头数为 32，柱面数为 4 096，扇区数为 64，则可知硬盘容量为 $32 \times 4\,096 \times 64 \times 512$ B=4 GB。

硬盘驱动器由磁盘、磁头及控制电路组成，信息存储在磁盘上，由磁头负责读出或写入。磁盘机加电后，其磁盘片就开始高速旋转（如转速为 5 400 r/min、7 200 r/min 等）。磁头采用轻质薄膜部件，盘片在高转速下产生的气流浮力迫使磁头离开盘面悬浮在盘片上方，浮力与磁头座架上弹簧的反向弹力使得磁头保持平衡。当硬盘接到一个系统读取数据指令后，磁头根据给出的地址，首先按磁道号产生驱动信号进行定位，然后再通过盘片的转动找到具体的扇区（所耗费的总时间称为寻道时间），最后由磁头读取指定位置的信息并传送到硬盘自带的 Cache 中（此过程的数据传输速度即为硬盘的内部传输速度）。在 Cache 中的数据可以通过硬盘接口与主机进行数据交换，这时的数据传输速度就是硬盘标称的传输速度。

（3）光盘存储器

光盘存储器主要包括光盘、光盘驱动器（CD-ROM 驱动器）和光盘控制器。现在，CD-ROM 驱动器已成为微型计算机的标准配置。

最常用到的 CD-ROM 盘片（见图 2-7）由 3 层组成：透明的聚碳酸酯塑料衬底、记录信息的铝反射层和涂漆保护层。铝反射层上布满许多极小的凹坑和非凹坑，聚焦的激光束照射到光盘上，凹坑与非凹坑产生不同的反射强度，CD-ROM 就利用这种反射强度的差别来读出所存储的信息。

目前用于微型计算机系统的光盘按照读/写方式可分为只读光盘、一次写入光盘和可改写光盘 3 类。

① 只读光盘：只读光盘（CD-ROM、CD、VCD、LD、DVD）均是一次成形的产品，由一种称为母盘的原盘压制而成，一张母盘可以压制数千张光盘。其最大特点是盘上信息一次制成，可以复读但不能再写。一般人们用来听音乐的 CD、VCD 以及存储程序文件和游戏节目的 CD-ROM 均属此类。这种光盘的数据存储量一般为 650～700 MB。数字视频盘（Digital Video Disc，DVD）主要用于存储视频图像，单个 DVD 盘片上能存储 4.7～17.7 GB 的数据，其最高数据传输速率是 2 MB/s。

② 一次性刻录光盘 CD-R：CD-R 是只能写入一次的光盘。它需要用专门的光盘刻录机（见图 2-8）将信息写入，刻录好的光盘不允许再次更改。这种光盘的容量一般为 650 MB。

图 2-7　CD-ROM 盘片

图 2-8　光盘刻录机

③ 可擦写光盘：可擦写光盘（CD-RW）与 CD-R 本质的区别是前者可以重复读/写。也就是说，对于存储在光盘上的信息，可以根据操作者的需要自由更改、读出、复制或删除。

（4）USB 移动硬盘

USB 移动硬盘是移动存储设备的一种，它是用一个专门的控制芯片实现 USB 接口与 IDE 接口之间的通信，在这个芯片的基础上可以通过安装不同容量的硬盘，并利用 USB 进行移动存储，而且由于硬盘容量比较容易提升，因此可以通过 USB-IDE 技术轻松实现高容量移动存储。

3. 存储器的主要性能指标

（1）存储容量

存储容量是指每一个存储芯片或模块能够存储的二进制位数。常用单位有 bit（位，比特）、B（byte，字节）、KB（kilobyte，千字节）、MB（megabyte，兆字节）、GB（gigabyte，吉字节）、TB（terabyte，太字节）等。

其中，bit 表示"位"，二进制数序列中的一个 0 或一个 1 就是 1 位，又称 1 比特。字节（B）是计算机中最常用、最基本的内存单位。1 字节等于 8 比特，即 1 B = 8 bit。其他单位之间的换算关系如下：

$$1 \text{ KB} = 1\ 024 \text{ B} = 2^{10} \text{ B} \qquad 1 \text{ MB} = 1\ 024 \text{ KB} = 2^{20} \text{ B}$$

$$1 \text{ GB} = 1\ 024 \text{ MB} = 2^{30} \text{ B} \qquad 1 \text{ TB} = 1\ 024 \text{ GB} = 2^{40} \text{ B}$$

（2）存取速度

存取速度是指从 CPU 给出有效的存储器地址到存储器输出有效数据所需要的时间。内存的存取速度通常以 ns 为单位。内存的存取速度关系着 CPU 对内存读/写的时间，不同型号规格的内存有不同的速度，如 ROM 就有 27010-20、27010-15 等不同的速度。DRAM 也有 411000-7、411000-6 等不同的速度，这些编号后面的数字代表存储的响应时间，即 20 代表 200 ns，15 代表 150 ns，7 代表 70 ns，6 代表 60 ns，可以看出 RAM 的速度比 ROM 的速度快很多。

2.2.3 输入/输出设备

输入/输出设备简称 I/O 设备，它是外部与计算机交换信息的渠道，用户通过输入设备将程序、数据、操作命令等输入计算机，计算机通过输出设备将处理的结果显示或打印出来。计算机最常用的输入设备有键盘、鼠标，最常用的输出设备有显示器、打印机。

1. 键盘

键盘是向计算机提供指令和信息的必备工具之一，是计算机系统一个重要的输入设备。键盘通过一条电缆线连接到主机机箱，主要用于输入数据、文本、程序和命令。常用键盘为 104 键，按照各类按键的功能和排列位置，可将键盘分为 5 个功能区域：主键盘区、编辑键区、小键盘区、功能键区和状态指示区，如图 2-9 所示。

图 2-9　键盘示意图

PC 上的键盘接口有 3 种：第一种是比较老式的直径为 13 mm 的 PC 键盘接口，现在已被淘汰；第二种是直径为 8 mm 的 PS/2 键盘接口，这种接口曾经最为常用；第三种是 USB 接口，USB 接口的键盘已非常流行。

2. 鼠标

鼠标是计算机不可缺少的一种重要输入设备，它在专利证书上的正式名称为"屏幕坐标位置指示器"。作为输入设备，鼠标极大地方便了对软件的操作，尤其是在图形环境下的操作。

鼠标按其工作原理及其内部结构的不同可以分为机械式、光机式、光电式和光学鼠标。机械式鼠标中存在一个滚球，利用滚球在桌面上移动，使屏幕上的光标随着移动；光机鼠标是在纯机械式鼠标基础上进行改良，通过引入光学技术来提高鼠标的定位精度；光电鼠标器是通过检测鼠标器的位移，将位移信号转换为电脉冲信号，再通过程序的处理和转换来控制屏幕上的光标箭头的移动；光学鼠标是借助于光学技术而设计制造出的集高精度、高可靠性和耐用性的新型鼠标。按照接口类型分类：有 PS/2 接口鼠标、串行接口鼠标、USB 接口鼠标、红外接口鼠标和无线接口鼠标。

3. 显示器

显示器是计算机中最重要的输出设备，是人机交互的桥梁。显示器的主要功能是以数字、字符、图形、图像等形式显示计算机各种设备的状态和运行结果，显示用户编辑的各种程序、文本、图形和图像。显示器通过显卡连接到系统总线上，显卡负责将需要显示的图像数据转换成视频控制信号，控制显示器显示图像。

常用的显示器有阴极射线管（CRT）显示器和液晶显示器（LCD）两种。

CRT 又分荫罩式 CRT 和电压穿透式 CRT。常见的显示器属荫罩式 CRT 显示器，因其在电子枪与荧光屏之间有一个布满栅孔的金属荫罩板而得名。荫罩式 CRT 显示器的特点是显示分辨率高，价格便宜，使用寿命较长，电源消耗大，体积大。

LCD 显示器采用的技术主要有两种：有源矩阵和无源矩阵。

有源矩阵又称薄膜晶体管液晶（TFT）显示器，它的每一个像素点都用一个薄膜晶体管来控制液晶的透光率。优点是色彩鲜艳，视角宽，图像质量高，响应速度快；但其制造工艺复杂、成品率低，从而导致价格比较昂贵。

无源矩阵用电阻来代替有源晶体管，制造较为容易。它和有源矩阵相比的最大优势是价格低。其缺点是色彩饱和度较差，图像不够清晰，对比度也较低，视角较窄，响应速度慢，现在仅用于仪器仪表中的小型显示面板。

LCD 与 CRT 显示器相比，其特点是外观尺寸相同时，可视面积更大，体积小（薄），外形美观，图像清晰，不存在刷新频率和画面闪烁的问题。

4. 打印机

打印机也是计算机中重要的输出设备之一，它可以将计算机运行的结果、文本、图形、图像等信息打印在纸上。现在打印机与主机之间的数据传送方式主要采用并行接口和 USB 接口。

打印机的种类很多，可以按照不同的方式分类。

按照打印原理可分为击打式打印机和非击打式打印机。击打式打印机是用机械方法，使用打印针或字符锤击打色带，在打印纸上印出字符。非击打式打印机是通过激光、墨、热升华、热敏等方式将字符印在打印纸上。

按照接收主机的数据类型可分为字符方式和图形方式。所谓字符方式，是指主机在发送打印数据时，只传送字符的 ASCII 码，打印机根据收到的 ASCII 码从字模 ROM 中取出相应的字符点阵信息，最后用机械、光学或加热的方法打印到纸上。字符方式可以获得较快的打印速度，是当前西文打印中最常用的方法。字符方式不能用于图形打印。在图形方式下，主机所传送的不是字符代码，而是经过软件编辑的图形的像素信息。图形方式既可以打印西文字符，也可以打印汉字或任意的图像。

5. 设备驱动程序

（1）设备驱动程序的一般概念

设备驱动程序是一种软件，其作用是对连接到计算机系统的设备进行控制驱动，使设备能够正常工作。在当前流行的几乎所有的操作系统中，设备驱动程序都被认为是最核心的一类部件，处于操作系统的最深层。

计算机中所有的硬件都需要驱动程序，只不过有些设备（如键盘、鼠标和硬盘）的驱动程序在计算机生产过程中已经被预先安装到了系统中（被固化在 BIOS 中），因此，用户使用时无须安装。其他设备在使用之前，必须安装驱动程序。利用驱动程序控制硬件设备的好处有两点：一是使应用程序不需要关心硬件设备的具体操作细节，大大降低了软件的开发难度和软件的复杂程度；二是增强了软件的兼容性。例如，更换设备后，只更换相应的驱动程序即可，而无须将整个操作系统或应用程序都换掉。

（2）硬件设备的"即插即用"概念

微软公司在开发 Windows 95 时，为解决用户对外围设备硬件参数设置的困扰而开发了一项新的功能：即插即用（Plug and Play，PnP）。这是一项用于自动处理 PC 硬件设备安装的工业标准，由 Intel 和 Microsoft 两大公司联合制定。

用户需要安装新的硬件时，往往要小心地分配该设备所使用的各种资源，以避免设备之间因竞争而出现冲突（比如两个设备可能占有同样的中断号、I/O 地址等），这是一项很麻烦的工作。而有了"即插即用"功能，就使得硬件设备的安装大大简化。用户无须再选择如何跳线，也不必使用软件配置程序进行资源的分配，一切都可由操作系统代为完成。但要做到"即插即用"，对所安装的硬件就有一定的要求，即必须符合 PnP 规范，否则无法做到即插即用。即插即用是 Windows 95 及以后的操作系统最显著的特征之一，即插即用特性还需要主板具有 PnP 功能，在系统启动时由主板上的 BIOS 自动读取具有 PnP 功能的接口卡的设定参数，并为其分配各项资源。

▶▶▶ 2.3　计算机的软件系统

计算机软件是相对于硬件而言的，包括计算机运行所需的各种程序、数据及其有关技术文档资料。只有硬件而没有任何软件支持的计算机称为裸机，在裸机上只能运行机器语言程序，使用很不方便，效率也低。硬件是软件赖以运行的物质基础，软件是计算机的灵魂，是用户与硬件之间的界面。有了软件，人们可以不必过多地去了解机器本身的结构与原理就能方便灵活地使用计算机。因此，一个性能优良的计算机硬件系统能否发挥其应有的功能，很大程度上取决于所配置的软件是否完善和丰富。软件不仅提高了机器的效率、扩展了硬件功能，也方便了用户的使用。

2.3.1　计算机软件的层次结构

计算机软件是指计算机中的程序、数据及其文档。计算机软件是计算机系统的灵魂，计算机用户是通过软件来管理和使用计算机的。计算机软件内容丰富、种类繁多，通常根据软件用途可将其分为系统软件和应用软件两类。系统软件是由计算机制造者提供的用于管理、控制和维护计算机系统资源的软件。系统软件又可分为系统软件和支撑软件，如操作系统、编程语言、编程语言的处理程序、常用服务程序等。应用软件是计算机用户用计算机及其提供的各种系统软件开发的解决各种实际问题的软件。计算机软件的层次结构如图 2-10 所示。

图 2-10　软件的层次结构

2.3.2　系统软件

系统软件是指控制和协调计算机及外围设备，支持应用软件开发和运行的系统。系统软件是无需用户干预的各种程序的集合，其主要功能是调度、监控和维护计算机系统；负责管理计算机系统中各种独立的硬件，使得它们可以协调工作。系统软件使得计算机使用者和其他软件将计算机当作一个整体而不需要顾及到底层每个硬件是如何工作的。系统软件主要包括操作系统、语言处理程序、数据库管理系统以及软件研制开发工具等，其中最重要、最基本的是操作系统。

操作系统（Operating System，OS）是管理和控制计算机硬件与软件资源的计算机程序，是直接运行在"裸机"上的最基本的系统软件，任何其他软件都必须在操作系统的支持下才能运行。目前微型计算机使用的操作系统主要是 Windows 系列；大型机与嵌入式系统使用很多样化的操作系统，在服务器方面主要是 Linux、UNIX 和 Windows Server；随着智能手机的发展，Android、iOS 以及 Windows Phone 已经成为目前最流行的手机操作系统。

2.3.3　应用软件

应用软件是为解决特定应用领域问题而编制的应用程序，如财务管理软件、火车订票系统、交通管理系统等都是应用软件。

系统软件、支撑软件和应用软件三者既有分工，又相互结合，而且相互有所覆盖、交叉和变动，不能截然分开。如操作系统是系统软件，但它也支撑了其他软件的开发，也可看作是支撑软件。在现代计算机软件层次结构中，操作系统是最基础的软件，面对复杂的计算机硬件结构，操作系统使用户真正成为计算机的主人。操作系统是对计算机硬件功能的第一次扩展，使得用户可以很方便地管理和使用系统资源，并在操作系统基础上开发各类应用软件，进一步扩展计算机系统的功能。

需要说明的是，随着计算机技术的不断发展，在计算机系统中，硬件和软件之间并没有一条明确的分界线。理论上，任何一个由软件完成的操作也可以直接由硬件来实现，而任何一个由硬件所执行的指令也能用软件来完成。软件和硬件之间的界线是经常变化的，今天的软件可能就是明天的硬件，反之亦然。只是在具体的实际应用中需要考虑成本、性能、可靠性等多方面的因素，决定是采用硬件还是软件来实现。

2.3.4　计算机语言

软件实际上就是人们事先编写好的计算机程序。编写程序的过程称为程序设计，书写程序用的"语言"称为程序设计语言，即计算机语言。计算机语言的发展从面向过程，到面向对象，现在又进一步发展成为面向组件，经历了非常曲折的过程。总的来说，计算机语言可分为机器语言、汇编语言、高级语言和面向对象语言等。

1．机器语言

机器语言是第一代计算机语言，全部由二进制 0、1 代码组成。它是面向机器的计算机语言，由计算机的设计者通过计算机的硬件结构赋予计算机的操作功能，因此用机器语言编写的程序，计算机硬件可以直接识别和操作。机器语言具有灵活、直接执行和速度快等特点。但是，使用机器语言编写程序又有许多缺点。

① 不容易记忆。用机器语言编写的程序，编程人员要熟记所用计算机的全部指令代码和代码的含义，而每条指令都是二进制形式的指令代码，由 0 和 1 组成，形式上没有明确的含义，很难记忆。

② 程序编写难度大。编写程序时，程序员需要自己处理每条指令、每一数据的存储分配和输入/输出，还要记住编程过程中每步所使用的工作单元处在何种状态。这是一件十分烦琐的工作，编写程序花费的时间往往是实际运行时间的几十倍或几百倍。

③ 程序可读性差。程序的可读性是指通过程序代码能够理解程序完成的功能。利用机器语言编写的程序完全由 0、1 代码组成，很难读懂程序。

④ 可维护性差。程序的可维护性是指对程序的调试、测试和修改的方便性。利用机器语言编写的程序很难定位错误，调试和测试较困难，发现错误后，也不方便修改。

⑤ 移植性差。程序的移植性是指在一台计算机上编写的程序不被修改或做少量修改就能在其他的计算机上正确运行。由于机器语言指令是计算机的设计者通过计算机的硬件结构赋予计算机的操作功能，因此机器语言指令与计算机的硬件密切相关，所以不同的计算机硬件（主要是 CPU），其机器语言一般也不相同。

2. 汇编语言

为了克服机器语言难读、难编、难记和易出错的缺点，人们就用与指令代码实际含义相近的英文缩写词、字母和数字等符号来取代机器代码（如用 ADD 表示运算符号"+"的机器代码），于是就产生了汇编语言。汇编语言是第二代计算机语言，但仍然是面向机器的计算机语言。

汇编语言由于采用了助记符号来编写程序，比用机器语言的二进制代码编程方便了许多，在一定程度上简化了编程过程。汇编语言的特点是用助记符号代替机器指令代码，而且助记符号与指令代码一一对应，基本保留了机器语言的灵活性。使用汇编语言编写系统软件和过程控制软件，其目标程序占用内存空间少，运行速度快，有着高级语言不可替代的用途。但是，由于不同的计算机具有不同结构的汇编语言，而且，对于同一问题所编制的汇编语言程序在不同种类的计算机间是互不相通的，因此汇编语言程序的移植性也很差。同时，由于汇编语言使用了助记符号，将用汇编语言编制的程序输入计算机时，计算机不能像用机器语言编写的程序那样直接识别和执行，必须通过预先存储在计算机中的"汇编程序"的加工和翻译，才能变成能被计算机识别和处理的二进制代码程序。用汇编语言等非机器语言书写的符号程序称为源程序，运行时汇编程序要将源程序翻译成目标程序，目标程序即为机器语言程序。

3. 高级语言

一般称机器语言和汇编语言为低级语言，主要是由于它们对机器的依赖性很大，用它们开发的程序通用性差，且要求程序开发者必须熟悉和了解计算机硬件的每一个细节，因此它们面向的用户一般是计算机专业人员。普通计算机用户很难胜任这一工作，对于计算机的推广应用也不利。随着计算机技术的发展及计算机应用领域的不断扩大，计算机用户的队伍也不断壮大，从 20 世纪 50 年代中期开始，逐步发展并产生了高级语言。高级语言与具体的计算机硬件无关，其表达方式接近于被描述的问题，接近于自然语言和数学语言，易被人们接受和掌握。用高级语言编写程序比用低级语言编写程序容易得多，大大简化了程序的编写和调试过程，使编程效率得到大幅度的提高。高级语言通用性强、兼容性好、便于移植，一个程序不经修改或做少量修改就可以在不同的计算机系统上运行。

高级语言是面向用户的、基本上独立于计算机种类和结构的语言。其最大的优点是形式上接近于算术语言和自然语言，概念上接近于人们通常使用的概念。高级语言的一个命令可以代替几条、几十条甚至几百条汇编语言的指令。因此，高级语言易学易用，通用性强，应用广泛。从应用角度来看，高级语言可以分为基础语言、结构化语言和专用语言。基础语言也称通用语言。它历史悠久，流传很广，有大量的已开发的软件库，拥有众多的用户，为人们所熟悉和接受，属于这类语言的有 Fortran、Cobol、Basic、Algol 等；结构化语言直接支持结构化的控制结构，具有很强的过程结构和数据结构能力，PASCAL、C、Ada 语言就是它们的突出代表；专用语言是为某种特殊应用而专门设计的语言，通常具有特殊的语法形式，应用比较广泛的有 APL 语言、Forth 语言、LISP 语言。从描述客观系统来看，程序设计语言可以分为面向过程语言和面向对象语言。面向过程语言以"数据结构+算法"程序设计范式构成的程序设计语言，前面介绍的程序设计语言大多为面向过程语言。面向对象语言以"对象+消息"程序设计范式构成的程序设计语言，比较流行的面向对象语言有 Java、Delphi、C++、C#、PHP 等。

➤➤➤ 2.4 计算机的系统总线

计算机系统五大部件之间是通过总线相互连接在一起的。总线是计算机中各部件间、计算机系统之间传输信息的公共通路。

系统总线又称内总线，是指连接计算机中的 CPU、内存、各种输入/输出接口部件的一组物理信号线及其相关的控制电路。它是计算机中各部件间传输信息的公共通路。由于这些部件通常都制作在各个插件上，故又称板级总线（即在一块电路板上各芯片间的连线）和板间总线。系统总线传输 3 类信息：数据、地址和控制信息。因此，按照传输信息的不同，可将系统总线分为 3 类：地址总线、数据总线和控制总线。

1. 地址总线

地址总线（Address Bus，AB）主要用来指出数据总线上的源数据或目的数据在内存单元的地址。例如，要从存储器中读出一个数据，则 CPU 要将此数据所在存储单元的地址送到地址总线上。又如，要将某数据经 I/O 设备输出，则 CPU 除了需要将数据送到数据总线上外，同时还需要将该输出设备的地址（通常都经 I/O 接口）送到地址总线上。可见，地址总线上的代码用来指明 CPU 要访问的存储单元或 I/O 端口地址，它是单向传输的。地址总线的位数与存储单元的个数有关，如地址总线为 20 根，则对应的存储单元个数为 2^{20} 个，即容量为 2^{20} 字节。

2. 数据总线

数据总线（Data Bus，DB）用来传输各功能部件之间的数据信息，是双向传输总线，其位数与机器字长、存储字长有关，一般为 8 位、16 位、32 位或 64 位。数据总线的条数称为数据总线的宽度，是衡量系统性能的一个重要参数。

3. 控制总线

由于数据总线、地址总线都是被挂在总线上的所有部件共享的，如何使各部件能在不同时刻占有总线使用权，需依靠控制总线来完成。因此，控制总线（Control Bus，CB）是用来发出各种控制信号的传输线。对于任意一条控制线而言，它的传输只能是单向的。例如，存储器读/写命令、I/O 读/写命令都是由 CPU 发出的。但对于控制总线整体来说，又可认为是双向的。例如，I/O 设备也可以向 CPU 发出请求信号，如当某设备准备就绪时，便向 CPU 发出中断请求。此外，控制总线还起到监视各部件状态的作用，如查询该设备是处于"忙"还是"闲"的状态，是否出错等。因此，控制信号既有输出又有输入。

4. 非过程化语言

第四代语言（Fourth—Generation Language，4GL）是非过程化语言，编码时只需说明"做什么"，不需描述算法细节。数据库查询和应用程序生成器是 4GL 的两个典型应用。用户可以用数据库查询语言（SQL）对数据库中的信息进行复杂的操作。用户只需将要查找的内容在什么地方、根据什么条件进行查找等信息告诉 SQL，SQL 将自动完成查找过程。应用程序生成器则是根据用户的需求"自动生成"满足需求的高级语言程序。真正的第四代程序设计语言应该说还没有出现。所谓的第四代语言大多是指基于某种语言环境上具有 4GL 特征的软件工具产品，如 System Z、PowerBuilder、FOCUS 等。第四代程序设计语言是面向应用，为最终用户设计的一类程序设计语言。它具有缩短应用开发过程、降低维护代价、最大限度地减少调试过程中出现的问题以及对用户友好等优点。

▶▶▶ 2.5 计算机的工作原理

组成计算机的数以百万计的晶体管好像大脑的神经元，能接受用户的指令和输入的数据，并按照指令的要求，相互协调配合，自动完成各种复杂的运算和操作。而且计算机能将处理结果通过输出设备呈现给用户。

2.5.1 指令与指令系统

指令是能够被计算机硬件识别并执行的命令，一条指令就是计算机机器语言的一个语句，是程序设计的最小单位。一种计算机所能识别的指令的集合，称为该种计算机的指令系统。不同的 CPU、不同的指令集构成了不同的指令系统。指令系统是计算机硬件和软件之间的桥梁，是计算机工作的基础。

在微型计算机的指令系统中，一般一条指令包含两部分：操作码和操作数。其中，操作码规定了计算机要执行的基本操作，即规定了指令的基本操作特性和功能。操作码主要表示两部分内容：一是操作种类，如加、减、乘、除、数据传送、移位等；二是对操作数的描述，如数据的类型（定点数、浮点数、复数、字符、字符串等）、进位制（二进制、十进制、十六进制）和数据字长（字节、字、双字）。操作数指示了操作数据的存储位置，即地址。操作数通常包含 3 部分内容：①地址，如内存地址、立即数、寄存器等；②地址的附加信息，如偏移量、数据长度等；③寻址方式，如立即数寻址、直接寻址、间接寻址、变址寻址等。一般情况下，参与操作的源操作数或操作后的结果数据都保存在内存中，通过地址可访问该地址中的内容，即得到操作数。

通常，一条指令的执行分为取指令、译码指令和执行指令 3 个阶段。取指令阶段将当前指令从内存中取出来，并为取下一条指令做好准备；取出指令后，机器立即进入译码指令阶段，译码由指令译码器完成，主要任务是识别和区分不同的指令类型及各种获取操作数的方法；执行阶段完成指令规定的各种操作，产生运算结果，并将结果存储起来。

2.5.2 工作原理

如果让人们计算 2+3 等于几，一般，人们先用笔将这道题记录在纸上，记在大脑中，再经过脑神经元的思考，结合自己以前掌握的知识，决定用加法来处理，用脑算出 2+3=5 这一结果，并记录在纸上。通过做这一个简单的运算题，我们发现一个规律：首先通过眼、耳等感觉器官将捕捉的信息输送到大脑中并存储起来，然后对这一信息进行加工处理，再由大脑控制把最终结果以某种方式表达出来。

计算机正是模仿人脑进行工作的，这也是将其称为"电脑"的原因，其部件如输入设备、存储器、运算器、控制器、输出设备等分别与人脑的各种功能器官对应，以完成信息的输入、处理、输出。当计算机计算这道题目时，也是先通过输入设备，如键盘、鼠标等接收指令，并存储；然后由 CPU 处理这些指令；最后由输出设备输出计算结果，如图 2-11 所示。

计算机是一种能存储程序和数据，并能自动对各种数字化信息进行处理的机器。计算机之所以能自动进行信息处理，是因为它能将程序及数据存储在内

图 2-11　计算机工作过程示意图

存中，并能自动执行程序。要使计算机能自动工作，必须根据要解决的问题编写程序，并将程序转换成由机器语言指令组成的形式存储到内存中，然后从存储程序的首地址启动机器执行第一条指令。以后，计算机便开始自动执行取指令、分析指令、执行指令所规定的操作，周而复始，直到将该程序执行完毕。

下面以计算 2+3=5 为例，具体说明计算机的工作原理和过程。要想让计算机计算 2+3，首先要编写好计算程序，假设用 8086/8088 指令系统编写此程序，如表 2-1 所示。

表 2-1　计算 A+B 的程序

指令序号	助记符指令	汇编后的形式		指令功能说明
		指令存储地址	指令的机器码	
1	MOV AL,A	2000:0010	600000	将 A 单元中的内容传送到寄存器 AL 中
2	ADD AL,B	2000:0013	010D0100	将 B 单元中的内容与寄存器 AL 中的内容相加，结果存储到 AL 中
3	MOV SUM,AL	2000:0017	C30500	将寄存器 AL 中的内容传送到 SUM 单元中
4	HLT	2000:00A0	F4	停机

变量 A、B、SUM 的存储情况如表 2-2 所示。

表 2-2 变量 A、B、SUM 的存储情况

变 量 名	分 配 的 地 址		存 储 的 内 容	
	逻 辑 地 址	物 理 地 址	执 行 前	执 行 后
A	3000:0100	30100	2	2
B	3000:0101	30101	3	3
SUM	3000:0102	30102	未知	5

系统把这 4 条指令组成的程序段存放到存储器代码段 0010H～00A0H 内的存储单元中。当把首地址 0010H 置入程序计数器 IP 中（8086/8088 的程序计数器或指令指针寄存器为 IP）时，便可启动计算机执行该程序，其工作过程如下：

1. 取第一条指令并执行

（1）取指令

在控制器的控制下，从首地址 0010H 中取出第一条指令 MOV AL,A 的机器码送入指令寄存器中，同时为取下一条指令准备好新的地址，即更新指令指针寄存器（IP）的内容，使 IP=0013H。

（2）译码指令

被取出指令的操作码部分经指令译码器分析产生传送操作的信号，"告诉"微操作控制部件本指令将要执行传送操作。与此同时，指令寄存器计算出源操作数的物理地址（30100H），并判断出目标操作数是内部寄存器 AL。

（3）执行指令

微操作控制部件接收到来自指令译码器的译码信号"取数和传递"，则转入执行"存储器读机器周期"。在该机器周期内将完成从地址为 30100H 的单元中取出 A 的值是 2，并送入寄存器 AL 中，此时 AL=2。第一条指令执行完毕，微操作控制部件转入执行"取指令机器周期"。由于指令指针已经更新 IP=0013H，故转入执行第二条指令。

2. 取第二条指令并执行

（1）取指令并分析指令

根据 IP 的指示，从 0013H 号存储单元中取出第二条指令 ADD AL,B 的机器码并送入指令寄存器中，同时为取下一条指令准备好新的地址 IP=0017H，使其指向第三条指令。

（2）译码指令

指令寄存器中的操作码部分经指令译码器译码产生 ADD 的有效信号，同时从寻址方式和形式地址指明目标操作数是寄存器 AL，源操作数是存储器，由地址形成器计算出操作数的存储单元地址为 30101H。

（3）执行指令

微操作控制部件接收到来自指令译码器的译码信号"相加寄存器操作数和存储器操作数"。先从 30101H 存储单元中取出 B 的值 3 送到运算器输入端，运算器执行加法运算 2+3，得出和为 5 送入 AL 中。第二条指令执行完毕，微操作控制部件转入执行"取指令机器周期"。此时 IP=0017H，故转入执行第三条指令。

3．取第三条指令并执行

第三条指令与第一条指令相似，完成的都是数据传送，但传送的方向不同，完成的是存储器写操作，即将 AL 的内容传送（写）到 SUM 的存储单元中（30102H 号单元）。

4．取第四条指令并执行

第四条指令是停机指令，可在取指令机器周期内完成。

综上所述，对计算机的自动工作原理可概括为：从计算机程序员的角度看，计算机自动工作过程是执行预先编写好的程序的过程，而执行程序的过程就是周而复始地完成取指令、译码指令和执行指令的过程。

本 章 小 结

一个完整的计算机系统包含计算机硬件系统和计算机软件系统两大部分。目前计算机的功能已非常强大，但其体系结构仍都属于冯·诺依曼结构，其主要特点是"采用二进制"和"存储程序"两个重要基本思想。硬件系统包括运算器、控制器、存储器、输入设备和输出设备五大部分。计算机软件系统根据其用途可分为系统软件和应用软件两类，操作系统是系统软件的核心。指令是能够被计算机硬件识别并执行的命令，一种计算机所能识别的指令的集合，称为该种计算机的指令系统。不同的 CPU、不同的指令集构成了不同的指令系统。指令系统是计算机硬件和软件之间的桥梁，是计算机工作的基础。通常，一条指令的执行分为取指令、译码指令和执行指令 3 个阶段。

第3章　信息表示与计算基础

学习目标:

- 掌握二进制的基本概念;
- 掌握不同进制的表示及各进制之间的相互转换;
- 掌握数值数据的定点和浮点表示法;
- 了解带符号数的原码、反码和补码表示;
- 掌握二进制数的运算方法;
- 了解二进制补码运算规则。

计算机是一种非常复杂的机器,但构成计算机的基本器件却是极为简单的开关元件。由于每个开关元件只有开和关两种稳定状态,与数值系统中的 0 和 1 对应,这种二进制编码就成为计算机中表达信息、存储信息、进行算术及逻辑运算的基础。

本章主要介绍数制的概念、计算机中常用的数制之间的转换方法,数值信息和字符信息在计算机中的表示方法,二进制数的运算规则等内容。

▶▶▶ 3.1 数　　制

按进位的原则进行计数,称为进位计数制,简称"数制"。在日常生活中经常要用到数制,通常以十进制进行计数,除了十进制计数以外,还有许多非十进制的计数方法。例如,60 分钟为 1 小时,采用六十进制计数法;1 星期有 7 天,采用七进制计数法;1 年有 12 个月,采用十二进制计数法。当然,在生活中还有许多其他各种各样的进制计数法。

人们所习惯的是十进制计数法,二进制是面向计算机的,它是计算机所采用的进位制。18 世纪德国数理哲学大师莱布尼茨从拉丁文译本《易经》中读到了八卦的组成结构,惊奇地发现(0)和(1),即《易经》的阴爻和阳爻,其进位制就是二进制,并认为这是世界上数学进制中最先进的计数法。20 世纪被称为第三次科技革命的重要标志之一——计算机的发明与应用,其运算模式正是二进制,它不但证明了莱布尼茨的原理是正确的,同时也证明了《易经》数理学是很了不起的。

在计算机系统中采用二进制,其主要原因是由于电路设计简单、运算简单、工作可靠、逻辑性强。八进制和十六进制是面向人和机器的。不论是哪一种数制,其计数和运算都有共同的规律和特点。

3.1.1 进位计数制

1. 基数

进位计数制的特点是由一组规定的数字来表示任意数，这组数字的总个数就称为基数。

① 十进制：基数为 10，10 个记数符号，即 0、1、2、…、9。每一个数码符号根据它在这个数中所在的位置（数位），按"逢十进一"来决定其实际数值。

② 二进制：基数为 2，2 个记数符号，即 0 和 1。每个数码符号根据它在这个数中的数位，按"逢二进一"来决定其实际数值。

③ 八进制：基数为 8，8 个记数符号，即 0、1、2、…、7。每个数码符号根据它在这个数中的数位，按"逢八进一"来决定其实际的数值。

④ 十六进制：基数为 16，16 个记数符号，即 0~9、A~F。其中 A~F 对应十进制的 10~15。每个数码符号根据它在这个数中的数位，按"逢十六进一"决定其实际的数值。

2. 位权

进位计数制的数可以用位权来表示，位权是指一个数字在某个固定位置上所代表的值，处在不同位置上的相同数字符号所代表的值不同，每个数字的位置决定了它的值或者位权。

位权与基数的关系是：各进位制中位权的值是基数的若干次幂。因此，用任何一种数制表示的数都可以写成按位权展开的多项式之和。

位权表示法的原则是数字的总个数等于基数；每个数字都要乘以基数的幂次，而该幂次是由每个数所在的位置决定的。排列方式是以小数点为界，整数部分自右向左乘以基数的 0 次方、1 次方、2 次方……小数部分自左向右乘以基数的负 1 次方、负 2 次方、负 3 次方……

一般，任意进制数 S 都可以表示为如下的形式：

$$S = k_n k_{n-1} \cdots k_0 \cdots k_{-m}$$
$$= k_n p^n + k_{n-1} p^{n-1} + \cdots + k_0 p^0 + \cdots + k_{-m} p^{-m}$$
$$= \sum_{i=-m}^{n} k_i p^i$$

其中，p 称为任意进制的基数，m、n 为正整数。

① 十进制数在数字后加字母 D（Decimal）或不加字母，例如：

$$634.28D = 6 \times 10^2 + 3 \times 10^1 + 4 \times 10^0 + 2 \times 10^{-1} + 8 \times 10^{-2}$$

② 二进制数在数字后加字母 B（Binary），例如：

$$101.1B = 1 \times 2^2 + 0 \times 2^1 + 1 \times 2^0 + 1 \times 2^{-1}$$

③ 八进制数在数字后加字母 O（Octonary），但为了与 0 区别，可改为 Q，例如：

$$36.2Q = 3 \times 8^1 + 6 \times 8^0 + 2 \times 8^{-1}$$

④ 十六进制数在数字后加字母 H（Hexadecimal），若以 A、B、C、D、E 或 F 开头，则需要加前导词 0，以便与标识符相区分。例如：

$$0B78.FH = 11 \times 16^2 + 7 \times 16^1 + 8 \times 16^0 + 15 \times 16^{-1}$$

二进制、十进制、八进制和十六进制的对应关系如表 3-1 所示。

表 3-1　二进制、十进制、八进制和十六进制的对应关系

进制数	值															
十进制	0	1	2	3	4	5	6	7	8	9	10	11	12	13	14	15
八进制	0	1	2	3	4	5	6	7	10	11	12	13	14	15	16	17
十六进制	0	1	2	3	4	5	6	7	8	9	A	B	C	D	E	F
二进制	0000	0001	0010	0011	0100	0101	0110	0111	1000	1001	1010	1011	1100	1101	1110	1111

3. 二进制的特点

在计算机中采用二进制的原因如下：

（1）可行性

采用二进制，只有 0 和 1 两个状态，需要表示 0、1 两种状态的电子器件很多，如开关的接通和断开、晶体管的导通和截止、磁元件的正负剩磁、电位电平的低与高等都可表示 0、1 两个数码。使用二进制，电子器件具有实现的可行性。

（2）简易性

二进制数的运算法则少，运算简单，使计算机运算器的硬件结构大大简化（十进制的乘法九九口诀表有 55 条公式，而二进制乘法只有 4 条规则）。

（3）逻辑性

由于二进制 0 和 1 正好和逻辑代数的假（False）和真（True）相对应，有逻辑代数的理论基础，用二进制数表示二值逻辑很自然。

3.1.2　各进位计数制之间的转换

将数值由一种数制转换成另一种数制称为数制间的转换。由于计算机采用二进制，但用计算机解决实际问题时对数值的输入/输出通常使用十进制，这就有一个十进制向二进制转换或由二进制向十进制转换的过程。也就是说，在使用计算机进行数据处理时首先必须把输入的十进制数转换成计算机所能接受的二进制数；计算机在运行结束后，再把二进制数转换为人们所习惯的十进制数输出。

1. 十进制数与二进制数之间的转换

十进制数转换成非十进制数时，可以分成两个部分（整数部分和小数部分）分别进行转换。下面以十进制数转换成二进制数为例讲述具体的转换方法，其他进制的数转换成二进制数与十进制数转换成二进制数的方法相同，可依次类推。

（1）十进制整数转换成二进制整数

转换方法：除 2 取余法。把被转换的十进制整数反复地除以 2，直到商为 0，所得余数（从下往上读起）就是这个数的二进制表示。

【例 3-1】将十进制数 221 转换为二进制数，如图 3-1 所示。

用 221 除以基数 2，直到商为 0 为止。

结果为 221D = 11011101B。

（2）十进制小数转换成二进制小数

转换方法是：乘 2 取整法。即用十进制小数乘以

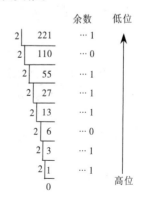

图 3-1　例 3-1 的解题过程

基数 2，取出乘积的整数，若乘积的小数部分不为 0 或还没有达到所要求的精度，则继续用小数部分乘以基数 2，直到乘积为 0 或达到所要求的精度为止，最后将所取出的整数自上而下排列，作为转换后的小数。

【例 3-2】将十进制数 0.375 转换为二进制数。

用 0.375 乘以基数 2，取出整数，直到乘积的小数部分为 0 为止，如图 3-2 所示。

结果为 0.375D = 0.011B。

【例 3-3】将十进制数 125.24 转换为二进制数（精确到小数点后 3 位）。

125.24 包含有整数和小数，因此将整数部分和小数部分分开转换，如图 3-3 所示。

图 3-2 例 3-2 的题过程

图 3-3 例 3-3 的解题过程

小数部分进行转换时，不一定能够完全转换，存在转换误差。为了减小转换误差，像十进制中的四舍五入法一样，二进制也有 0 舍 1 入法，称为下舍上入法。这样一来，得到的结果为 125.24D ≈ 1111101.0011B。

（3）二进制数转换成十进制数

任何一个二进制数的值都可以用它的按位权展开式表示。例如，将二进制数 $(10101.11)_2$ 转换成十进制数：

$$(10101.11)_2 = 1 \times 2^4 + 0 \times 2^3 + 1 \times 2^2 + 0 \times 2^1 + 1 \times 2^0 + 1 \times 2^{-1} + 1 \times 2^{-2} = (21.75)_{10}$$

2. 二进制数与十六进制数之间的转换

十六进制数的基数 16 与二进制数的基数 2 之间的关系是 $16 = 2^4$，因此 1 位十六进制数可以用 4 位二进制数来表示；反之，每 4 位二进制数可以组合为 1 位十六进制数。

可见，当需要将十六进制数转换为二进制数时，可以按位将每 1 位十六进制数展开为对应的 4 位二进制数（可参见表 3-1）。同理，当需要将二进制数转换为十六进制数时，可以按位将每 4 位二进制数组合为对应的 1 位十六进制数。例如：

0A57B.C3H = 1010 0101 0111 1011.1100 0011B

10110101.11B = 1011 0101.1100B = 0B5.CH

3. 二进制数与八进制数之间的转换

与上述原理相同，由于八进制数的基数 8 与二进制数的基数 2 之间的关系是 $8 = 2^3$。因此 1 位八进制数可以用 3 位二进制数来表示；反之，每 3 位二进制数可以组合为 1 位八进制数。

可见，当需要将八进制数转换为二进制数时，可以按位将每 1 位八进制数展开为对应的 3 位二进制数（可参见表 3–1）。同理，当需要将二进制数转换为八进制数时，可以按位将每 3 位二进制数组合为对应的 1 位八进制数。

> **注 意**
>
> 　　组合二进制数时，整数部分按从低位到高位的顺序组合，而小数部分按从高位到低位的顺序组合。当位数不足 3 位时，可补 0 填充，因为这样补 0 不会影响原数据的数据值。例如：
>
> $$573.26Q = 101\ 111\ 011.010\ 110B$$
>
> $$10110101.11B = 010\ 110\ 101.110B = 265.6Q$$

八进制数和十六进制数之间的转换：可以二进制数为桥梁，即将需要转换的源数据按位展开为二进制数，然后将得到的二进制数按位组合为目的进制的数。

▶▶▶ 3.2 数值数据的编码与表示

按照冯·诺依曼型计算机的存储原理，所有的数值数据必须以二进制数的形式预先存储在计算机的存储器中，计算机执行程序时从存储器中取出数据进行处理。那么数值信息在计算机中是如何表示的呢？

3.2.1 机器数与真值

任何一个非二进制数输入计算机后，都必须以二进制格式存储在计算机的存储器中。所有非二进制数都可以通过前面介绍的转换方法表示为二进制数，但是在实际应用中的数据通常有正数和负数之分，那么数据的正负号如何表示呢？其实，数据的正负是一个二态值，而计算机的 0 和 1 可以表示二态值，可以使用二进制数 0 表示正数，二进制数 1 表示负数。因此，数值可以这样表示：用最高位作为数值的符号位，该位为 0 表示正数，该位为 1 表示负数，每个数据占用 1 个或多个字节（每字节可存储 8 位二进制数），像这种符号被数字化的二进制数就称为机器数，由机器数所表示的数据实际值称为真值。

例如，$N = -53$，假设机器的字长为 8 位，转换成二进制后，N 的真值是$-0110101B$，N 的机器数是 10110101B，机器数 10110101B 在存储器中以图 3–4 所示的形式存储。

1	0	1	1	0	1	0	1

数符

图 3–4　机器数 10110101B 在存储器中的存储形式

3.2.2 计算机中数的表示

1. 数的定点表示

定点数是指小数点位置固定不变的数。在计算机中，通常用定点数来表示整数与纯小数，分别称为定点整数与定点小数。

（1）定点整数

定点整数：小数点的位置约定在最低数值位的后面，用于表示整数。例如，设计算机字长使用的定点数的长度为 2 个字节（即 16 位二进制数），则十进制整数–195 在计算机内的表示形式如图 3-5 所示。

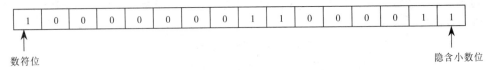

图 3-5　十进制整数–195 在计算机内的表示形式

注　意

（195）$_{10}$ =（11000011）$_2$，由于 11000011 不足 15 位，故前面补足 7 个 0，最高位用 1 表示负数。

（2）定点小数

定点小数：小数点的位置约定在数符位和数值部分的最高位之间，用以表示小于 1 的纯小数。例如，假定定点数的长度仍为 2 个字节，则十进制小数 0.6876 在机内用定点数表示的形式如图 3-6 所示。

图 3-6　十进制小数 0.6876 在机内的定点数表示形式

实际上，0.6876 =（0.10110000000001101…）$_2$，由于最高位用以表示符号，故 2 个字节可以精确到小数点后第 15 位。

2. 数的浮点表示

在计算机中，定点数通常只用于表示整数或纯小数。而对于既有整数部分又有小数部分的数，一般采用"浮点数"或"科学计数法"表示。浮点数分为阶码和尾数两部分。

例如，十进制数 2750 = 0.275 × 10^4，其中，0.275 称为尾数，4 是阶码。

类似地，二进制数（1011011）$_2$ 可以表示为 0.1011011 × 2^{111}。

在浮点数表示方法中，小数点的位置是浮动的，如十进制实数–5 432.303 6 可表示为 –5.432 303 6 × 10^3、–0.543 230 36 × 10^4、–543 230.36 × 10^{-2} 等多种形式。为了便于计算机中小数点的表示，规定将浮点数写成规格化的形式，即尾数的绝对值大于等于 0.1 且小于 1，从而唯一地规定了小数点的位置。

例如，十进制实数–5 465.32 以规格化形式表示为 –0.546 532 × 10^4。阶符为 0（正数），阶码为 4，数符为 1（负数），尾数为 546 532。

同样，任意二进制规格化浮点数的表示形式为 $N = \pm d \times 2^{\pm P}$。

其中，d 是尾数，尾数长度影响数的精度，前面的"±"表示数符；P 是阶码，它是一个整数，前面的"±"表示阶符。在计算机中阶码一般用补码定点整数表示，尾数一般用补码或原码定点小数表示。

一般情况下，浮点数在计算机中的存储格式如图 3-7 所示。

| 阶符 | 阶码 | 数符 | 尾数 |

图 3-7　浮点数存储格式

例如，设尾数为 8 位，阶码为 6 位，阶符与数符各 1 位，用 2 个字节存储；则二进制数 $x = -1101.01$ 经规格化后，表示为 $x = -0.110101 \times 2^{100}$，存储格式如图 3-8 所示。

| 0 | 000100 | 1 | 11010100 |

阶符　　　　　　阶码　　　　　　数符　　　　　　尾数

图 3-8　$x=-1101.01B$ 的存储格式

定点数和浮点数相比较而言，即使用 4 个字节来表示一个定点数，4 个字节表示的浮点数的精度和表示范围都远远大于定点数，这是浮点数的优越之处。但在运算规则上，定点数比浮点数简单，易于实现。因此，一般计算机中同时具有这两种表示方法，视具体情况进行选择应用。

3.2.3　带符号数的表示

机器数在计算时，若将符号位和数值一起运算将会产生错误的结果。

例如，-3+2 的结果应为-1，但-3+2 的机器数运算结果为-5。

　　10000011　←————— -3 的机器数
　+ 00000010　←————— 2 的机器数
　　10000101　←————— 运算结果为-5

为解决此类问题，在机器数中，负数有原码、反码和补码 3 种表示方法。其主要目的是解决减法运算问题。任何带符号正数的原码、反码和补码的形式完全相同，带符号负数则各有不同的表示形式。

1．原码

正数的符号位用 0 表示，负数的符号位用 1 表示，数值部分用二进制形式表示，这种表示法称为原码表示法。原码与机器数相同。

例如，用 8 位二进制数表示十进制整数+5 和-5 时，其原码分别为：

　　　　[+5]原=0 0000101B　　　　　　　　　　[-5]原=1 0000101B

　　　　　　　符号位 数值位　　　　　　　　　　　　　符号位 数值位

下面将考虑一个特例，即+0 和-0 的原码形式。

　　　　[+0]原=0 0000000B　　　　　　　　　　[-0]原=1 0000000B

由此可见，+0 和-0 的原码形式不一致，但是从人们的常规意识和运算角度而言，+0 和-0 的数值、表示形式和存储形式应该是一致的。这种不一致性在计算机处理过程中可能会带来不便，因此，数在计算机中通常不采用原码表示形式。

2．反码

正数的反码和原码相同，负数的反码是对该数的原码除符号位外各位按位取反。

例如，用 8 位二进制数表示十进制整数+5 和-5 时，其反码分别为：

第 3 章　信息表示与计算基础

$$[+5]_{反}=0\ 0000101B \qquad\qquad [-5]_{反}=1\ 1111010B$$

符号位　数值位　　　　　　　　　　符号位　数值位

下面将考虑一个特例，即+0 和-0 的反码形式。

$$[+0]_{反}=0\ 0000000B \qquad\qquad [-0]_{反}=1\ 1111111B$$

由此可见，+0 和-0 的反码形式也出现了不一致。同样，这种不一致性在计算机处理过程中可能会带来不便。因此，数在计算机中通常也不采用反码表示形式。

3. 补码

在普通的钟表上，18 时和 6 时表针所指的位置是相同的，因为它们对于 12 具有相同的余数，简称同余。补码是根据同余的概念引入的，对于二进制而言，正数的补码和原码相同，负数的补码是其反码加 1。

例如，用 8 位二进制数表示十进制整数+5 和-5 时，其补码分别为：

$$[+5]_{补}=0\ 0000101B \qquad\qquad [-5]_{补}=1\ 1111011B$$

符号位　数值位　　　　　　　　　　符号位　数值位

下面将考虑一个特例，即+0 和-0 的补码形式。

$$[+0]_{补}=0\ 0000000B \qquad\qquad [-0]_{补}=0\ 0000000B$$

由此可见，+0 和-0 的补码形式具有一致性，这既符合人们的常规意识和运算规则，同时对计算机处理而言具有很大的方便性。因此，在计算机中的数通常采用补码形式进行存储和运算。

▶▶▶ 3.3　字符信息的编码与表示

计算机处理的数据分为数值型和非数值型两类。数值型数据指数学中的代数值，具有量的含义，且有正负、整数和小数之分；而非数值型数据是指输入到计算机中的所有信息，没有量的含义，如数字符号 0~9、大写字母 A~Z 或小写字母 a~z、汉字、图形、声音及其他一切可印刷的符号+、-、!、#、%、》等。由于计算机采用二进制，所以输入到计算机中的任何数值型和非数值型数据都必须转换为二进制。

在非数值型数据中有这样一种类型，即字符型数据，它包括字母、文字、符号、数字等，由于计算机内部所有的信息都是以二进制形式存储的，所以必须按照某种规则对字符数据进行处理。对于任意一个计算机可以识别的字符数据，都按照特定编码规则使其与一个二进制编码建立一一对应的关系，也就是说在这种编码规则下，用一个二进制编码表示一个字符数据。对应不同种类字符有不同的编码规则，如对应于英文字母、符号等字符有 ASCII 码、BCD 码，对应于中文字符有 GB 2312 等各种不同的编码规则，而且这些编码规则一般是国家标准或国际标准，是被国家或国际上所承认并执行的。

3.3.1　西文信息的编码与表示

字符编码就是用二进制编码来表示字母、数字以及专门的符号。在计算机中有两种重要的字符编码方式：ASCII 和 EBCDIC。EBCDIC（广义二进制编码的十进制交换码）

大学计算机基础（第五版）

是西文字符的一种编码，采用 8 位二进制表示，共有 256 种不同的编码，可表示 256 个字符。

目前，计算机中普遍采用的是 ASCII 码（American Standard Code for Information Interchange，美国信息交换标准代码），该编码已经被国际标准化组织采纳，成为国际间通用的信息交换标准码。目前国际上流行的是 ASCII 码的 7 位版本，即用一个字节的低 7 位表示一个字符，最高位置零，如表 3-2 所示。7 个二进制位可表示 128 种状态，故可用来表示 128 个不同的字符,在 ASCII 码的 7 位版本中用来表示 33 个通用控制字符(即表中前 32 个与最后一个是不可打印的控制符号)、95 个可打印显示的字符（其中有 10 个数字、52 个大小写英文字母、33 个标点符号和运算符号）。

表 3-2　ASCII 码表

高位 低位	000	001	010	011	100	101	110	111
0000	NUL	DLE	（Space）	0	@	P	`	p
0001	SOH	DC1	!	1	A	Q	a	q
0010	STX	DC2	"	2	B	R	b	r
0011	ETX	DC3	#	3	C	S	c	s
0100	EOT	DC4	$	4	D	T	d	t
0101	ENQ	NAK	%	5	E	U	e	u
0110	ACK	SYN	&	6	F	V	f	v
0111	BEL	ETB	'	7	G	W	g	w
1000	BS	CAN	(	8	H	X	h	x
1001	HT	EM	)	9	I	Y	i	y
1010	LF	SUB	*	:	J	Z	j	z
1011	VT	ESC	+	;	K	[	k	{
1100	FF	FS	,	<	L	\	l	|
1101	CR	GS	−	=	M	]	m	}
1110	SO	RS	.	>	N	^	n	~
1111	SI	US	/	?	O	_	o	DEL

特别需要指出的是，十进制数字字符的 ASCII 码与它们的二进制值是有区别的。

例如，十进制数 3 的 7 位二进制数为（0000011），而十进制数字字符"3"的 ASCII 码为 $(0110011)_2=(33)_{16}=(51)_{10}$，由此可以看出，数值 3 与数字字符"3"在计算机中的表示是不一样的。数值 3 能表示数的大小，并可以参与数值运算；而数字字符"3"只是一个符号，它不能参与数值运算。

3.3.2　中文信息的编码与表示

汉字也是字符，是中文的基本组成单位。GB 2312—1980《信息交换用汉字编码字符集　基本集》是常用的汉字编码标准，它收录了 6 763 个常用汉字。根据这些汉字使用频率的高低，又将它们分成两部分，一部分称为一级汉字共 3 755 个，即最常用的汉字；

另一部分称为二级汉字共 3 008 个，为次常用的汉字。GB 2312—1980 还收录了一些数字符号、图形符号、外文字母等。

汉字与西方文字不同。西方文字是拼音文字，仅用为数不多的字母和其他符号即可拼组成大量的单词、句子，这与计算机可以接受的信息形态和特点基本一致，所以处理起来比较容易。例如，对英文字符的处理，7 位 ASCII 码字符集中的字符即可满足使用需求，且英文字符在计算机上的输入及输出也非常简单。因此，英文字符的输入、存储、内部处理和输出都可以只用同一个编码（如 ASCII 码）。而汉字是一种象形文字，字数极多（现代汉字中仅常用字就有六七千个，总字数高达 5 万个以上），字形复杂，且每一个汉字都有"音、形、义"三要素，同音字、异体字也很多，这些都给汉字的计算机处理带来了很大的困难。要在计算机中处理汉字，必须解决：①汉字的输入，即如何把结构复杂的方块汉字输入到计算机中，这是汉字处理的关键；②汉字在计算机内如何表示和存储，如何与西文兼容；③如何将汉字的处理结果从计算机内输出。

为此，必须将汉字代码化，即对汉字进行编码。对应于上述汉字处理过程中的输入、内部处理及输出这 3 个主要环节，每一个汉字的编码都包括输入码、交换码、机内码和字形码。在计算机的汉字信息处理系统中，处理汉字时要进行如下代码转换：输入码→交换码→机内码→字形码。以上简述了对汉字进行计算机处理的基本思想和过程，下面具体介绍汉字的 4 种编码。

1. 输入码

为了利用计算机上现有的标准西文键盘来输入汉字，必须为汉字设计输入编码。输入码又称外码。目前，已申请专利的汉字输入编码方案有六七百种之多，而且还不断有新的输入方法问世，以至于有"万'码'奔腾"之喻。按照设计思想的不同，可把数量众多的输入码归纳为四大类：数字编码、拼音码、字形码和音形码。目前应用最广泛的是拼音码和字形码。

① 数字编码：是用等长的数字串为汉字逐一编号，以这个编号作为汉字的输入码。例如，区位码、电报码等都属于数字编码。此种编码的编码规则简单，易于和汉字的内部码转换，但难于记忆，仅适用于某些特定部门。

② 拼音码：是以汉字的读音为基础的输入方法。拼音码使用方法简单，一学就会，易于推广，缺点是重码率较高（因为汉字同音字多），在输入时要进行屏幕选字，影响输入速度。拼音码是按照汉语拼音编码输入的，因此在输入汉字时，要求读音标准，不能使用方言。拼音码特别适合于对输入速度要求不太高的非专业录入人员使用。

③ 字形码：是以汉字的字形结构为基础的输入编码。在微型机上广为使用的五笔字型码（王码）是字形码的典型代表。五笔字型码的主要特点为输入速度快，但这种输入方法因为要记忆字根、练习拆字，所以前期学习花费的时间较多。此外，有极少数的汉字拆分困难，给出的编码与汉字的书写习惯不一致。

④ 音形码：是兼顾汉字的读音和字形的输入编码。目前使用较多的音形码是自然码。

2. 交换码

交换码用于汉字外码和内部码的交换。我国于 1981 年颁布的（GB 2312—1980）《信息交换用汉字编码字符集　基本集》是交换码的国家标准，所以交换码又称国标码。国标码是双字节代码，即每两个字节为一个汉字编码。每个字节的最高位为 0。国标 GB 2312—1980 收入常用汉字 6 763 个，其他字母及图形符号 682 个，总计 7 445 个字符。将这 7 445 个字符按 94 行×94 列排列在一起，组成 GB 2312—1980 字符集编码表，表中的每一个汉字都对应于唯一的行号（称为区号）和列号（称为位号），根据区位号确定汉字的国标码值，分别用两个字节存储。

由于篇幅所限，本书未列出 GB 2312—1980 字符编码表，可参看相关书籍。

3. 机内码

机内码是汉字在计算机内的基本表示形式，是计算机对汉字进行识别、存储、处理和传输所用的编码。内部码也是双字节编码，将国标码两个字节的最高位都置为 1，即转换成汉字的内部码。计算机信息处理系统就是根据字符编码的最高位是 1 还是 0 来区分汉字字符和 ASCII 码字符。

4. 字形码

字形码是表示汉字字形信息（汉字的结构、形状、笔画等）的编码，用来实现计算机对汉字的输出（显示或打印）。由于汉字是方块字，因此字形码最常用的表示方式是点阵形式，有 16×16 点阵、24×24 点阵、48×48 点阵等。例如，16×16 点阵的含义为：用 256（16×16=256）个点来表示一个汉字的字形信息。每个点有"亮"或"灭"两种状态，用一个二进制的 1 或 0 来对应表示。因此，存储一个 16×16 点阵的汉字需要 256 个二进制位，共 32 个字节。

以上的点阵可根据汉字输出的不同需要进行选择，点阵的点数越多，输出的汉字就越精确、美观。

汉字的字形点阵要占用大量的存储空间，通常将其以字库的形式存储在机器的外存中，需要时才检索字库，输出相应汉字的字形。为避免占用大量宝贵的内存空间，同时又能提高汉字的处理速度，可将字库中的二级汉字存储在外存中，而将一级汉字存储在内存中。

GB 2312—1980 规定了用连续的两个字节来表示一个汉字，并且只用各个字节的低 7 位，最高位未定义，这样一来就有可能与 ASCII 码字符产生冲突。就单个字节来说，两种编码方式都只用到字节的低 7 位，ASCII 码规定高位置为 0，而国标码对高位未定义。因此，对单个字节而言，不能确定它到底是一个 ASCII 码字符还是一个汉字的一部分（低字节或高字节）。于是有很多解决这类问题的方案应运而生，变形国标码就是其中之一，并得到了广泛的应用。它的主要特点是将国标码编码的各个字节的最高位置为 1，以达到区别于 ASCII 编码的目的。

由于计算机中各种信息都以二进制的形式存在，有的是数值，有的是 ASCII 码字符，有的是汉字，如何区分它们取决于（或者程序）按照何种规则判读它们。例如，对于机器内存中连续两个字节，它们的低 7 位内容分别为 0110000 和 0100001，如果它们的最高位均为 1，则表示汉字"啊"；如果均为 0，则表示为两个 ASCII 码字符 0 和 1。另外，还可以根据不同的编码规则将它们判读成不同的字符，这里不再详细叙述。

3.4　二进制数的运算

计算机既能进行数值运算，又可进行逻辑运算。因此，二进制数的运算有算术运算和逻辑运算两种。

3.4.1　二进制的四则运算

二进制算术运算与十进制算术运算类似，也有加、减、乘、除 4 种常规运算，每种运算都有各自的运算规则，但相对于十进制算术运算而言更为简单。

1. 加法运算

二进制加法运算规则是：

$$0+0=0$$
$$0+1=1+0=1$$
$$1+1=10（逢 2 进 1）$$

【例 3-4】求 1011011B+1010.11B。

$$
\begin{array}{r}
1011011 \\
+\quad\ 1010.11 \\
\hline
1100101.11
\end{array}
$$

结果为 1011011B+1010.11B=1100101.11B。

2. 减法运算

二进制减法运算规则是：

$$0-0=1-1=0$$
$$0-1=1（借 1 当 2）$$
$$1-0=1$$

【例 3-5】求 1010110B-1101.11B。

$$
\begin{array}{r}
1010110 \\
-\quad\ 1101.11 \\
\hline
1001000.01
\end{array}
$$

结果为 1010110B-1101.11B=1001000.01B。

3. 乘法运算

二进制乘法运算法则是：

$$0\times0=0$$
$$0\times1=1\times0=0$$
$$1\times1=1$$

【例 3-6】求 1011.01B×101B。

$$
\begin{array}{r}
1011.01 \\
\times\quad 101 \\
\hline
1011\ 01 \\
00000\ 0 \\
+101101\quad\ \\
\hline
111000\ 01
\end{array}
$$

结果为 1011.01B×101B=111000.01B。

由上述过程可见，二进制乘法运算可归结为"加法与移位"。

4. 除法运算

二进制除法运算法则是：

$$0÷0=0$$
$$0÷1=0$$
$$1÷1=1$$

【例 3-7】求 100100.01B÷101B。

$$
\begin{array}{r}
111.01 \\
101\,\overline{\smash{)}100100.01} \\
\underline{101} \\
1000 \\
\underline{101} \\
110 \\
\underline{101} \\
101 \\
\underline{101} \\
0
\end{array}
$$

结果为 100100.01B÷101B=111.01B。

由上述过程可见，二进制除法运算可归结为"减法与移位"。

3.4.2 补码加减运算

补码的加减运算可按下列公式进行：

$$[X+Y]_补 = [X]_补 + [Y]_补$$
$$[X-Y]_补 = [X+(-Y)]_补 = [X]_补 + [-Y]_补$$

不管 Y 的真值为正还是为负，已知$[Y]_补$求其机器负数$[-Y]_补$的方法都是：将$[Y]_补$连同符号位一起变反，末尾加 1。

【例 3-8】已知：$[Y]_补$=01011001，求$[-Y]_补$。

结果为$[-Y]_补$=10100110+1=10100111。

由补码的加减运算公式可知，当有符号的两个数采用补码形式表示，进行加减运算时，具有如下规则：

① 参加运算的操作数用补码表示。

② 符号位和数值位一起参加运算。

③ 若指令操作码为加，则两数直接相加。若操作码为减，则将减数转换为负数的补码后与被减数相加。

④ 运算结果仍然是补码表示。

计算机中采用补码表示的最大优点是可以将算术运算的减法转化为加法来实现，即不论加法还是减法，计算机中一律只做加法。

【例 3-9】已知：$X = 44$，$Y = 59$，求 $X+Y$ 和 $X-Y$。

假设用 8 位二进制表示一个数，则：

$[X]_原 = 00101100$，$[Y]_原 = 00111011$；

$[X]_补 = 00101100$，$[Y]_补 = 00111011$，$[-Y]_补 = 11000101$；

$[X+Y]_补 = [X]_补 + [Y]_补 = 00101100 + 00111011 = 01100111$；

$X+Y = +1100111 = (103)_{10}$（真值表示）；

$[X-Y]_补 = [X]_补 + [-Y]_补 = 00101100 + 11000101 = 11110001$；

$X - Y = -0001111 = (-15)_{10}$（真值表示）。

【例 3-10】已知：$X = 119$，$Y = -117$，求 $X+Y$。

假设用 8 位二进制表示一个数，则：

$[119]_原 = [119]_补 = 01110111$，$[-117]_补 = 10001011$；

$[X+Y]_补 = [X]_补 + [Y]_补 = 01110111 + 10001011 = \boxed{1}\,00000010$。

运算结果最高位有进位，则丢去最高位 1，运算结果正好是 +2 的补码。

3.4.3 二进制的逻辑运算

1. 逻辑运算的概念

逻辑是指条件与结论之间的关系。因此，逻辑运算是指对因果关系进行分析的一种运算，运算结果并不表示数值大小，而是表示逻辑概念，即成立还是不成立。

计算机的逻辑关系是一种二值逻辑，二值逻辑可以用二进制的 1 或 0 来表示，例如，1 表示"成立""是"或"真"，0 表示"不成立""否"或"假"等。对两个逻辑数据进行运算时，运算是按位进行的，每位之间相互独立，不存在算术运算中的进位和借位，运算结果仍是逻辑数据。

2. 基本逻辑运算

在逻辑代数中有 3 种基本的逻辑运算：与、或、非。其他复杂的逻辑关系均可由这 3 种基本逻辑运算组合而成。此外，异或运算也很有用。

（1）与运算（逻辑乘法）

一件事情是否成立取决于多种因素时，当且仅当所有因素都满足时才成立，否则就不成立，这种因果关系称为与逻辑。用来表达和推演与逻辑关系的运算称为与运算，与运算符常用 $\wedge$、$\cap$ 或 AND 表示。

与运算法则是：

$$0 \wedge 0 = 0$$
$$0 \wedge 1 = 0$$
$$1 \wedge 0 = 0$$
$$1 \wedge 1 = 1$$

两个二进制数进行与运算是按位进行的。

【例 3-11】求 $10111001 \wedge 11110011$。

$$
\begin{array}{r}
10111001 \\
\wedge \quad 11110011 \\
\hline
10110001
\end{array}
$$

结果为 $10111001 \wedge 11110011 = 10110001$。

举例说明与运算的物理意义：如某车间用电，只有当厂里电源总闸和车间分闸同时接通时，才能有电使用。显然，总闸和分闸是串联的。

（2）或运算（逻辑加法）

一件事情是否成立取决于多种因素时，只要其中有一个因素得到满足就成立，这种因果关系称为或逻辑。用来表达和推演或逻辑关系的运算称为或运算，或运算符常用+、∨、∪或 OR 表示。

或运算法则是：

$$0 \vee 0 = 0$$
$$0 \vee 1 = 1$$
$$1 \vee 0 = 1$$
$$1 \vee 1 = 1$$

两个二进制数进行或运算是按位进行的。

【例 3-12】求 10100001∨10011011。

$$
\begin{array}{r}
10100001 \\
\vee \quad 10011011 \\
\hline
10111011
\end{array}
$$

结果为 10100001∨10011011=10111011。

举例说明或运算的物理意义：如房间里有一盏电灯，为了使用方便，装了两个开关。这两个开关并联，显然，任何一个开关接通或两个开关同时接通，电灯都亮。

（3）非运算（逻辑否定）

非运算实现逻辑否定，即进行求反运算。非运算符常在逻辑变量上面加一个横线表示。

非运算法则是：

$$\overline{0} = 1$$
$$\overline{1} = 0$$

对某个二进制数进行非运算，就是对它的各位按位求反。

【例 3-13】求 $\overline{10111001}$。

结果为 $\overline{10111001}$=01000110。

举例说明非运算的物理意义：如室内的电灯，不是亮，就是灭。

（4）异或逻辑运算（半加运算）

异或逻辑运算通常用符号 ⊕ 表示，其运算规则是：

$$0 \oplus 0 = 0$$
$$0 \oplus 1 = 1$$
$$1 \oplus 0 = 1$$
$$1 \oplus 1 = 0$$

即两个逻辑变量相异，输出为 1，反之输出为 0。二进制数进行异或运算是按位进行的。

【例 3-14】求 10110101 ⊕ 11010001。

$$
\begin{array}{r}
10110101 \\
\oplus \quad 11010001 \\
\hline
01100100
\end{array}
$$

结果为 10110101 ⊕ 11010001=01100100。

异或逻辑运算在计算机中经常用到。

本 章 小 结

  计算机中的数据分为数值数据和字符数据两类，无论何种数据在计算机中均以二进制形式存储和处理。数值数据在计算机中采用定点数和浮点数两种表示形式。当数据的符号经数值化变为机器数后，带符号的机器数在计算机中又有原码、反码和补码 3 种表示形式，其中负数均采用补码表示形式。数据以二进制形式存储后，在计算机中可以进行算术运算（包括加、减、乘、除运算）和逻辑运算（包括与、或、非和异或运算），带符号数均以补码形式参与运算。字符信息分为西文字符和中文字符，西文字符普遍采用 ASCII 码表示和存储，中文字符根据计算机处理的思想和过程，分为输入码、交换码、机内码和字形码。

第4章 操作系统基础

学习目标：

- 了解操作系统的定义和功能；
- 了解操作系统的分类和常见操作系统；
- 掌握 Windows 7 的基本操作；
- 掌握 Windows 7 中的文件管理。

具有一定规模的计算机系统是不能缺少操作系统的，如微机上通用的操作系统 MS-DOS、Windows、OS/2 等，中小型机广泛使用的 UNIX 操作系统，IBM 系统机上使用的 CMS 和 MVS 系统等。计算机系统越复杂，操作系统就愈显得重要。特别是在软、硬件结合日趋紧密的今天，操作系统扮演着极为重要的角色。对于使用计算机的所有用户来说，几乎一刻也离不开操作系统，没有操作系统，计算机几乎无法工作。

▶▶▶ 4.1 操作系统概述

操作系统（Operating System，OS）是一种特殊的、用于管理和控制计算机硬件和软件的程序。它位于计算机的硬件和应用程序之间，是底层的系统软件，它是对硬件系统功能的首次扩充，负责管理、调度、指挥计算机的软、硬件资源，使其协调工作，是其他系统软件和应用软件运行的基础，它在资源使用者和资源之间充当中间人的角色。比如，一个用户（也可以是程序）将文件保存下来，操作系统就会开始工作，首先管理磁盘空间的分配，再将要保存的信息由内存写到磁盘中。当用户要运行一个程序时，操作系统必须先将程序载入内存，当程序执行时，操作系统会给程序分配使用 CPU 的时间。

因此，操作系统作为计算机系统的软、硬件的资源管理者，它的主要功能是对系统所有的资源进行合理而有效的管理和调度，提高计算机系统的资源利用率。

4.1.1 操作系统的地位

操作系统是底层的系统软件，它是对硬件系统功能的首次扩充，也是其他系统软件和应用软件能够在计算机上运行的基础，如图 4-1 所示。

图 4-1 操作系统的位置

从图 4-1 中可以看出，操作系统在计算机系统的地位是十分重要的。操作系统虽属于系统软件，但它是最基本的、最核心的系统软件。操作系统有效地统管计算机的所有资源（包括硬件资源和软件资源），合理地组织计算机的整个工作流程，以提高资源的利用率，并为用户提供强有力且灵活方便的使用环境。

4.1.2　操作系统的定义

对于操作系统，大多数是用描述的方法进行定义的。下面从不同角度来描述操作系统。

① 从操作系统所具有的功能来看，操作系统是一个计算机资源管理系统，负责对计算机的全部软、硬件资源进行分配、控制、调度和回收。

② 从用户使用角度来看，操作系统是一台比裸机功能更强、服务质量更高，用户使用更方便灵活的虚拟机，也可以说操作系统是用户和计算机之间的界面（或接口）。用户通过它来使用计算机。

③ 从机器管理者的控制来看，操作系统是计算机工作流程自动而高效的组织者，计算机软、硬件资源合理而科学的协调者，可减少管理者的干预，从而提高计算机的使用价值。

④ 从软件范围静态地来看，操作系统是一种系统软件，是由控制和管理系统运转的程序和数据结构等内容构成的。

由此，得出操作系统的定义如下：操作系统是管理和控制计算机软、硬件资源，合理地组织计算机的工作流程，方便用户使用计算机系统的软件。

操作系统追求的主要目标有两点：①方便用户使用计算机，一个好的操作系统应提供给用户一个清晰、简洁、易于使用的用户界面；②提高资源的利用率，尽可能使计算机中的各种资源得到最充分的利用。

4.1.3　操作系统的功能

操作系统的主要任务是控制、管理计算机的整个资源，这些资源包括 CPU、存储器、外围设备和信息。由此，操作系统应具有处理机管理、存储器管理、设备管理和文件管理等功能，同时，为了合理地组织计算机的工作流程和方便用户使用计算机，还提供了作业管理的功能。

1. 处理机管理

处理机管理主要是组织和协调用户对处理机的争夺使用，管理和控制用户任务，以最大限度提高处理机的利用率。当多个用户程序请求处理服务时，如果一个运行程序因等待某一条件（如等待输入/输出完成）而不能运行下去时，就要把处理机转交给另一个可运行的程序，以便充分利用处理机的能力，或者出现了一个可运行的程序比当前正占有处理机的程序更重要时，则要从运行程序那里把处理机抢过来，以便合理地为所有用户服务。

CPU 是计算机中最重要的资源，没有它，任何处理工作都不可能进行。在处理机管理中，人们最关心的是它的运行时间。现代的计算机，CPU 的速度越来越快，每秒可运行几百万、几千万、甚至几亿、几十亿条指令，因此它的时间相当宝贵。处理机管理就是提出调度策略和给出调度算法，使每个用户都能满意，同时又能充分地利用CPU。

2. 存储器管理

存储器管理是指操作系统对内存的管理。在多道程序环境下，允许内存中可同时运行多个程序，就必须提高内存的使用效率。存储器管理主要有以下几个功能：

① 存储分配与回收：按分配策略和分配算法分配内存空间。

② 地址变换：将程序在外存中的逻辑地址转换为在内存空间中的物理地址。

③ 存储保护：保护各类程序（系统、用户、应用程序）及数据区免遭破坏。

④ 内存扩充：解决小的内存空间中运行大程序的问题，即虚拟存储问题。

存储器管理是用户与内存的接口。

3. 设备管理

设备管理主要是管理各类外围设备，包括分配、启动和故障处理等，合理地控制 I/O 的操作过程，最大程度地实现 CPU 与设备，设备与设备之间的并行工作。

这里的设备是指除 CPU 和内存以外的各种设备，如磁盘、磁带、打印机、终端等。它们的种类繁多，物理性能各不相同，并且经常发展变化。一般用户很难直接使用。操作系统的设备管理是用户与外设的接口，用户只需通过一定的命令来使用某个设备，并在多道程序环境下提高设备的利用率。

4. 文件管理

计算机系统中存储的所有信息都是以文件的形式来组织的，因此文件管理也称信息管理，主要负责文件信息的存取和管理，它的任务是把存储、检索、共享和保护文件的手段，提供给操作系统本身和用户，以达到方便用户和提高资源利用率的目的。文件管理的功能包括分配与管理外存、实现按名存取；提供合适的存储方法；文件共享、保护，解决命名冲突，控制存取权限。

在文件管理系统的管理下，用户可以按照文件名访问文件，文件管理为用户提供了一个简单、统一访问文件的方法。

现代文件系统中多采用树形目录结构对文件进行组织和管理。文件系统的目录结构的作用与图书中目录的作用完全相同，实现快速检索。在文件的多级目录结构中，用户访问某个文件时要使用该文件的路径名来标记文件。文件的路径名又分为绝对路径和相对路径；绝对路径是指从根目录出发到指定文件所在位置的目录名序列；相对路径是从当前目录出发到指定文件位置的目录名序列。

5. 作业管理

作业管理是用户与操作系统的接口。它负责对作业的执行情况进行系统管理，包括作业的组织、作业的输入/输出、作业调度和作业控制等。

作业包括程序、数据以及解题的控制步骤。一个计算问题是一个作业，一个文档的打印也是一个作业。作业管理提供"作业控制语言"，用户通过它来书写控制作业执行的说明书。同时，还为操作员和终端用户提供与系统对话的"命令语言"，使用它来请求系统服务。操作系统按操作说明书的要求或收到的命令控制用户作业的执行。

4.2 操作系统的分类

按照操作系统的功能进行分类是被广泛采用的操作系统分类法。通常把操作系统分成三大类：批处理操作系统、分时操作系统和实时操作系统。随着计算机体系结构的发展，又出现了嵌入式操作系统、分布式操作系统和网络操作系统。

4.2.1 批处理操作系统

1. 基本工作方式

批处理操作系统的基本工作方式是：用户将作业交给系统操作员，系统操作员在收到作业后，并不立即将作业输入计算机，而是在收到一定数量的用户作业之后，组成一批作业，再把这批作业输入到计算机中。

2. 特点与分类

批处理操作系统的突出特征是"批量"处理，它把提高系统的处理能力作为主要设计目标。它的主要特点是：

① 用户脱机使用计算机，操作方便。

② 成批处理，提高了 CPU 利用率。

批处理有单道批处理和多道批处理之分。其中，单道批处理是指逐个顺序运行各个作业；而多道批处理是指由操作系统调度和控制多个作业同时运行，高效、合理地利用系统资源，同时尽量满足各个用户对响应时间的请求。批处理的缺点是无交互性，用户一旦将程序提交给系统后就失去了对它的控制能力，使用户感到不便。

4.2.2 分时操作系统

从操作系统的发展史上看，分时操作系统出现在批处理操作系统之后。它是为了弥补批处理方式不能向用户提供交互式快速服务的缺点而发展起来的。

1. 基本工作方式

在分时操作系统中，一台计算机主机连接了若干个终端，每个终端可由一个用户使用。用户通过终端交互式地向系统提出命令请求，系统接受用户的命令之后，采用时间片轮转方式处理服务请求，并通过交互方式在终端上向用户显示结果。用户根据系统送回的处理结果发出下一道交互命令。

2. 设计思想

分时操作系统将 CPU 的时间划分成若干个小片段，称为时间片。操作系统以时间片为单位，轮流为每个终端用户服务。

3. 特点

多路性：同时有多个用户与一台计算机交互，宏观上看是多个人同时使用一个 CPU，微观上是多个人在不同时刻轮流使用 CPU。

交互性：用户根据系统响应的结果提出下一个请求。

独占性：用户感觉不到计算机为其他人服务，就好像整个系统被自己所独占。

4.2.3　实时操作系统

实时操作系统（Real Time Operating System）是指使计算机能及时响应外部事件的请求，在规定的严格时间内完成对该事件的处理，并控制所有实时设备和实时任务协调一致地工作的操作系统。

实时操作系统通常是具有特殊用途的专用系统，主要用于实时控制。例如，飞机飞行、导弹发射过程的自动控制、卫星测控等。目前，在计算机应用中，过程控制和信息处理都有一定的实时要求，据此，把实时操作系统分为实施过程控制系统和实时信息处理系统两大类。

实时操作系统主要具有如下特点：

① 对外部进入系统的信号或信息应能做到实时响应。

② 实时操作系统较一般的通用系统有规律，许多操作具有一定的可预计性。

③ 实时操作系统的终端一般作为执行和询问，不具有分时系统那样较强的会话能力。

④ 实时操作系统对可靠性和安全性要求较高，常采用全双工工作方式。

实时操作系统与分时操作系统的主要差别表现在以下两个方面：

① 交互能力：分时操作系统的交互能力较强，而实时操作系统大多数是具有特殊用途的专用系统，其交互能力受到一定的限制。

② 响应时间：分时操作系统的响应时间一般都是以人能接受的时间来确定的，其响应时间一般在秒数量级；而实时操作系统的响应时间视应用场合而定，主要根据控制对象或信息处理过程所能接受的延迟而定。可能是秒数量级，也可能是毫秒数量级甚至微秒数量级。

批处理操作系统、分时操作系统和实时操作系统是操作系统的 3 种基本类型。但一个实际系统往往兼有它们三者或其中两者的功能，因而出现了通用操作系统，它具有更强的处理能力和广泛的适用性。

当系统有分时用户时，系统及时地对他们的要求做出响应，而当系统暂时没有分时用户或分时用户较少时，系统处理不太紧急的批处理作业，以提高系统资源的利用率。在这种系统中，把分时作业称为前台作业，而把批处理作业称为后台作业。类似地，有实时请求则及时进行处理；没有实时请求则进行批处理。

4.2.4　嵌入式操作系统

嵌入式操作系统（Embedded Operating System）是一种支持嵌入式系统应用的操作系统软件。它是嵌入式系统（包括硬件、软件系统）极为重要的组成部分，通常包括与硬件相关的底层驱动软件、设备驱动接口、通信协议、图形界面、标准化浏览器等。嵌入式操作系统具有通用操作系统的基本特点，能够有效地管理复杂的系统资源；与通用操作系统相比较，嵌入式操作系统在系统实时高效性、硬件的相关依赖性、软件固态化以及应用的专用性等方面具有较为突出的特点。在制造业、过程控制、通信、仪器、仪表、汽车、船舶、航空、航天、军事装备、消费电子产品等方面均是嵌入式操作系统的应用领域。例如，手机的智能功能、洗衣机工作过程的自动控制、电视机频道自动扫描与存储等。

4.2.5 网络操作系统

网络操作系统（Network Operating System）是基于计算机网络的操作系统，是在各种计算机操作系统之上按照网络体系结构协议标准设计开发的软件，它包括网络管理、通信、系统安全、资源共享和各种网络应用服务功能。常用的网络操作系统有 Novell NetWare、UNIX、Windows NT Server 等，这类操作系统通常用在计算机网络系统中的服务器上，现在的操作系统几乎都具备网络管理的功能。

4.2.6 分布式操作系统

分布式操作系统（Distributed Operating System）是指将大量计算机通过网络连接在一起，以获取极高的运算能力、广泛的数据共享以及实现分散资源管理等功能为目的的一种操作系统。分布式操作系统能使系统中若干计算机相互协作完成一个共同的任务，当某台计算机发生故障时，整个系统仍旧能够正常工作，使各台计算机组成一个完整的、功能强大的可靠性计算机系统。

分布式操作系统是网络操作系统的更高级形式，它保持网络系统所拥有的全部功能，同时又有透明性、可靠性、高性能等。网络操作系统与分布式操作系统虽然都属于管理分布在不同地理位置的计算机，但最大的差别是：网络操作系统的工作，用户必须知道网址，而分布式系统用户则不必知道计算机的确切地址。

4.2.7 常见的操作系统

1. MS DOS 操作系统

MS DOS 是 Microsoft 公司为 16 位字长计算机开发的，基于字符（命令行）方式的单用户、单任务的个人计算机系统。

1981 年，IBM 公司推出第一台 IBM-PC 的同时，购买了 Microsoft 的 MS DOS 作为其操作系统，并取名为 PC DOS。由于 MS DOS 采取开放策略，吸引大量第三方用户加入到 MS DOS 应用程序的开发行列中来，使得其迅速占据了 PC 的主要市场份额，成为 PC 的主流操作系统。

DOS 系统目前已经退出个人用户的视野，但在工业领域仍然占有重要的位置。

2. Windows 操作系统

Windows 是 Microsoft 继成功开发了 MS DOS 之后，为高档 PC（32 位机）开发的又一个个人计算机系统。Windows 是一个多任务的操作系统，它采用图形窗口界面，用户对计算机的各种复杂的操作只需通过单击鼠标即可轻松地实现。

Windows 的系列产品，包括 Windows 3.X、Windows 95、Windows 98、Windows NT、Windows 2000、Windows Me、Windows XP、Windows Vista、Windows 7/8/10 等。

Windows 操作环境诞生于 1983 年，1990 年推出 Windows 3.0，Windows 3.X 还不是独立的操作系统，只是 MS DOS 的一个扩展。

Windows NT 是 1993 年推出的网络操作系统。它是一个独立的操作系统，可配置在大、中、小型企业网络中，用于管理整个网络中的资源和实现用户通信。

Windows 95 是 1995 年推出的基于视窗界面的操作系统。它的诞生是 Windows 发展史中的一个转折点，1998 年又推出 Windows 98，它的系统功能和性能又进一步提高。

Windows 2000 是将 Windows 98 和 Windows NT 的特性相结合发展而来的多用途操作系统，它比 Windows 9X 快 25%，并且安全、可靠性更高。

Windows Me 是 2001 年推出的、面向家庭用户的操作系统，是 Windows 98 的升级版。Microsoft 为其定制的设计目标是：更强的稳定性、更简便的家庭网络功能、更好的多媒体工具、更简单的上网操作。

Windows XP 是为家庭用户和商业计算设计操作系统。发布于 2001 年 10 月。XP 是英文"体验"（eXPerience）的缩写。

Windows Vista 是继 Windows XP 之后在 2007 年 1 月推出的新一代操作系统。它包含了上百种新功能；其中较特别的是新版的图形用户界面和称为 Aero Glass 的全新界面风格、加强后的搜寻功能、新的多媒体创作工具（例如 Windows DVD Maker），以及重新设计的网络、音频、输出（打印）和显示子系统。Vista 也使用点对点技术（peer-to-peer）提升了计算机系统在家庭网络中的通信能力，将让在不同计算机或装置之间分享文件与多媒体内容变得更简单。

Windows 7 是 2009 年 10 月发布的新一代操作系统，是微软操作系统变革的标志。Windows 7 在快捷的响应速度、安全可靠特性、延长电池使用时间、应用程序兼容性、设备兼容性等方面的新特性较 Windows XP 和 Vista 具有革命性的变化。

3. UNIX 操作系统

UNIX 操作系统是一个通用、交互性分时操作系统。1969 年，它由美国电报电话公司贝尔实验室在 DEC 公司的小型系列机 PDP-7 上开发成功。

UNIX 取得成功的最重要原因是系统的开放性和公开源代码，用户可以方便地向 UNIX 系统中一样逐步添加新功能和工具，能提供更多的服务，成为有效的程序开发的支撑平台。它是目前唯一可以安装和运行在包括微型机、工作站至大型机上的操作系统。

UNIX 操作系统具有如下特点：

① 多用户多任务操作系统，用 C 语言编写，具有较好的易读、易修改和可移植性。

② 结构分核心部分和应用子系统，便于做成开放系统。

③ 提供 I/O 缓冲技术，系统效率高。

④ 剥夺式动态优先级 CPU 调度，有力地支持分时功能。

⑤ 请求分页式虚拟内存管理，内存利用率高。

⑥ 命令语言丰富齐全，提供了功能强大的 Shell 语言。

⑦ 具有强大的网络与通信功能。

4. Linux 操作系统

Linux 是由芬兰籍科学家 Linus Torvalds 与 1991 年编写完成的一个操作系统内核，当时他还是芬兰首都赫尔辛基大学计算机系的学生，在学习操作系统课程中，自己动手编写了一个操作系统原型，从此，一个新的系统诞生了。Linus 把这个系统放在了 Internet 上，允许自由下载，许多人对这个系统进行改进、扩充、完善，做出了许多关键性贡献。

Linux 是一个开放源代码的操作系统。它除继承了历史悠久的技术成熟的 UNIX 操作系统的特点和优点外，还做了许多改进，成为一个真正的多用户、多任务的通用操作系统。

Linux 操作系统具有如下特点：

① 继承了 UNIX 的优点，又有了许多更好的改进，开放、协作的开发模式，能紧跟技术发展趋势，具有极强的生命力。

② 全面支持 TCP/IP，内置通信联网功能，并方便地与 LAN Manager、Windows for Workgroups、Novell Netware 网络集成，使异种机能方便地连网。

③ 完整的 UNIX 开发平台，支持一系列 UNIX 开发工具，几乎所有主流语言都可移植到 Linux 下。

④ 提供 GUI 图形界面，有多种窗口功能，支持大量外围设备。

⑤ 支持并行处理和实时处理，能充分发挥硬件性能。

⑥ 源代码开放，可以很方便地下载，在 Linux 平台上开发软件成本低，有利于发展各种特色的操作系统。

➤➤➤ 4.3　Windows 7 基本操作

Windows 7 是 Microsoft 公司推出的一种操作系统，是目前普遍采用的操作系统，Windows 7 功能强大，提供了图形化的操作界面，操作简单、便捷。

4.3.1　Windows 7 的桌面组成

1. Windows 7 的桌面元素

用户安装好中文版 Windows 7 登录系统后，可以看到一个非常简洁的屏幕画面，整个屏幕区域就是桌面，如图 4-2 所示。

图 4-2　Windows 7 的桌面

如果用户想恢复系统默认的图标，可执行下列操作：

① 右击桌面，在弹出的快捷菜单中选择"个性化"命令。

② 单击"更改桌面图标"按钮。

③ 在打开的"桌面图标设置"对话框中，选中"计算机""网络"等复选框，单击

"确定"按钮，这时便可看到系统默认的图标，这些图标称为桌面元素。

①"用户的文件"图标：它用于管理"我的文档"下的文件和文件夹，可以保存信件、报告和其他文档，它是系统默认的文档保存位置。

②"计算机"图标：通过该图标可以实现对计算机硬盘驱动器、文件夹和文件的管理，也可以访问连接到计算机的照相机、扫描仪和其他硬件。

③"网络"图标：提供了访问网络上其他计算机上文件夹和文件访问以及有关信息，在双击展开的窗口中可以进行查看工作组中的计算机、查看网络位置及添加网络位置等工作。

④"回收站"图标：在回收站中暂时存放着已经删除的文件或文件夹等，当没有彻底清空回收站时，可以从中还原删除的文件或文件夹。

⑤"Internet Explorer"图标：用于浏览互联网上的信息，通过双击该图标可以访问网络资源。

2. 任务栏

任务栏是位于桌面最下方的一个小长条，它显示了系统正在运行的程序、打开的窗口和当前时间等内容，用户通过任务栏可以完成许多操作，而且也可以对它进行一系列的设置。

任务栏可分为"开始"按钮、快速启动工具栏、窗口按钮栏和通知区域等几部分，如图 4-3 所示。

图 4-3　任务栏

①"开始"按钮：单击此按钮，可以打开"开始"菜单，在用户操作过程中，可用它打开大多数的应用程序。

② 快速启动工具栏：它由一些小型的按钮组成，单击这些按钮可以快速启动程序，一般情况下，有网上浏览工具 Internet Explorer 图标文件夹图标等。

③ 语言栏：在此用户可以选择各种语言输入法，单击 ▓ 按钮，在弹出的菜单中进行选择可以切换为中文输入法，语言栏可以最小化按钮的形式在任务栏中显示，单击右上角的"还原"按钮，它就可以独立于任务栏之外。如果需要添加某种语言，可在语言栏任意位置右击，在弹出的快捷菜单中选择"设置"命令，即可打开"文字服务和输入语言"对话框，可以设置默认输入语言，可对已安装的输入法进行删除操作；可以添加各种语言以及设置输入法切换的快捷键等。

④ 音量控制器：即任务栏右侧小喇叭形状的按钮，单击它后会弹出"音量控制"对话框，通过拖动上面的小滑尺可以调整扬声器的音量。

⑤ 日期指示器：在任务栏的最右侧，显示了当前的时间，鼠标指针在上面停留片刻，会出现当前的日期，双击后打开"日期和时间属性"对话框，可以完成时间和日期的校正。

3. 创建桌面图标

桌面上的图标实质上就是打开各种程序和文件的快捷方式，用户可以在桌面上创建自己经常使用的程序或文件的快捷方式，这样使用时直接在桌面上双击图标即可快速启动该项目。

创建桌面图标的操作步骤如下：

① 右击桌面上的空白处，在弹出的快捷菜单中选择"新建"命令。

② 选择"新建"命令下的子菜单命令，可以创建各种形式的图标，如文件夹、快捷方式、文本文档等，如图4-4所示。

③ 当用户选择了所要创建的选项后，在桌面上会出现相应的图标，用户可以为它命名，以便识别。

当用户选择了"快捷方式"命令后，出现一个"创建快捷方式"向导，该向导会帮助用户创建本地或网络程序、文件、文件夹、计算机或 Internet 地址的快捷方式，可以手动输入项目的位置，也可以单击"浏览"按钮，弹出"浏览文件夹"对话框，在其中选择快捷方式的目标，确定后，即可在桌面上生成相应的快捷方式。

图 4-4 "新建"子菜单

4. 排列图标

当用户在桌面上创建了多个图标时，如果不进行排列，会显得非常凌乱，不利于选择所需要的项目，而且影响视觉效果。使用"排列方式"命令，可以使桌面看上去整洁而富有条理。

用户需要对图标进行位置调整时，可在桌面或打开的文件夹空白处右击，在弹出的快捷菜单中选择"排列方式"命令，其子菜单项中包含了多种排列方式，如用户选择"排列方式"子菜单中"名称"的命令后，系统桌面图标会按照名称来进行排列；选择"大小"命令后，系统桌面图标会按照大小来进行排列；选择"项目类型"命令后，系统桌面图标会按照项目类型来进行排列；选择"修改日期"命令后，系统桌面图标会按照修改日期来进行排列。

5. "开始"菜单

中文版 Windows 7 系统中默认的"开始"菜单，设计风格清新、明朗，"开始"按钮为 ，打开后的显示区域比以往更大，而且布局结构也更利于用户使用，通过"开始"菜单可以方便地访问 Internet、收发电子邮件和启动常用的程序。

单击"开始"按钮，即可打开"开始"菜单，如图4-6所示。

① "开始"菜单最右上方标明了当前登录计算机系统的用户，在图4-5中，当前是以用户身份（GMJ）登录的。

② "开始"菜单的中间部分左侧是用户常用

图 4-5 "开始"菜单

的应用程序的快捷启动项，根据其内容的不同，中间用不很明显的分组线进行分类，通过这些快捷启动项，可以快速启动应用程序。

③ 右侧是系统控制工具菜单区域，包括"文档""图片""音乐"等选项，用户可以通过这些菜单项实现对计算机的操作与管理。

④ "所有程序"的子菜单中显示了计算机系统中安装的全部应用程序。

⑤ "开始"菜单的最左下方是计算机搜索区域，可以快速找到应用程序。

⑥ "开始"菜单的最右下方是计算机控制菜单区域，包括"关闭"计算机按钮，用户可以在此进行关闭计算机的操作。

4.3.2 窗口介绍

打开一个文件或者应用程序时，都会出现一个窗口，窗口是用户进行操作时的重要操作对象，熟练地对窗口进行操作，会提高用户的工作效率。

1. 窗口类型及组成

窗口是 Windows 系统中最常见的操作对象，它是屏幕上的一个矩形框。运行一个程序或打开一个文档，系统都会在桌面上打开一个相应的窗口，这也是 Windows 这个名称的来由。窗口按用途可分为应用程序窗口、文档窗口和对话框窗口 3 种类型。

应用程序窗口是应用程序面向用户的操作平台，通过该窗口可以完成应用程序的各项工作任务。例如，Word 文字处理程序是用于文字处理的应用程序、PowerPoint 是用于制作演示文稿的应用程序。在 Windows 7 中，一旦运行应用程序，就会打开一个对应的应用程序窗口。

文档窗口是某个文件夹面向用户的操作平台，通过该窗口可以对文件夹的各项内容进行操作；对话框窗口是系统或应用程序打开的、与用户进行信息交流的子窗口。

程序窗口和文档窗口功能虽然不同，但结构是相似的，以下介绍应用程序窗口的组成。

（1）应用程序窗口的基本组成

Windows 环境下的应用程序窗口结构大同小异，界面风格也基本相同，一般含有以下元素：

① 标题栏：位于窗口顶部，用于显示应用程序的名称。当标题栏呈高亮度显示（默认为蓝色）时，此窗口称为"当前窗口"（或称为"活动窗口"）。

② 控制菜单图标：位于窗口的左上角，单击该图标可打开相应窗口的"控制菜单"，控制菜单中的命令用于对窗口进行操作，包括移动窗口、改变窗口大小、最小化或最大化窗口、关闭窗口等命令。

③ "最小化"按钮▬：单击该按钮，窗口将最小化，并缩小在任务栏中。

④ "最大化"按钮▢/ "还原"按钮▣： 单击"最大化"按钮，程序窗口将最大化充满整个屏幕，当窗口最大化后，"最大化"按钮就变成了"还原"按钮；单击"还原"按钮，最大化窗口还原成原来的窗口，窗口大小和位置与原来的状态一致。

⑤ "关闭"按钮✖：单击该按钮，将关闭窗口及应用程序。

⑥ 菜单栏：位于标题栏的下方，菜单栏提供了应用程序中大多数命令的访问途径。

⑦ 工具栏：包含应用程序常用的若干工具按钮，使用工具栏可以简化操作。

⑧ 工作空间：用以显示工作内容的区域。

⑨ 滚动条：当要显示的内容不能全部显示于窗口中时，窗口的下方和右方会出现滚动条，即水平滚动条和垂直滚动条。使用滚动条可查看窗口中未显示的内容。

⑩ 状态栏：显示窗口的状态和提示信息。

（2）窗口中的菜单操作

Windows 常以"菜单"的形式提供一系列操作命令。应用程序窗口中的菜单栏是由若干个菜单组成的，单击某个菜单名或同时按下【Alt】键和菜单名右侧带下画线的字母键，就能打开窗口或下拉菜单。关闭下拉菜单的方法有多种：单击菜单名；或将鼠标指针移出菜单外单击；或用【Esc】键。

Windows 的菜单中常有一些特殊标记，这些特殊标记的含义如下：

① 灰色命令项：当菜单中的命令呈灰色（浅色）时，表明该命令当前不能使用。

② 省略号（…）：带有…的命令执行后，会打开一个对话框。

③ 箭头朝右的黑色三角形（▶）：表示该命令项还有子菜单，当鼠标指向该命令时将自动显示其子菜单。

④ 箭头朝下的黑色三角形（▼）：下拉菜单，当鼠标移到需要的命令项上单击时；或使用光标键移动光条至所需的命令项上按【Enter】键时，系统就执行该命令。

⑤ 复选标记（√）：出现在命令项左侧的"√"符号，表示该命令是个开关式的命令，并且当前为有效状态（如 ✓标尺(R) 表示显示标尺）。此时若单击该命令，就会去掉前面的"√"符号，表示无效状态。

⑥ 点标记（●）：单选按钮，在一组命令中，只允许一个命令项前带有该标记，表示该命令项当前被选中。

⑦ ⊗标记：当下拉菜单太长时，会出现该符号，当鼠标指针指向该符号时，菜单会自动伸长。

（3）对话框窗口

当完成一个操作，需要向 Windows 进一步提供信息时，就会出现一个对话框，如图 4-6 所示为"打开"对话框。对话框是系统和用户之间的通信窗口，供用户从中阅读提示、选择选项、输入信息等。对话框的顶部也有对话框标题（标题栏）和"关闭"按钮。但没有控制菜单图标，也没有"最大化"及"最小化"按钮，所以对话框的大小通常不能改变。但对话框可以移动（利用左键拖动标题栏即可），也可以关闭。

图 4-6 "打开"对话框

2. 窗口的基本操作

应用程序窗口和文档窗口的操作主要有移动、缩放、切换、排列、最小化、最大化、关闭等。

（1）移动窗口

移动窗口的方法有两种：

① 拖动窗口的标题栏，窗口将随之移动，到达需要位置后释放鼠标。

② 单击控制菜单图标，打开控制菜单，选择"移动"命令，鼠标指针变为 ✛ 样式后，可使用键盘的光标键移动窗口位置，按【Enter】键结束移动。

（2）缩放窗口

缩放窗口的方法有两种：

① 使鼠标指针指向窗口的边框，当指针变为双向箭头 ↔ 或 ↕ 的形状时，拖动边框可改变窗口的宽度或高度；使鼠标指针指向窗口的 4 个角，当指针变为双向箭头 ↖ 或 ↗ 的形状时，拖动角可同时改变窗口的宽度和高度。

② 打开控制菜单，选择"大小"命令，鼠标指针变为 ✛ 形状时，可使用键盘的光标键改变窗口大小，按【Enter】键结束。

（3）切换窗口

要在多个窗口间进行切换，选择某个窗口为当前窗口，最常用的方法有以下几种：

① 单击"任务栏"上的窗口图标按钮。

② 单击该窗口的可见部分。

③ 按【Alt+Tab】组合键切换应用程序窗口。

（4）排列窗口

窗口排列有层叠、堆叠显示和并排显示 3 种方式，右击任务栏空白处，在弹出的快捷菜单中选择一种排列方式。层叠窗口是指活动窗口排在所有窗口的最前面，而其他窗口则逐个排在活动窗口的后面，它们的标题栏紧密排列在一起。堆叠显示窗口即按水平方式排列窗口。并排显示窗口即按垂直方式排列窗口。

（5）最小化窗口

最小化窗口可通过单击窗口右上角的"最小化"按钮，或通过打开控制菜单，选择"最小化"命令完成。

（6）最大化窗口

最大化窗口可通过单击窗口右上角的"最大化"按钮，或通过打开控制菜单，选择"最大化"命令完成。

（7）关闭窗口

关闭窗口可通过单击窗口右上角的"关闭"按钮，或通过打开控制菜单，选择"关闭"命令，或通过双击控制菜单图标。

▶▶▶ 4.4 运行应用程序

1. 启动应用程序

在 Windows 7 中，启动应用程序有多种方法。下面介绍几种常用的方法：

（1）通过"开始"菜单启动应用程序

① 单击"开始"按钮，选择"所有程序"命令。

② 如果需要的应用程序不在"所有程序"菜单中，则指向包含该应用程序的文件夹。

③ 找到应用程序后，单击应用程序名称即可。

（2）通过"资源管理器"或"计算机"启动应用程序

在"资源管理器"或"计算机"窗口中，找到需启动的应用程序的执行文件，然后双击它。

（3）使用"开始"菜单中的"运行"命令

单击"开始"按钮，选择"所有程序"→"附件"→"运行"命令。在打开的对话框中，输入要打开程序的完整路径名，单击"确定"按钮即可，如果不清楚程序的路径名，可以通过"浏览"按钮，从弹出的对话框中找到相应的程序再运行。

（4）利用桌面快捷图标

若在桌面上放置了应用程序的快捷图标，则双击桌面上的相应快捷方式图标，即可快速启动应用程序。

2．退出应用程序

在 Windows 7 中，退出应用程序也有多种方法，主要有以下几种方法：

① 单击应用程序窗口右上角的"关闭"按钮。

② 单击应用程序窗口左上角的控制菜单图标，在弹出的控制菜单中选择"关闭"命令。

③ 双击应用程序窗口左上角的控制菜单图标。

④ 选择应用程序"文件"菜单中的"退出"命令。

⑤ 按【Alt+F4】组合键。

⑥ 当某个应用程序不再响应用户的操作时，可以按【Ctrl+Alt+Del】组合键，弹出"Windows 任务管理器"窗口，如图 4-7 所示。在"应用程序"选项卡中选择要结束的程序，单击"结束任务"按钮，即可关闭程序。

3．应用程序间的切换

Windows 具有多任务特性，可以同时运行多个应用程序。一旦打开一个应用程序，在任务栏上就会产生一个对应的图标按钮。同一时刻，只有一个应用程序处于"前台"，称为当前应用程序。它的窗口处于最前面，标题栏呈高亮度显示。切换当前应用程序的方法主要有以下 4 种：

① 单击任务栏中对应的图标按钮。

② 单击窗口中应用程序的可见部分。

图 4-7　"Windows 任务管理器"窗口

③ 使用【Alt+Esc】组合键，循环切换应用程序。

④ 使用【Alt+Tab】组合键，弹出显示所有活动程序的图标和名称的窗口，按住【Alt】键不放，不断按【Tab】键选择所需程序图标，选中之后释放按键。

4.5 文件及文件夹管理

文件是存储在磁盘内的程序和数据信息的集合。文件可以是应用程序、文档、任何驱动程序或计算机上的其他数据。文件夹类似于传统意义上的目录，可以包含文档文件、应用程序、文件夹、磁盘驱动器等。

Windows 7 主要通过"计算机"和"资源管理器"来管理文件，本节将介绍文件和文件夹的基本操作，以及"计算机""资源管理器"和"回收站"的使用。

4.5.1 文件及文件夹操作

用户通过"计算机"窗口和"资源管理器"窗口可以实现对计算机资源的绝大多数操作和管理，两者功能相似。资源管理器是 Windows 文件管理的核心，通过资源管理器可非常方便地完成对文件、文件夹和磁盘的各种操作，还可以作为启动平台去启动其他应用程序。

1."计算机"窗口

"计算机"用于管理计算机中的所有资源。双击桌面上的"计算机"图标，打开如图 4-8 所示的"计算机"窗口。通过"计算机"窗口能够方便地访问计算机中的各种资源。

图 4-8 "计算机"窗口

2. 资源管理器窗口

在 Windows 7 中，"资源管理器"可以显示计算机上的文件、文件夹和驱动器的分层结构，同时可以显示映射到本地计算机上的驱动器号的所有网络驱动器名称。使用"资源管理器"可以复制、移动、重新命名以及搜索、查找文件和文件夹，实现对计算机中所有资源的管理。

启动 Windows 7 的"资源管理器"有多种方法，常用方法如下：

① 单击"开始"按钮，选择"所有程序"→"附件"→"Windows 资源管理器"命令。

② 右击"开始"按钮，在弹出的快捷菜单中选择"打开 Windows 资源管理器"命令。

启动资源管理器后，打开如图 4-9 所示的窗口，左边的窗格显示了所有磁盘和文件夹的列表，称为目录窗口；右边的窗格用于显示选定的磁盘或文件夹中的内容，称为内容窗口。

图 4-9　资源管理器窗口

窗口左右两半部分可以通过拖动分界线改变大小。

在目录窗格中，文件夹图标前的 ▷ 结点表示该文件夹还包含子文件夹，单击 ▷ 结点可展开本层文件夹，同时 ▷ 结点变为 ◢ 结点；单击 ◢ 结点可折叠本层文件夹，并且 ◢ 结点变为 ▷ 结点。若本层文件夹中没有子文件夹，则该图标前没有 ▷ 结点也没有 ◢ 结点。

在目录窗口中选定一个文件夹，不管该文件夹是否已被展开，内容窗口中都将显示该文件夹的所有内容，包括其下一级子文件夹。在目录窗口中要选定某个文件夹，只需单击该文件夹图标或名称。

在目录窗口中，计算机的所有资源都被显示出来。位于目录树顶端的是桌面，接下来是放置在桌面上的资源，如"文档""视频""图片"等。打开"计算机"文件夹又能显示出硬盘、控制面板、打印机等资源，打开硬盘文件夹则能显示整个硬盘的目录结构。由此可以看出 Windows 7 采用以桌面（Desktop）为最高级别的树状目录结构，对计算机资源进行管理。

3. 文件及文件夹管理

对文件和文件夹进行管理，是 Windows 操作系统中的基本操作。上面介绍的"资源管理器"和"计算机"是对文件和文件夹进行管理的工具，现在介绍一些基本的文件与文件夹管理方法，它们都是在"资源管理器"或"计算机"窗口中进行的。

（1）创建新文件夹

从桌面开始的各级文件夹中，都可以创建新的文件夹。创建新文件夹之前，需确定新文件夹应置于什么地方，如果要将新文件夹建立在磁盘的根目录下，则右击该磁盘图标；如果将新文件夹作为某个文件夹的子文件夹，则应该先打开该文件夹，然后在文件夹中创建新文件夹。

在桌面上建立一个新文件夹：右击桌面空白处，在弹出的快捷菜单中选择"新建"→"文件夹"命令。

在窗口中建立新文件夹：选择"文件"→"新建"→"文件夹"命令。

选中新建的文件夹，再单击文件夹的名称"新建文件夹"，这时在名称区域出现闪动的光标，在此处可以给文件夹重命名。

在"新建文件夹"处输入具体名称即文件夹的新名称。Windows 操作系统接受的文件和文件夹的名称最长为 255 个字符。

（2）选定文件或文件夹

对文件或文件夹操作之前，一定要先选定文件或文件夹，一次可选定一个或多个项目，选定的文件或文件夹呈高亮度显示。选定的方法有以下几种：

① 单击选定：单击要选定的文件或者文件夹。即可选定一个文件或文件夹。

② 拖拉选定：在文件夹窗口中，单击空白处拖动鼠标，将出现一个虚线框，用虚线框框住要选定的文件或文件夹，然后释放鼠标左键。

③ 多个连续文件或文件夹的选定：单击选定第一个文件或文件夹，按住【Shift】键，然后单击最后一个要选定的文件或文件夹。

④ 多个不连续文件或文件夹的选定：单击选定第一个文件或文件夹，按住【Ctrl】键，然后分别单击需要选定的文件或文件夹。

⑤ 选定所有文件或文件夹：选择"编辑"→"全部选定"命令，将选定文件夹中的所有文件或文件夹。

⑥ 反向选定：选择"编辑"→"反向选定"命令，将选定文件夹中除已经选定项目之外的所有文件或文件夹。

⑦ 撤销选定：若撤销一项选定，先按住【Ctrl】键，然后单击要取消的项目；若要撤销所有选定，则单击窗口中其他区域。

（3）删除文件或文件夹

无用的文件或文件夹应及时删除，以便释放更多的可用存储空间。删除方法如下：

① 菜单法：选定需删除的文件或文件夹后，选择"文件"→"删除"命令。

② 快捷菜单法：在选中的待删除的文件或文件夹的图标上右击，在弹出的快捷菜单中选择"删除"命令。

③ 键盘法：选定待删除的文件或文件夹后，直接按【Delete】键。

④ 鼠标拖动法：用鼠标将待删除的文件或文件夹拖动到桌面上的回收站。

___ 注 意 ___

执行删除操作后，系统会弹出确认删除操作的对话框，若确认要删除，则单击"是"按钮，文件或文件夹被删除；否则单击"否"按钮，将放弃所做的删除操作。

另外，删除文件夹的操作将把该文件夹所包含的所有内容全部删除。从本地硬盘上删除的文件或文件夹将被放在回收站中，而且在回收站被清空之前一直保存在其中。如果要撤销对这些文件或文件夹的删除操作，可以到回收站中恢复文件或文件夹。方法是：在回收站中选定需恢复的对象，选择"文件"→"还原"命令，或右击需恢复的文件或文件夹并在弹出的快捷菜单中选择"还原"命令即可。

（4）打开文件夹或文件

① 打开文件夹。在"资源管理器"左边的目录窗口中，单击文件夹图标；或在右边的内容窗口中，双击文件夹图标，可打开文件夹，内容窗口中显示被打开文件夹的内容。

② 打开文件。文件主要包括应用程序文件和文档文件两大类。在"资源管理器"或"计算机"窗口中打开文件的常用方法如下：

- 在"计算机"窗口或"资源管理器"窗口中双击文件图标，可打开相应的应用程序或文档文件。
- 选定需打开的文件后，选择"文件"→"打开"命令，可打开应用程序或文档文件。
- 右击需打开的文件，在弹出的快捷菜单中选择"打开"命令。

（5）重命名文件或文件夹

对文件或文件夹进行重命名的方法有多种，不论用哪种方法，都必须先选定需重命名的文件或文件夹，并且每次只能重命名一个文件或文件夹。操作方法有以下几种：

① 菜单法：选定文件或文件夹后，选择"文件"→"重命名"命令使所选文件或文件夹名称周围出现一个方框（重命名框），在重命名框中输入新名称。然后，按【Enter】键或用鼠标在其他地方单击加以确认。

② 快捷菜单法：右击需重命名的文件或文件夹，在弹出的快捷菜单中选择"重命名"命令，在该文件或文件夹名称周围出现一个重命名框，在重命名框中输入新名称，并加以确认。

③ 鼠标法：先选中需重命名的文件或文件夹，稍作停顿后，再单击该文件或文件夹的名称处，出现重命名框，在其中输入新名称，并加以确认。

④ 快捷键法：先单击需重命名的文件或文件夹，然后按【F2】键，出现重命名框，在其中输入新名称，并加以确认。

（6）移动文件或文件夹

移动文件或文件夹操作，是把选定的文件或文件夹从某个磁盘或文件夹中移动到另一个磁盘或文件夹，原来位置中不再包含被移走的文件或文件夹。操作方法有以下几种：

① 使用菜单命令进行移动：选定需移动的文件或文件夹；选择"编辑"→"剪切"命令，或右击选中的文件或文件夹，在弹出的快捷菜单中选择"剪切"命令；单击目标盘或文件夹，选择"编辑"→"粘贴"命令，或右击目标盘或文件夹图标，在弹出的快捷菜单中选择"粘贴"命令，即可完成移动操作。

② 用拖动的方式进行移动：选定需移动的文件或文件夹；按住【Shift】键的同时，用鼠标拖动选中的文件或文件夹，至目标磁盘或文件夹图标上（如果在同一个磁盘的不同文件夹之间进行移动操作，则可以直接用鼠标拖动进行移动，而不必按住【Shift】键）；释放鼠标和【Shift】键，完成移动操作。

③ 用快捷键进行移动：选定需移动的文件或文件夹；按【Ctrl+X】组合键；单击目标磁盘或文件夹；按【Ctrl+V】组合键，完成移动。

（7）复制文件或文件夹

复制是指在指定的磁盘和文件夹中，产生一个与当前选定的文件或文件夹完全相同的副本。复制操作完成以后，原来的文件或文件夹仍保留在原位置，而且在指定的目标磁盘或文件夹中多了一个副本。复制文件或文件夹的方法有以下几种：

① 使用菜单命令进行复制：选定需复制的文件或文件夹；选择"编辑"→"复制"

命令，或用右击选定的文件或文件夹，在弹出的快捷菜单中选择"复制"命令；单击目标盘或文件夹，选择"编辑"→"粘贴"命令，或右击目标盘或文件夹图标，在弹出的快捷菜单中选择"粘贴"命令，完成复制。

② 用拖动方式进行复制：在确保能看到待复制的文件或文件夹，并且能看到目标盘和文件夹图标的情况下，选定要复制的文件或文件夹；按住【Ctrl】键的同时，用鼠标拖动选中的文件或文件夹，至目标盘和文件夹图标上（如果在两个不同的盘之间进行复制，则可以直接用鼠标拖动进行复制，而不必按住【Ctrl】键）；释放鼠标和【Ctrl】键，完成复制操作。

③ 用快捷键进行复制：选定需移动的文件或文件夹；按【Ctrl+C】组合键；单击目标盘或文件夹；按【Ctrl+V】组合键，完成复制。

（8）查找文件或文件夹

要查找一个文件或文件夹时，具体操作如下：单击"开始"按钮，在"搜索"文本框中输入搜索内容，得到"搜索结果"窗口，如图 4-10 所示，在左边目录框中选中要搜索的磁盘或者文件夹，在右上边的搜索框内输入要搜索的内容即可进行搜索，搜索结束后，搜索结果出现在右边的内容框中。

图 4-10 "搜索结果"窗口

4.5.2 建立快捷方式

快捷方式是指向某个程序的"链接"，只记录了程序的位置及运行时的一些参数。使用快捷方式，可以迅速访问程序，而不必打开多个文件夹窗口来查找。桌面上一些程序的图标其实就是这些程序的快捷方式。Windows 允许用户在桌面上创建快捷方式。在桌面上创建快捷方式的方法有多种，其中常用的有以下 3 种（以在桌面上创建 Word 的快捷方式为例）：

（1）通过快捷菜单创建快捷方式

① 右击桌面空白处，在弹出的快捷菜单中选择"新建"→"快捷方式"命令，打开"创建快捷方式"对话框，如图 4-11 所示。

图 4-11 "创建快捷方式"对话框 1

② 在对象的位置框中，输入 C:\Program Files\Microsoft Office\Office 10\Winword.exe。也可以单击"浏览"按钮，在打开的对话框中依次选择盘符、路径、文件名，再单击"下一步"按钮，打开图 4-12 所示的对话框。

图 4-12 "创建快捷方式"对话框 2

③ 输入快捷方式的名称（或使用默认名称）。

④ 单击"完成"按钮。

（2）利用"计算机"创建快捷方式

在"计算机"（或"资源管理器"）窗口中找到 Winword.exe 文件，拖动该图标到桌面的空白处，释放鼠标后就在桌面上创建了 Winword 的快捷图标。

（3）利用"开始"菜单创建快捷方式

单击"开始"按钮，选择"所有程序"命令，指向其子菜单中的 Word 命令，右击该命令，从弹出的快捷菜单中选择"发送到"→"桌面快捷方式"命令即可。

4.5.3　共享文件夹

Windows 7 系统提供的共享文件夹被命名为 Shared Documents，双击"计算机"图标，在"计算机"窗口中可看到该共享文件夹。有访问该计算机权限的其他用户可以访问共享文件夹，并对文件夹中的文档进行操作。若用户想将某个文件或文件夹设置为共享，可选定该文件或文件夹，再将其拖动到 Shared Documents 共享文件夹中即可。

① 选定要设置共享的文件夹。

② 选择"文件"→"共享"命令，或右击要共享的文件夹，在弹出的快捷菜单中选择"共享"命令；弹出"属性"对话框中，切换到"共享"选项卡，如图 4-13 所示。

③ 单击"共享"按钮，弹出"文件共享"对话框，如图 4-14 所示。

④ 设置完毕后，单击"共享"按钮即可。

⑤ 设置完毕后，单击"共享"按钮，弹出"文件已共享"对话框，单击"完成"按钮即可。

图 4-13 "共享"选项卡

图 4-14 "文件共享"对话框

4.5.4 "回收站"的使用

"回收站"用来存放用户删除的文件，默认图标是一个废纸篓的样式，它的作用也正如废纸篓一样。被删除的文件、文件夹等在被彻底删除之前均放在回收站中。双击"回收站"图标，可打开"回收站"窗口。"回收站"中的文件或文件夹可以彻底删除，也可以恢复到原来的位置。若要彻底删除"回收站"中的全部文件或文件夹，可使用"文件"→"清空回收站"命令或单击窗口中的"清空回收站"超链接；若要删除某些对象，应在选定对象后，选择"文件"→"删除"命令，或右击要删除的文件或文件夹并在弹出的菜单中选择"删除"命令。若要对回收站中的某些对象进行还原，应在选定这些对象后，在"文件"→"还原"命令即可。

▶▶▶ 4.6 控 制 面 板

控制面板是用来对 Windows 系统进行设置的工具集，可以根据个人的爱好更改显示器、鼠标、桌面等设置。

4.6.1 调整鼠标和键盘

在安装 Windows 7 时，系统已自动对鼠标和键盘进行过设置，但默认的设置不一定符合用户的使用习惯，这时可按个人的喜好进行一些调整。

① 单击"开始"按钮，选择"控制面板"命令，打开"控制面板"窗口。

② 双击"外观和个性化"图标，打开"个性化"对话框，切换到"鼠标键"选项卡，如图 4-15 所示。

在"鼠标键配置"选项组中，系统默认左边的键为主要键，若选中"切换主要和次要的按钮"复选框，则设置右边的键为主要键；在"双击速度"选项组中拖动滑尺可调整鼠标的双击速度，双击旁边的文件夹可检验设置的速度；在"单击锁定"选项组中，若选中"启用单击锁定"复选框，则可以在移动项目时不必一直按着鼠标键即可实现，单击"设置"按钮，在弹出的"单击锁定的设置"对话框中可调整实现单击锁定需要按鼠标键或轨迹球按钮的时间，如图 4-16 所示。

图 4-15 "鼠标键"选项卡

图 4-16 "单击锁定的设置"对话框

③ 切换到"指针"选项卡，如图 4-17 所示。在该选项卡的"方案"下拉列表框中提供了多种鼠标指针显示方案，用户可以从中选择一种喜欢的方案；在"自定义"列表框中显示了该方案中鼠标指针在各种状态下显示的样式，若用户对某种样式不满意，可选中该样式，单击"浏览"按钮，弹出"浏览"对话框，如图 4-18 所示。

图 4-17 "指针"选项卡

图 4-18 "浏览"对话框

在对话框中选择一种喜欢的鼠标指针样式，在预览框中可看到具体的样式，单击"打开"按钮，即可将所选样式应用到所选鼠标指针方案中。如果希望鼠标指针带阴影，可选中"启用指针阴影"复选框。

④ 切换到"指针选项"选项卡，如图 4-19 所示。

图 4-19　"指针选项"选项卡

在"移动"选项组中，可拖动滑尺调整鼠标指针的移动速度；在"对齐"选项组中，选中"自动将指针移动到对话框中的默认按钮"复选框，则在打开对话框时，鼠标指针会自动定位在默认按钮上；在"可见性"选项组中，若选择"显示指针轨迹"复选框，则在移动鼠标指针时会显示指针的移动轨迹，拖动滑尺可调整轨迹的长短；若选中"在打字时隐藏指针"复选框，则在输入文字时将隐藏鼠标指针，若选中"当按 CTRL 键时显示指针的位置"复选框，则按【Ctrl】键时，会以同心圆的形式显示指针的位置。

⑤ 切换到"硬件"选项卡，如图 4-20 所示。在该选项卡中，显示了设备的名称、类型及属性。单击"属性"按钮，可打开鼠标设备属性对话框，如图 4-21 所示。

图 4-20　"硬件"选项卡

图 4-21　鼠标设备属性对话框

在该对话框中，显示了当前鼠标的常规属性和驱动程序等信息。设置完毕后，单击"确定"按钮即可。

4.6.2　设置桌面背景及屏幕保护

桌面背景就是打开计算机进入 Windows 7 操作系统后，出现的桌面背景颜色或图片。屏幕保护就是若在一段时间内不使用计算机，系统会自动启动屏幕保护程序，通过不断变化的图形显示使荧光层上的固定点不会被长时间轰击，从而避免了屏幕的损坏。

1．设置桌面背景

用户可以选择单一的颜色作为桌面的背景，也可以选择类型为 BMP、JPG 等位图文件作为桌面的背景图片。设置桌面背景的操作步骤如下：

① 右击桌面空白处，在弹出的快捷菜单中选择"个性化"命令，打开"桌面背景"窗口，如图 4-22 所示。

② 在"背景"列表框中，选择一幅喜欢的背景图片，在选项卡中的显示器图案中将显示该图片作为背景图片的效果，也可以单击"浏览"按钮，在本地磁盘或网络中选择其他图片作为桌面背景。在"图片位置"栏中"填充"下拉列表框中有"居中""适应"

"填充""平铺"和"拉伸"5 种选项，可调整背景图片在桌面上的位置。若用户想用纯色作为桌面背景颜色，可在"背景"列表框中选择"纯色"选项，在"颜色"下拉列表框中选择喜欢的颜色，单击"保存修改"按钮即可。

图 4-22　"桌面背景"窗口

2. 设置屏幕保护

当用户停止对计算机进行操作时，屏幕显示就会始终固定在同一个画面上，即电子束长期轰击荧光层的相同区域，长时间下去，会因为显示屏荧光层的疲劳效应导致屏幕老化，甚至导致显像管被击穿。因此，若在一段时间内不用计算机，可设置屏幕保护程序，以动态的画面显示在屏幕上，以保护屏幕不受损坏。

① 打开"屏幕保护程序设置"对话框。

② 如图 4-23 所示，在"屏幕保护程序"下拉列表框中选择一种屏幕保护程序，在选项卡的显示器中即可看到该屏幕保护程序的显示效果。单击"设置"按钮，可对该屏幕保护程序进行一些设置；单击"预览"按钮，可预览该屏幕保护程序的效果，移动鼠标或操作键盘即可结束屏幕保护程序；在"等待"文本框中可输入或单击调节微调按钮确定等待时间，即计算机多长时间无人使用则启动该屏幕保护程序。

图 4-23　"屏幕保护程序设置"对话框

3. 更改显示外观

更改显示外观就是更改桌面、消息框、活动窗口和非活动窗口等的颜色、大小、字体等。在默认状态下，系统使用的是"Windows 标准"的颜色、大小、字体等设置。用户也可根据自己的喜好设计关于这些项目的颜色、大小和字体等显示方案。

① 打开"显示"窗口，如图 4-24 所示。

大学计算机基础（第五版）

图 4-24 "显示"窗口

② 进行设置后单击"应用"按即可。

➤➤➤ 4.7 软件的安装与删除

各种应用软件,如办公自动化系列 Office、图像处理软件 Photoshop 等,这些应用软件并不包含在 Windows 系统内,要使用它们,就必须进行安装。不需要时,也可以将其从系统中卸载,以节省系统资源。

4.7.1 添加或删除程序

在 Windows 7 中,软件的安装和卸载可通过"程序和功能"工具来实现,该工具可以帮助用户管理系统中的程序。在"控制面板"窗口中双击"程序"图标,打开"程序和功能"窗口,如图 4-25 所示,该窗口左侧的按钮包括"查看已安装的更新""打开或关闭 Windows 功能"等。

图 4-25 "卸载和功能"窗口

4.7.2　常规软件的安装与卸载

　　各种软件的安装方法大同小异，可以通过双击软件包中的 setup、Install 或 exe 的安装程序图标进行安装。下面以通过搜狗拼音输入法为例，讲解常用软件的安装与卸载过程。

　　① 打开搜狗拼音安装包文件夹。

　　② 双击文件夹中的 exe 安装文件，打开安装向导对话框，如图 4-26 所示。

图 4-26　安装向导对话框

　　③ 单击"下一步"按钮，打开"许可证协议"对话框，如图 4-27 所示。单击"我接受"按钮，打开"选择安装位置"对话框，单击"下一步"按钮，开始安装，如图 4-28 所示。

图 4-27　"许可证协议"对话框

图 4-28　"选择安装位置"对话框

④ 现在一般软件都有安装向导，可以依向导完成安装，不需要用户进行太多的参与。图 4-29 所示为"正在安装"对话框，安装完成后对话框如图 4-30 所示，单击"完成"按钮，即可完成安装。

在 Windows 7 中安装一些小的程序，一般不需要重新启动计算机，而有些软件安装完毕后，会要求重新启动。在安装一些应用软件时，有时需要填写软件注册信息，一般在软件的外包装上或在安装包文件夹中，能够找到有关注册码信息（CD-KEY、Serial number 或 ID），有的在文件夹里面的 Read Me 文件中，只要按照规定填写即可。

图 4-29　安装进度条

图 4-30　"安装完毕"对话框

本 章 小 结

操作系统是计算机软件系统的重要组成部分，是软件的核心，具有处理器管理、存储器管理、设备管理、文件管理和作业管理等基本功能。操作系统通常分成批处理操作系统，分时操作系统和实时操作系统三类。随着计算机体系结构的发展，又出现了嵌入式操作系统、分布式操作系统和网络操作系统。本章重点学习操作系统的使用，要熟练掌握桌面、窗口、对话框等基本概念和基本操作；掌握文件的概念，使用"资源管理器"和"计算机"进行文件管理操作，使用"控制面板"进行系统设置和系统帮助，能独立解决操作中的问题。

第5章 计算机网络技术

学习目标：

- 了解计算机网络的产生、发展和功能；
- 掌握计算机网络的基本概念、分类和拓扑结构；
- 掌握 IPv4，子网划分技术；
- 了解 IPv6；网络终端设备、互连设备；
- 了解网卡、常用传输介质及网络操作系统；
- 掌握 Internet 的各种服务；
- 了解物联网。

计算机网络是计算机技术与通信技术相结合的产物，是目前计算机应用技术中最为活跃的分支。计算机技术与通信技术的快速发展为计算机网络的产生和进一步发展奠定了坚实的技术基础，使计算机网络成为信息时代中集信息存储、传播、共享、协同合作和管理为一体的强有力的应用平台，其发展水平成为衡量一个国家国力和现代化程度的重要标志，在社会的各个领域发挥着越来越重要的作用，甚至影响和改变着人们的工作和生活方式。

▶▶▶ 5.1 计算机网络概述

计算机网络是计算机技术、通信技术相互渗透、相互结合的产物，它形成于 20 世纪 50 年代，历史虽然不长，但发展很快，整个过程经历了一个从简单到复杂、从小到大的演变过程。大致可归纳为 4 个阶段：第一个阶段是面向终端的计算机网络，第二个阶段是计算机到计算机的简单网络，第三个阶段是开放式标准化的网络，第四个阶段是网络的高速化发展阶段。

5.1.1 计算机网络的定义

计算机网络是指将在不同地理位置上分散的具有独立处理能力的多台计算机经过传输介质和通信设备相互连接起来，在网络操作系统和网络通信软件的控制下，按照统一的协议进行协同工作，达到资源共享目的的计算机系统。

计算机网络首先是包括计算机的一个集合体，是由多台计算机及互连设备组成的；

其次这些计算机之间的互连是指它们彼此之间能够交换信息。互连通常是指通过有形的通信介质或通过卫星等无形的通信介质相互连接。

独立功能是指每台计算机都能独立工作，任何一台计算机均具有较完善的软、硬件配置，能独立地执行程序，具有计算和存储能力。

协议可理解成通信的各个方面之间所达成的一致的、共同遵守和执行的约定。概括地讲，在相互通信的不同计算机进程之间，存在有一定次序、相互理解和相互作用的过程，协议规定了这一过程应实现的功能和应满足的要求。

5.1.2　计算机网络的功能

计算机网络的功能如下：

（1）资源共享

充分利用计算机系统软、硬件资源是组建计算机网络的主要目的之一。进入网络的用户可以方便地使用网络中的共享资源，包括硬件资源、软件资源和信息资源。网络用户可以访问或共享计算机网络上分散在不同区域、不同部门的各种信息，也可以访问或共享网络上的计算机、外围设备、通信线路、系统软件、应用软件等软、硬件资源。

（2）数据通信

分布在不同区域的计算机系统通过网络进行数据传输是网络最基本的功能。本地计算机要访问网络上另一台计算机中的资源就是通过数据传输来实现的。

（3）信息的集中和综合处理

通过网络系统可以将分散在各地计算机系统中的各种数据进行集中或分级管理，经过综合处理形成各种图表、情报，提供给各种用户使用。通过计算机网络向全社会提供各种科技、经济和社会情报及各种咨询服务，在国内外已越来越普及。

（4）负载均衡

对于许多综合性的大问题，可以采用适当的算法，通过计算机网络，将任务分散到网络上不同的计算机中进行分布式处理。通过计算机网络可以合理调节网络中各种资源的负荷，以均衡负荷，减轻局部负担，缓解用户资源缺乏与工作任务过重的矛盾，从而提高设备的利用率。

（5）提高系统可靠性和性能价格比

在计算机网络中，即使一台计算机发生了故障，也并不会影响网络中其他计算机的运行，将网络中的计算机相互备份，可以提高计算机系统的可靠性。另外，由多台廉价的个人计算机组成的计算机网络系统，采用适当的算法，运行速度可大大超过一般的小型机，且价格又比大型机便宜很多，因此具有较高的性能价格比。

5.1.3　计算机网络的分类

计算机网络的分类方法很多，按照不同的分类标准，可以将计算机网络分为多种不同的类型。常见的分类方法有以下几种：

1. 按地理覆盖范围分类

计算机网络按照地理覆盖范围的大小，可以划分为局域网、城域网和广域网 3 种。

① 局域网（Local Area Network，LAN）：指位于相对有限区域内的一组计算机和其

他设备连接起来的通信网络。物理连接的范围较小，一般为几米到几千米，常用于办公大楼或者邻近的建筑群之间，也可以小到一间办公室或者几间办公室，甚至一个家庭。

② 城域网（Metropolitan Area Network，MAN）：顾名思义就是一个城市或者地区的主干网络。城域网的地理覆盖范围为几千米至几十千米，是介于广域网和局域网之间的网络系统。

③ 广域网（Wide Area Network，WAN）：是一种可跨越国家及地区的遍布全球的计算机网络。网络距离可以达到上万千米，网络可以跨越国界、洲界，甚至全球，如 Internet。

2. 按传输介质分类

根据传输介质的不同，可以将网络划分为以下两种类型：

（1）有线网

采用同轴电缆、双绞线、光纤等物理介质来传输数据的网络。

同轴电缆网是常见的一种联网方式，比较经济，安装也较为便利，但传输率和抗干扰能力一般，传输距离较短。双绞线网是目前最常见的联网方式，价格便宜，安装方便，但易受干扰，传输率较低，传输距离比同轴电缆要短。光纤网采用光导纤维作为传输介质。光纤传输距离长；传输率高；抗干扰性强，不会受到电子监听设备的监听，是高安全性网络的理想选择。光纤网价格较高，且需要高水平的安装技术，正在逐渐普及。

（2）无线网

无线网采用电磁波作为载体来传输数据，目前无线网联网费用较高，还不太普及，但由于联网方式灵活方便，因而是一种很有前途的联网方式。

有线网络和无线网络之间的差异主要体现在传输带宽、传输距离、抗干扰能力、安全性能等方面。总的来说，无线局域网具有安装便捷、使用灵活、经济节约、易于扩展等优点，但存在传输速率低、通信盲点等缺点。无线局域网更便于移动特征较明显的网络系统，而有线网络则更适用于固定的、对带宽需求较高的网络系统。

3. 按网络的拓扑结构分类

网络拓扑结构是指将计算机网络中的主机、网络设备等当作结点，不考虑结点的功能、大小、形状，只考虑结点间的连接关系，这种结点间的连接结构称为网络的拓扑结构。根据拓扑结构的不同，计算机网络可分为星状拓扑结构、总线拓扑结构、环状拓扑结构、树状拓扑结构和网状拓扑结构，随着无线网络的应用，又多了一种蜂窝状拓扑结构。

5.1.4 计算机网络的体系结构

计算机网络的体系结构是从功能的角度描述计算机网络的层次结构，是对计算机网络及其组成部分所完成功能的抽象定义，即从功能的角度描述计算机网络的体系组成，是层次和协议的集合。

1. 网络体系结构的含义

将计算机网络按照功能划分层次，规定相邻层间的接口和提供的服务，以及对等层之间的通信协议，这些层次、接口、服务和通信协议称为层次化的网络体系结构。现代计算机网络都采用层次化的体系结构。

2. ISO/OSI 体系结构标准

国际标准化组织 ISO 于 1981 年正式推荐了一个网络系统结构，即 ISO/OSI 7 层参考模型。该标准模型的建立，使得各种计算机网络向它靠拢，大大推动了网络通信的发展。

OSI 参考模型如图 5-1 所示，采用分层结构化技术，将整个网络按照功能划分为 7 层，由低至高分别是物理层、数据链路层、网络层、传输层、会话层、表示层和应用层。每一层都有特定的功能，并且上一层需利用下一层的功能所提供的服务。

图 5-1　OSI 参考模型

在 OSI 参考模型中，各层的数据并不是从一端的第 n 层直接送到另一端的，第 n 层的数据在垂直的层次中自上而下地逐层传递直到物理层，在物理层的两个端点进行物理通信，这种通信称为实通信。而对等层之间由于通信并不是直接进行的，因而称为虚拟通信。

应该指出的是：OSI 参考模型只是提供了一个抽象的体系结构，根据它研究各项标准，并在这些标准的基础上设计系统。开放系统的外部特性必须符合 OSI 参考模型，而各个系统的内部功能并不受限制。

从 7 层的功能可见，1～3 层主要是完成数据交换和数据传输，称为网络低层，即通信子网；5～7 层主要是完成信息处理服务的功能，称为网络高层，即资源子网；低层与高层之间由第 4 层衔接。

3. TCP/IP 体系结构标准

虽然 ISO 提出了开放式系统互连参考模型 OSI/RM，但它只是一个理论上的模型，由于其结构的复杂性和过多地从电信角度考虑，因而一直未能在市场上得到较好的应用，而 TCP/IP 却获得了广泛的实际应用。TCP/IP 是由美国国防部高级研究计划局 DARPA 开发，在 ARPANet 上采用的一个协议。后来随着 ARPANet 发展成为 Internet，TCP/IP 也就成了事实上的工业标准。TCP/IP 实际上是由以传输控制协议（Transmission Control Protocol，TCP）和网际协议（Internet Protocol，IP）为代表的许多协议组成的协议簇，简称 TCP/IP。

TCP/IP 体系结构分为 4 个层次，图 5-2 所示为 TCP/IP 的分层结构及其与 OSI 7 层协议模型的对应关系。

在 TCP/IP 体系结构的网际层运行的主要协议是 IP 协议。IP 协议是一种无连接的协议，主要用于负责 IP 寻址、路由选择和 IP 数据包的分割和组装。通常所说的 IP 地址可以理解为符合 IP 协议的地址。目前，常用的 IP 是 IP 的第四版本，即 IPv4，是互联网中最基础的协议。

OSI模型	TCP/IP体系
应用层	
表示层	应用层
会话层	
传输层	传输层
网络层	网际层
数据链路层	网络接口层
物理层	

图 5-2　TCP/IP 体系结构与 OSI 参考模型的对应关系

在 TCP/IP 体系结构的传输层运行的主要协议是传输控制协议（TCP）和用户数据包协议（User Datagram Protocol，UDP）。TCP 是提供面向连接的服务，而 UDP 提供无连接的服务，这两种服务的区别类似于电话系统和邮政系统所提供服务的区别。使用 TCP 提供的面向连接的服务，首先需要在用户之间建立连接（如同电话拨号呼叫连通线路），然后在该连接上传输数据（如同通话），数据传输完成后断开连接（如同挂机），这种服务能够保证数据传输的可靠性，但是建立/断开连接需要耗费时间，影响了数据传输的及时性。而使用 UDP 提供的无连接服务，在数据传输之前无需在通信结点之间建立连接，如果需要发送数据，源结点直接将数据发送到其邻居结点。为了保证数据能够到达目的地，每个分组需要包含完整的目的地址，这如同邮政系统中要求每封邮件上需要写明收信人地址。无连接服务不保证数据不丢失和一定按序到达目的地。

➤➤➤ 5.2　Internet 概述

Internet 起源于 ARPA，并已从当初面向研究之用的网络发展起来。由于对一般的计算机用户而言它也有很大的利用价值，因此 Internet 面向社会开放，演变成向非研究人员提供服务的商业网络。

今天，Internet 已经渗透到社会生活的各个方面。人们通过 Internet 阅读信息、查阅资料、了解时事；在家里购物、工作、订机票、订旅馆、租车；从银行汇款、转账，享受远程教学、远程医疗等。这些丰富的资源和获取资源的信息交流手段为人们的工作、学习和生活带来了巨大的好处和便利。

Internet 是一个开放性的网络系统，Internet 服务提供商、Internet 协会和 Internet 上各个领域的组织分别负责 Internet 上不同层次的管理。

5.2.1　Internet 提供的主要服务

Internet 是一个全球性的计算机互联网络，中文名称为"国际互联网""因特网""网际网"或"信息高速公路"等，它是将不同地区规模大小不一的网络互相连接起来而组成的。Internet 中有各种各样的信息，所有人都可以通过网络的连接来共享和使用。Internet 实际上是一个应用平台，在这个平台上可以开展很多种应用，主要功能包含以下几个方面：

（1）获取和发布信息

Internet 是一个信息的海洋，通过它可以得到无穷无尽的信息，其中有各种不同类型的书库和图书馆、杂志期刊和报纸。网络还可以提供政府、学校、公司、企业等机构的详细信息和各种不同的社会信息。这些信息的内容涉及社会的各个方面，几乎无所不有。网络用户可以坐在家里，了解全世界正在发生的事情，也可以将自己的信息发布到 Internet 上。

（2）电子邮件

传统的邮件一般是通过邮局传递的，收信人要等几天（甚至更长时间）才能收到信件。电子邮件和传统的邮件有很大的不同，电子邮件的写信、收信、发信过程都是在计算机网络上完成的，从发信到收信的时间以秒来计算，而且电子邮件几乎是免费的。同时，在世界上只要可以上网的地方，都可以收到别人寄来的邮件。

（3）网上交际

网络可以看成是一个虚拟的社会空间，每个人都可以在这个网络社会中充当一个角色。Internet 已经渗透到大家的日常生活中，人们可以在网上与别人聊天、交朋友、玩网络游戏。网上交际已经完全突破传统的交友方式，不同性别、年龄、身份、职业、国籍、肤色的人，都可以通过 Internet 结为好朋友，不用见面就可以进行各种各样的交流。

（4）电子商务

在互联网上进行商业贸易已经成为现实，而且发展得如火如荼，可以利用网络开展网上购物、网上销售、网上拍卖、网上货币支付等活动。电子商务已经在海关、外贸、金融、税收、销售、运输等方面得到了广泛的应用，现在正向一个更加纵深的方向发展，随着社会金融基础设施及网络安全设施的进一步健全，电子商务将在世界上引起一场新的革命。现在人们已可以利用互联网进行各种各样的商务活动。

（5）网络电话

最近几年，IP 电话卡成为一种流行的电信产品，受到人们的普遍欢迎，因为它的长途话费大约只有传统电话的 1/3。IP 电话之所以能够做到这一点，原因就在于它采用了 Internet 技术，是一种网络电话。现在市场上已经出现了很多种类型的网络电话，不仅能听到对方的声音，而且还能看到对方，还可以是多人同时进行对话，这种模式也称为"视频会议"。

（6）网上办公

Internet 的出现改变了传统的办公模式，人们可以坐在家里上班，然后通过网络将工作结果传回公司；出差时也不用带很多的资料，因为随时都可以通过网络向公司提取需要的信息，Internet 使全世界都可以成为办公地点。

Internet 还应用于远程教育、远程医疗、远程主机登录、远程文件传输等方面。

5.2.2 IPv4

目前的全球因特网所采用的协议簇是 TCP/IP 协议簇。IP 是 TCP/IP 协议簇中网络层的协议，是 TCP/IP 协议簇的核心协议。目前 IP 协议的版本号是 4（简称为 IPv4），是第一个被广泛使用，构成互联网技术的协议。它的下一个版本是 IPv6。

IPv4 地址是一个 32 位的二进制数值（4 个字节），但为了方便理解和记忆，通常采用十进制标记法。即将 4 个字节的二进制数值转换成 4 个十进制数值来表示，数值中间用"."隔开，例如 10000000 00001010 00000010 00011110 可以表示为 128.10.2.30。

一般来说，连入 Internet 中的计算机，大多隶属于某个网络，可能是一个局域网，也可能是一个企业网。所以一个 IP 地址也由两部分组成：网络号和主机号。网络号用于识别一个网络，而主机号则用于识别网络中的计算机。

为了避免自己使用的 IP 地址与其他用户的 IP 地址发生冲突，所有的网络号都必须向 Inter NIC（Internet Network Information Center）组织申请，在给网络中的每一台主机分配唯一的主机号后，所有的主机就拥有了唯一的 IP 地址。

如果使用的是局域网，则不需要和其他网络通信，此时可随便指定主机的 IP 地址，没有任何约束，只要不和局域网中的其他主机相同即可，也不需要向 Inter NIC 申请网络号。

IPv4 地址可以分为 5 类，分别用 A、B、C、D、E 表示，但是主机只能使用前 3 类 IP 地址，这 5 类 IP 地址的分配方法如表 5-1 所示。

表 5-1　IPv4 地址的分配

类　　别	IP 地址的分配	IP 地址的范围
A	0+网络地址（7 bit）+主机地址（24 bit）	1.0.0.0～127.255.255.255
B	10+网络地址（14 bit）+主机地址（16 bit）	128.0.0.0～191.255.255.255
C	110+网络地址（21 bit）+主机地址（8 bit）	192.0.0.0～223.255.255.255
D	1110+广播地址（28 bit）	224.0.0.0～239.255.255.255
E	11110+保留地址（27 bit）	240.0.0.0～254.255.255.255

对于任意一个 IP 地址，根据最高 3 位，就可以确定 IP 地址的类型。A、B 和 C 这 3 类地址是常用地址，D 类为多点广播地址，E 类保留。IP 地址的编码规定：全 0 地址表示本地网络或本地主机，全 1 地址表示广播地址。因此，一般网络中分配给主机的地址不能为全 0 地址或全 1 地址。

（1）A 类 IP 地址

只有大型网络才需要使用 A 类 IP 地址，也只有大型网络才被允许使用 A 类 IP 地址。对 A 类 IP 地址而言，网络号虽然占用了 8 位，但是由于第一位必须为 0，因此只可以使用 1～126 这 126 个数值，也就是只能提供 126 个 A 类型的网络。但是它的主机号占用其余的 24 位，可以提供 $2^{24}-2$ 共计 16 777 214 个主机号。由于 A 类型的 IP 地址支持的网络数很少，所以现在已经无法申请到这一类网络号。

（2）B 类 IP 地址

中型网络可以使用 B 类 IP 地址。B 类 IP 地址的网络号占用了两位十进制数字，但是第一位只可以使用其中的 128～191 这 64 个数值，因此它一共可以提供 16 382 个 B 类型的网络，而每一个网络可以支持 $2^{16}-2=65\ 534$ 个主机号。

（3）C 类 IP 地址

一般的小型网络使用的是 C 类 IP 地址。C 类 IP 地址网络号的第一位为 192～223，因此可以支持 2 097 152 个网络号，但是每一个网络最大只能支持 $2^8-2=254$ 个主机号。一个 C 类 IP 地址如果是 202.200.84.157，则其网络号是 202.200.84，主机号是 157。

5.2.3 IPv6

IPv6 是新一版本的互联网协议，它的提出最初是因为随着互联网的迅速发展，IPv4 定义的有限地址空间将被耗尽，地址空间的不足必将影响互联网的进一步发展。

为了扩大地址空间，拟通过 IPv6 重新定义地址空间。IPv4 采用 32 位地址长度，只有大约 43 亿个地址，而 IPv6 地址长度由 IPv4 的 32 位扩大到 128 位，2^{128} 形成了一个巨大的地址空间。按保守方法估算 IPv6 实际可分配的地址，整个地球每平方米面积上可分配 1 000 多个地址。

在 IPv6 的设计过程中除了一劳永逸地解决地址短缺问题以外，还考虑了解决 IPv4 中的其他问题。IPv6 的主要优势体现在：扩大地址空间、提高网络的整体吞吐量、改善服务质量、安全性有更好的保证、支持即插即用和移动性、更好地实现多播功能等几个方面。

将 IPv6 地址表示为文本字符串的常规形式为 n:n:n:n:n:n:n:n。每个 n 都表示 8 个 16 位地址元素之一的十六进制值。例如，3FFE:FFFF:7654:FEDA:1245:BA98:3210:4562。

IPv6 的地址类型有以下 3 种：

1. 单播地址

单播地址是网络结点设备的一个单独接口的标识符。送往一个单播地址的数据包将被传送至该地址标识的接口上。一个单播地址只能标识一个唯一的接口。

（1）全球单播地址

全球单播地址是在全球 IPv6 因特网上唯一的单播地址，而且是在全球 IPv6 因特网上可以路由的单播地址。

（2）特殊的全球单播地址如下：

① 未指定地址即 0:0:0:0:0:0:0:0 或::。

② 回返地址即 0:0:0:0:0:0:0:1 或::1。

③ 嵌有 IPv4 地址的 IPv6 地址。

④ 唯一本地单播地址。

⑤ 链路本地单播地址。

⑥ 站点本地单播地址。

2. 多播地址

一个多播地址用于标识一组接口（一般属于不同结点）。送往一个多播地址的数据包将被传送至有该地址标识的所有接口上。

3. 任播地址

一个任播地址是一组接口（一般属于不同结点）的标识符。送往一个任播地址的数据包将被传送至该地址标识的所有接口中与源地址路由距离最近的一个接口上。任播地址只能作为 IPv6 数据包的目的地址，不能作为源地址。任播地址只能分配给路由器，而不能分配给主机。

5.2.4　子网技术

在 IPv4 中，由于 A 类网络和 B 类网络的主机地址空间太大，浪费了许多 IP 地址。以 B 类 IP 地址为例，它可以标识 16 382 个不同的网络，每个网络可以容纳 65 534 台主机，网络规模巨大，两三个这样的网络在规模上就可以与 Internet 相当，任何一个企事业单位不可能拥有如此巨大的网络。可见，在一个 B 类网络中，其主机号部分存在很大的浪费。因此，为了有效地使用 IP 地址，有必要将可用地址分配给更多较小的网络。

利用子网划分技术将较大规模的单一网络划分为多个彼此独立的物理网络，并通过路由器将它们连接在一起，这些彼此独立的物理网络统称为子网。

1．子网的划分方法

子网划分的基本方法是将 IP 地址中的原主机地址空间进一步划分为子网地址和主机地址。此时，一个 IP 地址由 3 个部分组成：网络号、子网号、主机号。网络号用于识别一个网络，子网号用于识别一个子网，而主机号则用于识别子网中的计算机。

由于划分子网号的位数取决于具体需要，因此不同的网络，其子网号的位数也不同，那么一个网络划分为若干子网以后，路由器如何判别子网呢？这就需要使用子网掩码。

2．子网掩码

子网掩码也是一个 32 位的二进制数值，它用于指示 IP 地址中的网络地址（包括子网地址）和主机地址。对应于 IP 地址中的网络地址（包括子网地址）在子网掩码中用 1 表示，而对应于 IP 地址中的主机地址在子网掩码中用 0 表示。

子网掩码也采用了十进制标记法，即将 4 个字节的二进制数值转换成 4 个十进制数值来表示，数值中间用"."隔开，例如：子网掩码 11111111 11111111 11111111 00000000，十进制表示为 255.255.255.0。

有了子网掩码，就可以区分网络号和主机号了，也可以判断一台计算机是在本地网络中（相同的网络号），还是在远程网络中（不同的网络号）。例如，一台计算机的 IP 地址是 61.139.2.69，若其子网掩码为 255.255.0.0，则网络号为 61.139，主机号为 2.69。在同一个子网中所有计算机都将使用同一个子网掩码，其 IP 地址中的网络号都是相同的，只是主机号不同。

子网掩码的另一个功能是将网络分割成以多个 IP 路由连接的子网。例如，已经有一个 C 类的网络 192.168.15.0，现在希望将该网络划分为 6 个不同的子网，由于 6 需要至少 3 位二进制数表示，因此，需要将该网络中的主机地址空间（8 位）中的高 3 位作为子网地址，所以其子网掩码为 11111111 11111111 11111111 11100000，即 255.255.255.224。

5.2.5　域名地址

为方便记忆、维护和管理，网络上的每台计算机都有一个直观的唯一标识名称，称为域名。其基本结构为主机名.单位名.类型名.国家或地区代码，例如，IP 地址为 202.117.24.24 的 Internet 域名是 lib.xatu.edu.cn，其中 lib 表示图书馆服务器（主机名），xatu 表示西安工业大学（单位名），edu 表示教育机构（类型名），cn 表示中国（国家或地区代码）。在浏览器的地址栏中，也可以直接输入 IP 地址来打开网页。

国家或地区代码属于顶级域名，由 ISO3166 规定，常见国家或地区顶级域名如表 5-2 所示。常见的域名类型如表 5-3 所示。

表 5-2　常见国家或地区顶级域名表

域　　名	国家或地区	域　　名	国家或地区	域　　名	国家或地区
cn	中国	de	德国	nz	新西兰
kr	韩国	fr	法国	sg	新加坡
us	美国	ca	加拿大	it	意大利
au	澳大利亚	in	印度	jp	日本

表 5-3　域名类型表

域　　名	类　　型	域　　名	类　　型	域　　名	类　　型
com	商业	org	非营利组织	net	网络机构
edu	教育	info	信息服务	mil	军事机构
gov	政府	int	国际机构	fir	公司企业

人们习惯记忆域名，但机器间只识别 IP 地址，所以必须进行域名转换，域名与 IP 地址之间是一一对应的，它们之间的转换工作称为域名解析，域名解析需要由专门的域名解析服务器来完成，整个过程自动进行。例如，上网时输入的 www.sohu.com 将由域名解析系统自动转换成搜狐网站的 Web 服务器 IP 地址 61.135.133.103。

大型的网络运营商一般都提供域名解析服务。域名解析实质上就是域名和 IP 地址的翻译，用户在进行网络设置时可以随意选择域名解析服务器。

▶▶▶　5.3　计算机网络组成

计算机网络的组成可分为硬件与软件两大部分，硬件部分包括网络接口卡、传输介质、接头、网络中的设备、不间断电源系统（UPS）、光盘驱动器，打印机、扫描仪等；软件部分则包括网络操作系统（如 Windows Server 2010 等）、网络管理系统和应用软件系统。

5.3.1　网络适配器

网络适配器（Network Interface Card，NIC）也就是俗称的网卡，是构成计算机局域网络系统中最基本的、最重要的和必不可少的连接设备，计算机主要通过网卡接入局域网络。网卡的工作是双重的，除了起到物理接口作用外，还有控制数据传送的功能。网卡一方面负责接收网络上传过来的数据包，解包后，将数据通过主板上的总线传输给本地计算机；另一方面它将本地计算机上的数据打包后送入网络。网卡一般插在每台工作站和文件服务器主板的扩展槽里。另外，由于计算机内部的数据是并行数据，而一般在网上传输的是串行比特流信息，故网卡还有串/并转换功能。为防止数据在传输中出现丢失的情况，在网卡上还需配有数据缓冲器，以实现不同设备间的缓冲。在网卡的 ROM 上固化有通信控制软件，用来实现上述功能。

1. 网卡的硬件地址

在每一块网卡出厂时，厂家都会按照一定的标准给它分配一个号码，这个号码是通过硬件的方法写入到网卡中的，一般来说无法改动，而且该号码是全球唯一的（就如同人类的指纹一样），它是网卡最根本的标志。这个号码被称为网卡的硬件地址，又称 MAC（Media Access Control）地址。

关于网卡的 MAC 地址有特殊的规定，所有网卡的 MAC 地址都由 6 个字节（48 位）组成，前 3 个字节是厂商的编号，后 3 个字节是网卡的编号。可见 MAC 地址是不可能重复的，因为所有的厂商编号都是经过特定的组织注册后才能取得的，因此厂商的编号是不可能相同的。而每一个厂商可以设定的网卡编号由三位十六进制数组成，可供生产 1 600 多万块网卡，这样的产量一般也是不可能达到的，因此同样不可能重复。网卡的 MAC 地址就像电话号码，每一个城市都拥有自己的区号，城市内的电话号码是不会重复的，因此加上区号的电话号码在全国范围内是不可能重复的。

2. 网卡的安装与 IP 地址的设置

把网卡安装到计算机上的操作步骤如下：

① 关闭计算机，切断电源（拔下计算机与交流电源相连的插头）。

② 打开主机的机箱。

③ 在主板上找到一个适合所购买网卡的总线插槽。

④ 用螺丝刀把该插槽后的挡板去掉。

> **注 意**
>
> 螺丝刀在使用前最好在其他金属上擦几下，以防止静电对计算机中的电子芯片造成不必要的损坏。

⑤ 将网卡插入该总线插槽。

> **注 意**
>
> 要将网卡的引脚全部压入到插槽中，否则会造成计算机因自检不通过而死机。

⑥ 用螺钉将网卡固定好。

⑦ 把机箱重新盖好，插上与网络相连的电缆，接上交流电源。

网卡安装结束后，还要进行相应的驱动程序的安装。安装成功后，在桌面上会出现"网上邻居"的图标。

> **注 意**
>
> 在 Windows 7、Windows XP 等操作系统下，一般能够自动识别和安装网卡的驱动程序，无须用户安装。

⑧ 右击"网上邻居"图标，在弹出的快捷菜单中选择"属性"命令，打开"网络连接"窗口；或单击"控制面板"窗口中的"网络和共享中心"超链接，进入"网络连接"窗口，如图 5-3 所示。

⑨ 在"本地连接"图标上右击，在弹出的快捷菜单中选择"属性"命令，打开"本地连接 属性"对话框，如图 5-4 所示。

⑩ 选择"Internet 协议版本 4（TCP/IPv4）"复选框，如图 5-5 所示，单击"属性"按钮，打开"Internet 协议版本 4（TCP/IPv4）属性"对话框。

图 5-3 "网络连接"窗口　　　图 5-4 "本地连接 属性"对话框

⑪ 选择"使用下面的 IP 地址"单选按钮，分别填写"IP 地址""子网掩码"和"默认网关"。选择"使用下面的 DNS 服务器地址"单选按钮，分别填写"首选 DNS 服务器"和"备用 DNS 服务器"，如图 5-6 所示。

图 5-5 选择"Internet 协议版本 4"选项　　　图 5-6 IP 地址配置

⑫ 单击"开始"按钮，在"开始"菜单中选择"运行"命令，打开"运行"对话框，在"运行"文本框中输入"ping 所设置的 IP 地址"，如 ping 222.20.78.115。如果能够通过，说明网卡安装没有问题。

⑬ 单击"开始"按钮，在"开始"菜单中选择"运行"命令，打开"运行"对话框，在"运行"文本框中输入"ping 所设置的网关地址"，如 ping 222.20.78.254。如果能够通过，说明从本机到网关之间的线路没有问题，一般情况下即可上网。

当所在的局域网机器比较多，都与一个路由器相连接时，为了省去每台机器都设置固定 IP 的烦琐和 IP 地址冲突的问题（两台机器设置了同一网段的同一个 IP 地址），可以在路由器上启用 DHCP 功能（动态获取 IP 地址），这样局域网内其他每台机器都把计算机设置成自动获取 IP 地址；每次连接都会自动从 DNS 服务器下获取新的 IP 地址，以便在这些 IP 地址空闲时可以释放出来给其他新登录的计算机使用。IP 地址设为自动获取的方法是在图 5-6 中选择"自动获得 IP 地址"和"自动获得 DNS 服务器地址"单选按钮，然后单击"确定"按钮即可。

5.3.2 网络传输介质

传输介质即传送信息的载体，又称通信线路。数据通信中的传输介质包括有线传输介质和无线传输介质。常见的有线传输介质有双绞线、同轴电缆和光纤，无线传输介质包括无线电波、微波、红外线和激光。

1. 同轴电缆

同轴电缆又称 RG-58 线缆，以硬铜线为芯，外包一层绝缘材料。这层绝缘材料外用密织的网状屏蔽导体环绕，网外又覆盖一层保护性材料，如图 5-7 所示。同轴电缆的网状屏蔽层可防止中心导体向外辐射电磁场，也可用来防止外界电磁场干扰中心导体的信号，它比双绞线有更高的传输速度和更长的使用距离。

目前，由于受到双绞线的冲击，同轴电缆基本退出了计算机网络。

2. 双绞线

双绞线是局域网布线中最常用的一种传输介质，是由许多对线组成的数据传输线。双绞线电缆中封装有一对或一对以上的双绞线，为了降低信号的干扰程度，每一对双绞线一般由两根绝缘铜导线相互缠绕而成，每根铜导线的绝缘层上分别涂有不同的颜色，以示区别，如图 5-8 所示。这种双绞线与普通电线的最大差别是它可以减少噪声造成的影响，并抑制电线内的信号衰减。

图 5-7　同轴电缆

图 5-8　双绞线与 RJ-45 水晶头

从整体结构上看，双绞线可分为非屏蔽双绞线（UTP）和屏蔽双绞线（STP）两大类。屏蔽双绞线最大的特点在于双绞线与外层绝缘胶皮之间有一层铜网或其他金属材料，这种结构能减少辐射，防止信息被窃听，同时还具有较高的数据传输速率（5 类 STP 在 100 m 内可达到 155 Mbit/s，而 UTP 只能达到 100 Mbit/s）。但屏蔽双绞线电缆的价格相对较贵，安装时要比非屏蔽双绞线困难，必须使用特殊的连接器，技术要求也比非屏蔽双绞线电缆高。与屏蔽双绞线相比，非屏蔽双绞线电缆外面只有一层绝缘胶皮，内部是 4 对双绞线的铜线，没有金属层，因而重量轻、易弯曲、易安装、组网灵活，非常适用于结构化布线。但是抗干扰的能力差。所以，在无特殊要求的计算机网络布线中，常使用非屏蔽双绞线电缆。

3. 光纤

光纤即光导纤维，是一种细小、柔韧并能传输光信号的介质，一根光缆中包含有多条光纤。20 世纪 80 年代初期，光缆开始应用于网络布线。与铜缆（双绞线和同轴电缆）相比较，光缆适应了目前利用网络长距离传输大容量信息的要求，在计算机网络中发挥着十分重要的作用，成为传输介质中的佼佼者。

光纤的构造与同轴电缆相似，只是没有网状屏蔽层，如图 5-9 所示，是由许多根细如发丝的玻璃纤维外加绝缘套组成的。

（a）光纤　　　　　　　　　　　　　　（b）光缆

图 5-9　光纤和光缆的结构

光纤通信的主要组成部件有光发送机、光接收机和光纤，在进行长距离信息传输时还需要中继机。通信中，由光发送机产生光束，将表示数字代码的电信号转变成光信号；并将光信号导入光纤，光信号在光纤中传播，在另一端由光接收机负责接收光纤上传出的光信号，并进一步将其还原成为发送前的电信号。为了防止长距离传输而引起的光能衰减，在大容量、远距离的光纤通信中每隔一定的距离需设置一个中继器。在实际应用中，光缆的两端都应安装有光纤收发器，光纤收发器集合了光发送机和光接收机的功能，既负责光的发送，也负责光的接收。

与铜质电缆相比较，光纤通信明显具有其他传输介质所无法比拟的优点：

① 传输信号的频带宽，通信容量大。

② 信号衰减小，传输距离长。

③ 抗干扰能力强，保密性好，无串音干扰。

④ 抗化学腐蚀能力强，适用于一些特殊环境下的布线。

⑤ 原材料资源丰富。

正是由于光纤的数据传输率高（目前已达到 1 Gbit/s），传输距离远（无中继传输距离达几十至上百千米）的特点，所以在计算机网络布线中得到了广泛的应用。目前光缆主要用于交换机之间、集线器之间的连接，但随着吉位局域网络应用的不断普及和光纤产品及其设备价格的不断下降，光纤连接到桌面也将成为网络发展的一个趋势。

当然，光纤也存在一些缺点，如质地脆、机械强度低、切断和连接技术要求较高、价格相对较贵等，这些缺点也限制了目前光纤的普及应用。

4．无线传输介质

在一些电缆、光纤难于通过施工困难的场合，如高山、湖泊或岛屿等，即使在城市中挖开马路铺设电缆有时也很不划算，特别是在通信距离很远，对通信安全性要求不高的情况下，铺设电缆或光纤既昂贵又费时，若利用无线电波等无线传输介质在自由空间中传播，就会有较大的机动灵活性，可以轻松实现多种通信，抗自然灾害能力和可靠性也较高。

无线电数字微波通信系统在长途大容量的数据通信中占有极其重要的地位，其频率范围为 300 MHz～300 GHz。微波通信主要有两种方式：地面微波接力通信和卫星通信。微波在空间里主要是直线传播，并且能穿透电离层进入宇宙空间，它不像短波那样可以经电离层反射传播到地面上其他很远的地方，由于地球表面是个曲面，因此其传播距离受到限制且与天线的高度有关，一般只有 50 km 左右，长途通信时必须建立多个中继站，中继站把前一站发来的信号经过放大后再发往下一站，类似于"接力"，如果中继站采用 100 m 高的天线塔，则接力距离可增大到 100 km。

红外线的工作频率为 10^{11}～10^{14} Hz。在视野范围内的两个互相对准的红外线收发器之间通过将电信号调制成非相干红外线而形成通信链路，可以准确地进行数据通信。红外线的优点是方向性很强，不易受电磁波干扰；其缺点是由于红外线的穿透能力较差，因此易受障碍物的阻隔。红外线比较适合于近距离楼宇之间的数据通信。

激光的工作频率为 10^{14}～10^{15} Hz。激光通信系统由视野范围内的两个互相对准的激光调制解调器组成，激光调制解调器通过对相关激光的调制和解调，从而实现激光通信。激光的优点是方向性很强，不易受电磁波干扰；其缺点是外界气候条件对激光通信的影响较大，如在空气污染、雨雾天气以及能见度较差的情况下可能导致通信的中断。

5.3.3　网络互连设备

网络互连通常是指将不同的网络或相同的网络用互连设备连接在一起而形成一个范围更大的网络，也可以是为增加网络性能和易于管理而将一个原来很大的网络划分为几个子网或网段。

对局域网而言，所涉及的网络互连问题有网络距离延长，网段数量的增加，不同 LAN 之间的互连及广域互连等。网络互连中常用的设备有集线器、交换机和路由器等，它们在网络通信中起关键作用，各设备分别工作在 OSI 模型的不同层次。

1. 集线器

集线器（Hub）是对网络进行集中管理的最小单元，像树的主干一样，是各分支的汇集点。Hub 是一个共享设备，其实质是一个中继器，而中继器的主要功能是对接收到的信号进行再生放大，以扩大网络的传输距离。正是因为 Hub 只是一个信号放大和中转的设备，所以它不具备自动寻址能力，即不具备交换作用。所有传到 Hub 的数据均被传播到与之相连的各个端口，容易形成数据堵塞。

集线器主要用于共享网络的组建，是解决从服务器直接到桌面的最佳、最经济的方案。在交换式网络中，Hub 直接与交换机相连，将交换机端口的数据送到桌面。使用 Hub 组网较灵活，它处于网络的一个星状结点，对与结点相连的工作站进行集中管理，不让出问题的工作站影响整个网络的正常运行，而且用户的加入和退出也很自由。

2. 交换机

交换机又称交换式集线器，分第二层交换机（工作在 OSI 模型的数据链路层中）、第三层交换机（功能相当于路由器，工作在 OSI 模型的网络层中）和高层交换机（功能相当于网关，工作在 OSI 模型的网络层之上）。

交换机（Switch）是一个具有简化、低价、高性能和高端口密集特点的交换产品。交换机按每一个包中的 MAC 地址相对简单地决策信息转发。而这种转发决策一般不考虑包中隐藏的具有更深含义的其他信息。交换机转发延迟很小，操作接近单个局域网性能。

交换机的外形与集线器非常相似，其主要特点是：所有端口平时都不连通。当工作站需要通信时，交换机能连通许多对端口，使每一对相互通信的工作站能像独占通信介质那样，无冲突地传输数据，通信完成后断开连接。

3. 路由器

路由器（Router）是工作在网络层的互连设备，主要用于连接局域网与广域网。路由器的主要工作就是为经过路由器的每个分组寻找一条最佳传输路径，并将该分组有效地传送到目的地，对于大型的网际网及采用远程通信连接的广域网来说非常关键。路由器能够保证信息在复杂的网际网上按照预定的路径有效地传输。Internet 遍布全球，在远程通信时，可能包含多条重复的通信线路，路由器可以从中找到最佳的路径。

路由器是局域网和广域网之间进行互连的关键设备，通常的路由器都具有负载平衡、阻止广播风暴、控制网络流量以及提高系统容错能力等功能。一般而言，路由器大都支持多协议，提供多种不同的物理接口，从而使不同厂家、不同规格的网络产品之间，以及不同协议的网络之间可以进行非常有效的网络互连。

4. 网关

网关（Gateway）又称协议转换器，可以支持不同协议之间的转换，实现不同协议网络之间的互联。网关的功能体现在 OSI 模型的高层，它将协议进行转换，将数据重新分组，以便在两个不同类型的网络系统之间通信。由于协议转换比较复杂，一般情况下，网关只进行一对一转换，或少数几种特定应用协议的转换，很难实现通用的协议转换。

网关一般是软件产品。目前，网关已成为网络上每个用户都能访问大型主机的通用工具。用子网关转换的应用协议有电子邮件、文件传输和远程工作站登录。

5.3.4 网络操作系统

网络操作系统（Network Operation System，NOS）是指能使网络上多台计算机方便而有效地共享网络资源，为用户提供所需各种服务的操作系统软件。NOS 管理计算机网络资源的系统软件，是网络用户与计算机网络之间的接口。网络操作系统除了具备单机操作系统所需的功能外，还应提供高效可靠的网络通信能力和提供多项网络服务功能，如远程管理、文件传输、电子邮件、远程打印等。

目前最为流行的网络操作系统为 Windows NT/Server、UNIX、Linux 等。

网络操作系统的主要功能是：

① 资源管理：对网络中的共享资源进行集中管理，如硬盘、打印机和文件等。

② 通信服务：操作系统在源端主机和目的端主机之间建立一条暂时性的通信链路，在数据传递期间进行必要的控制，如数据检验纠错和数据流量控制等。

③ 信息服务：E-mail 服务、文件传输、Web 信息发布及数据库共享等。

④ 网络管理：存取权限控制、网络性能分析和监控、存储管理等。

⑤ 互操作能力：不同物理网络和装有不同操作系统的主机之间能够以透明的方式访问对方的系统。

5.4 Internet 服务

Internet 为网络用户提供了许多应用服务，用户利用这些服务可以共享网络资源。本节主要介绍两种基本的服务：WWW 服务和 E-mail 服务。

5.4.1　WWW 服务和 IE 浏览器简介

WWW（World Wide Web）又称 Web 或万维网，是 Internet 上集文本、声音、动画、视频等多种媒体信息于一体的信息服务系统，整个系统由 Web 服务器、浏览器及通信协议 3 部分组成。WWW 采用的通信协议是超文本传输协议（Hyper Text Transfer Protocol，HTTP），它可以传输任意类型的数据对象，是 Internet 发布多媒体信息的主要协议。

WWW 中的信息资源主要由一个个的网页为基本元素构成，所有网页采用超文本置标语言（Hyper Text Markup Language，HTML）来编写，HTML 对 Web 页的内容、格式及 Web 页中的超链接进行描述。Web 页间采用超文本的格式互相链接，单击这些链接即可从这一网页跳转到另一网页上，这也就是所谓的超链接。

Internet 中的网站成千上万，为了准确查找，人们采用了统一资源定位器（Uniform Resource Locator，URL）在全球范围内唯一标识某个网络资源。其描述格式为协议://主机名称.路径名.文件名:端口号。

例如，http://www.xatu.edu.cn，客户程序首先看到 http，处理的是 HTML 链接，后面是 www.xatu.edu.cn 站点地址（对应特定的 IP 地址），文件名使用站点默认的首页文件，端口号是 HTTP 默认使用的 TCP 端口 80，可省略不写。

Internet Explorer（IE）是微软公司推出的一款网页浏览器。利用它，网络用户可以搜索、查看和下载 Internet 上的各种信息。除了 IE，还有火狐、傲游和 360 安全浏览器等。

可以用以下 3 种方法启动 IE 浏览器：

① 双击桌面上的 Internet Explorer 快捷方式图标。

② 单击"开始"按钮，在"开始"菜单中选择 Internet Explorer 命令。

③ 单击任务栏中的 IE 图标。

启动后的 IE 界面如图 5-10 所示。

图 5-10　IE 界面

5.4.2 信息的浏览、搜索和获取

1. 网页浏览

在 IE 地址栏中输入网址即可浏览指定网页，如浏览网易网站，应在地址栏输入 www.163.com，按【Enter】键后即可显示网易网站的主页，如图 5-11 所示，然后使用主页的超链接功能浏览网站中的其他资源。

图 5-11 网易网站的主页

如果需要将网页的内容保存下来，可以选择"文件"→"另存为"命令；如果需要打印该网页，可以选择"文件"→"打印"命令。

2. 使用搜索引擎搜索互联网信息

搜索引擎是一种专门用来查找互联网网址和相关信息的网站，它给上网者带来了很大的方便。搜索引擎将互联网上的网页检索信息保存在专用的数据库中，并不断更新。通过搜索引擎提供的访问主页，输入和提交有关查找信息的关键字后，在数据库中进行检索并返回查询结果，结果网页可能包含要查找的内容。

专用搜索引擎网站较多，如百度（www.baidu.com）、Google（www.google.com.hk）等，另有一些门户网站也提供了信息检索的功能，如雅虎（Yahoo）、搜狐（sohu）、新浪（sina）等。

国内的专业搜索引擎网站"百度"，它功能强大，搜索速度快，特别是内容的组织形式符合中国人的习惯，深受欢迎。在此以百度为例介绍信息的检索。

在 IE 的地址栏中输入 www.baidu.com，按【Enter】键后，即可进入百度首页，如图 5-12 所示。

百度的搜索界面非常简单，第一行是搜索类别，分新闻、网页、贴吧、知道、音乐、图片，可以根据需要进行选择。第二行是关键字输入框和搜索选择按钮，可输入要搜索信息的关键字，为了缩小搜索范围，可适当增加关键字的数量，输入时关键词用空格分开，如"软件 杀毒软件"，内容描述的越准确，搜索命中率就越高。

在关键字输入框中输入"软件"，页面中显示的相关网页近亿篇，数量庞大。当输入"软件 杀毒软件"时，搜索结果立刻减少。因此，在可能的情况下，可以增加关键

字的数量来缩小搜索范围，提高搜索的命中率，关键字之间要用空格、逗号或分号分开。

图 5-12　百度首页

除简单的关键字搜索外，还可通过百度的"高级搜索"功能，对搜索的目标信息做条件限制，使搜索结果更准确。打开"高级搜索"窗口，如图 5-13 所示，可以参照输入框选择使用。

图 5-13　百度的高级搜索网页

3. 信息的下载

（1）利用 IE 提供的功能进行下载

IE 本身提供了信息下载的功能，下面以下载金山毒霸 2007 杀毒软件为例进行介绍：

① 在关键字输入框中输入"金山毒霸下载"，按【Enter】键，可得到如图 5-14 所示的相关的超链接信息。

② 单击图 5-14 中框住的超链接，可以看到图 5-15 所示的金山毒霸杀毒软件的有关信息界面。

③ 右击图 5-15 中的"立即下载"按钮，在弹出的快捷菜单中选择"目标另存为"命令，弹出"另存为"对话框，提示用户选择保存文件的路径，以及为文件重命名的操作，选择好路径并命名后，单击"确定"按钮即可开始文件的下载。

图 5-14　相关的超链接信息

图 5-15　搜索到的信息界面

（2）利用下载工具进行下载

常用的下载工具有超级旋风、迅雷、FlashGet 等，下载工具提供了一个方便快捷而且高速的下载通道。

以迅雷为例（假设已经安装了迅雷 7）介绍使用下载工具进行信息的下载过程，右击图 5-15 所示的"立即下载"按钮，在弹出的快捷菜单中选择"使用迅雷下载"命令，弹出图 5-16 所示的"新建任务"对话框。

单击"浏览"按钮为文件选择保存路径，也可以在"另存名称"文本框中为文件重命名，最后单击"立即下载"按钮开始下载文件。

4. CNKI 期刊全文数据库的使用

输入 http://www.cnki.net 并按【Enter】键，进入中国期刊网 CNKI 数字图书馆主页，利用期刊网进行信息检索，但需要有效的账号和密码，很多高校均有公共的账号和密码。输入账号和密码，选中"中国期刊全文数据库"选项，单击"登录"按钮，进入图 5-17 所示的中国期刊全文数据库检索界面。

根据所要查询的内容选择合适的导航分类及选项，可以更快、更精确地查找信息。选择完导航选项后，开始输入基本的检索条件信息，单击"检索"按钮后弹出图 5-18 所示的界面。

图 5-16 "新建任务"对话框

图 5-17 中国期刊全文数据库检索界面

图 5-18 检索界面

　　选择需要的文章，如图 5-19 所示，单击"下载阅读 CAJ 格式全文"或"下载阅读 PDF 格式全文"超链接，如图 5-20 所示，即可浏览全文。

		37	宁波规划2015年有线电视双向数字化率达到100%	
		38	物联网综述(3)	吴德本
		39	有线电视网络数据传输设备的重大贡献——MAU综合接入单元	付敏

图 5-19　选中所需文章界面

图 5-20　正文下载界面

5.4.3　电子邮件服务简介

1. E-mail 服务简介

电子邮件是由 Electronic Mail 翻译过来的，简称 E-mail。电子邮件是 Internet 中应用最广的服务，通过网络的电子邮件系统，网络用户可以用非常低廉的价格（无论发送到何处，只需支付网费即可），以非常快速的方式（几秒之内可以发送到世界上任何指定的目的地），与世界上任何一个角落的网络用户联络，邮件内容可以是文字、图像、声音等。正是由于电子邮件的使用简易、投递迅速、收费低廉，易于保存、全球畅通无阻等特点，使得电子邮件被广泛地应用，并改变了人们的交流方式。

2. 电子邮件系统中的协议

在电子邮件系统中收发邮件涉及 SMTP 和 POP3 两种协议。

SMTP（Simple Mail Transfer Protocol）即简单邮件传输协议，是一组用于由源地址到目的地址传送邮件的规则，由它来控制信件的中转方式。SMTP 属于 TCP/IP 簇，它帮助每台计算机在发送或中转信件时找到下一个目的地。通过 SMTP 所指定的服务器，网络用户就可以把 E-mail 寄到收信人的服务器上，整个过程只要几秒。SMTP 服务器是遵循 SMTP 的发送邮件服务器，用来发送电子邮件。

POP3（Post Office Protocol 3）是邮局协议的第 3 个版本，规定如何将个人计算机连接到 Internet 的邮件服务器和下载电子邮件的协议，是 Internet 电子邮件的第一个离线协议标准，POP3 允许用户从服务器上把邮件存储到本地主机（即自己的计算机）上，同时删除保存在邮件服务器上的邮件。POP3 服务器则是遵循 POP3 的接收邮件服务器，用来接收电子邮件。

3. 电子邮件的地址

电子邮件地址的典型格式为用户名@计算机名.组织机构名.网络名.最高层域名。@表示 at（中文"在"的意思），@之前是邮箱的用户名，@后是提供电子邮件服务的服务商名称。例如，user@ sohu.com，表示用户 user 在搜狐网站的免费邮箱。

5.4.4 WWW 服务器的配置

1. 安装 WWW 服务器

WWW 服务器是内嵌在 IIS 5.0 中的一套服务器，因此只要安装了 IIS 5.0 组件，WWW 服务器的安装也就完成了。默认情况下，在安装 Windows 时，系统会将 IIS 5.0 作为组件自动安装进来。

安装 IIS 的操作步骤如下：

① 打开"控制面板"窗口，单击"添加/删除程序"图标，在弹出的对话框中双击"添加/删除 Windows 组件"图标。

② 在弹出的对话框中选择"Internet 信息服务（IIS）"选项，单击"下一步"按钮后再单击"确定"按钮即可进行安装。

启动与检查 IIS 的操作步骤如下：

① 单击"开始"按钮，在"开始"菜单中选择"所有程序"→"管理工具"→"Internet 服务管理器"命令。

② 在浏览器地址栏中输入 http://localhost 后按【Enter】键，如果 IIS 已经正确安装，便会显示相关的 IIS 网页，否则需要重新安装。

2. WWW 服务器的设置

（1）建立 Web 站点

建立 Web 站点的操作步骤如下：

① 建立 Web 站点所需的各网页，并将主页文件命名为 Default.html 或 Default.asp。

② 将主页复制到 IIS 默认或指定的 Web 发布目录中。默认 Web 发布目录也称为主目录，安装程序提供的位置是\Inetpub\wwwroot。

③ 打开"Internet 信息服务"窗口，展开控制台，右击"管理 Web 站点"结点，在弹出的快捷菜单中选择"新建"→"Web 站点"命令，启动站点向导。

④ 输入 Web 新站点的标识信息，例如 xxgl，该标识将作为 IIS 系统中的名称，单击"下一步"按钮。

⑤ 输入 Web 站点的 IP 地址和 TCP 端口地址，单击"下一步"按钮。

⑥ 输入站点的主目录路径，单击"下一步"按钮。

⑦ 在出现的窗口中设置 Web 站点的访问权限，然后单击"下一步"按钮完成设置。

用户可以在 IIS 管理器中看到新建的 xxgl 站点，单击该站点，右窗口显示的所有文件即是主目录中所包含的文件（包含文件夹和网页文件以及图片等）。

（2）设置 Web 站点

Web 站点的设置大多可在站点的属性窗口中进行。在"Internet 信息服务"窗口中，右击要设置的 Web 站点，在弹出的快捷菜单中选择"属性"命令，便可打开该站点的属性对话框。该对话框中包含了许多的设置内容，主要的设置体现在以下几个选项卡中：

① "Web 站点"选项卡。在该选项卡中可设置 IP 地址的分配情况、TCP 端口号以及连接方式等。

② "主目录"选项卡。在该选项卡中单击"浏览"按钮可以更改 Web 服务器的主目录位置（默认为\inetpub\wwwroot）。

③"文档"选项卡。使用该选项卡中可以更改 Web 服务器主目录的默认文档及启动顺序。

物联网（the Internet Of Things）是指通过各种信息传感设备，如传感器、射频识别（RFID）技术、全球定位系统、红外感应器、激光扫描器、气体感应器等各种装置与技术，实时采集任何需要监控、连接、互动的物体或过程，按约定的协议，把任何物品与互联网相连接，进行信息交换和通信，以实现智能化识别、定位、跟踪、监控和管理的一种网络，如图 5-21 所示。

图 5-21　物联网示意图

一般来讲，物联网的开展步骤如下：

① 对物体属性进行标识，属性包括静态和动态的属性，静态属性可以直接存储在标签中，动态属性需要先由传感器实时探测。

② 需要识别设备完成对物体属性的读取，并将信息转换为适合网络传输的数据格式。

③ 将物体的信息通过网络传输到信息处理中心（处理中心可能是分布式的，如家里的计算机或者手机，也可能是集中式的，如中国移动的 IDC），由处理中心完成物体通信的相关计算。

1. 物联网的技术体系结构

物联网的技术体系结构可分为感知层、网络层、应用层三个大层次，如图 5-22 所示。

图 5-22　物联网体系结构

（1）应用层

应用层完成物品信息的汇总、协同、共享、互通、分析、决策等功能，相当于物联网的控制层、决策层。物联网的根本还是为人服务，应用层完成物品与人的最终交互，前面两层将物品的信息大范围地收集起来，汇总在应用层进行统一分析、决策，用于支撑跨行业、跨应用、跨系统之间的信息协同、共享、互通，提高信息的综合利用度，最大程度地为人类服务。其具体的应用服务又回归到前面提到的各个行业应用，如智能交通、智能医疗、智能家居、智能物流、智能电力等。

（2）网络层

网络层完成大范围的信息沟通，主要借助于已有的广域网通信系统（如 PSTN 网络、2G/3G/4G 移动网络、互联网等），把感知层感知到的信息快速、可靠、安全地传送到地球的各个地方，使物品能够进行远距离、大范围的通信，以实现在地球范围内的通信。这相当于人借助火车、飞机等公众交通系统在地球范围内的交流。当然，现有的公众网络是针对人的应用而设计的，当物联网大规模发展之后，能否完全满足物联网数据通信的要求还有待验证。即便如此，在物联网的初期，借助已有公众网络进行广域网通信也是必然的选择，如同 20 世纪 90 年代中期在 ADSL 与小区宽带发展起来之前，用电话线进行拨号上网一样，它也发挥了巨大的作用，完成了其应有的阶段性历史任务。

（3）感知层

感知层是让物品说话的先决条件，主要用于采集物理世界中发生的物理事件和数据，包括各类物理量、身份标识、位置信息、音频、视频数据等。物联网的数据采集涉及传感器、射频识别、多媒体信息采集、二维码和实时定位等技术。感知层又分为数据采集与执行、短距离无线通信两个部分。数据采集与执行主要是运用智能传感器技术、身份识别以及其他信息采集技术，对物品进行基础信息采集，同时接收上层网络送来的控制信息，完成相应执行动作。这相当于给物品赋予了嘴巴、耳朵和手，既能向网络表达自己的各种信息，又能接收网络的控制命令，完成相应动作。短距离无线通信能完成小范围内的多个物品的信息集中与互通功能，相当于物品的脚。

2. 物联网的关键技术

（1）射频识别（Radio Frequency Identification，RFID）

射频识别是一种非接触式的自动识别技术，它通过射频信号自动识别目标对象并获取相关数据，识别过程无须人工干预，可工作于各种恶劣环境。RFID 技术与互联网、通信等技术相结合，可实现全球范围内物品跟踪与信息共享。RFID 电子标签是一种把天线和 IC 封装到塑料基片上的新型无源电子卡片；具有数据存储量大、无线无源、小巧轻便、使用寿命长、防水、防磁和安全防伪等特点。

（2）无线传感器网络（Wireless Sensor Network，WSN）

信息采集是物联网的基础，而目前的信息采集主要是通过传感器、传感结点和电子标签等方式完成的。传感器作为一种检测装置，作为摄取信息的关键器件，由于其所在的环境通常比较恶劣，因此物联网对传感器技术提出了较高的要求。无线传感器网络是集分布式信息采集、信息传输和信息处理技术于一体的网络信息系统，以其低成本、微型化、低功耗和灵活的组网方式、铺设方式以及适合移动目标等特点受到广泛重视。物联网正是通过遍布在各个角落和物体上的形形色色的传感器以及由它们组成的无线传感器网络，来最终感知整个物质世界的。

（3）智能技术

智能技术是为了有效地达到某种预期的目的，利用知识所采用的各种方法和手段。通过在物体中植入智能系统，可以使得物体具备一定的智能性，能够主动或被动地实现与用户的沟通，也是物联网的关键技术之一。物联网就是要给物体赋予智能，可以实现人与物体的沟通和对话，甚至实现物体与物体互相间的沟通和对话。为了实现这样的目标，必须要对智能控制技术与系统实现进行研究。例如，研究如何控制智能服务机器人完成既定任务（运动轨迹控制、准确的定位和跟踪目标等）。

（4）新材料技术

新材料是指那些新近发展或正在发展之中的具有比传统材料的性能更为优异的一类材料。为了进一步提高传感器的性能，新材料技术是不可或缺的。物联网新材料技术的研究主要包括：使传感器结点进一步小型化的纳米技术；提高传感器可靠性的抗氧化技术；减小传感器功耗的集成电路技术。纳米技术是研究结构尺寸在 0.1～100 nm 范围内材料的性质和应用。使用传感器技术就能探测到物体的物理状态，物体中的嵌入式智能系统能够通过在网络边界转移信息处理能力而增强网络的威力，而纳米技术的优势意味着物联网中体积越来越小的物体能够进行交互和连接。可以预见，随着新材料技术的发展，物联网系统器件会变得更小、能耗更低、可靠性更高。

（5）数据的挖掘与融合

从物联网的感知层到应用层，各种信息的种类和数量都成倍增加，需要分析的数据量也成级数增加，同时还涉及各种异构网络或多个系统之间数据的融合问题，如何从海量的数据中及时挖掘出隐藏信息和有效数据的问题，给数据处理带来了巨大的挑战，如何合理、有效地整合、挖掘和智能处理海量的数据是物联网的难题。结合 P2P、云计算等分布式计算技术，成为解决以上难题的一个途径。云计算为物联网提供了一种新的高效率计算模式，可通过网络按需提供动态伸缩的廉价计算，其具有相对可靠并且安全的数据中心，同时兼有互联网服务的便利、廉价和大型机的能力，可以轻松实现不同设备间的数据与应用共享，用户无须担心信息泄露，黑客入侵等棘手问题。云计算是信息化发展进程中的一个里程碑，它强调信息资源的聚集、优化和动态分配，节约信息化成本并大大提高了数据中心的效率。

物联网前景非常广阔，遍及智能交通、平安家居、智能消防、环境监测、个人健康、水系监测、食品溯源和情报搜集等多个领域，它将极大地改变我们目前的生活方式。在物联网的世界里，物物相连、天罗地网。

▶▶▶ 5.6 信 息 安 全

信息安全是指信息网络的硬件、软件及其系统中的数据受到保护，不受偶然的或者恶意的攻击而遭到破坏、更改、泄露，系统可连续、可靠、正常地运行，信息服务不中断。

信息安全涉及信息的保密性、完整性、可用性、可控性和不可否认性。保密性是对抗对手的被动攻击，保证信息不泄漏给未经授权的人。完整性是对抗对手主动攻击，防止信息被未经授权的人篡改。可用性是保证信息及信息系统确实为授权使用者所用。可控性是对信息及信息系统实施安全监控。综合来说，就是要保障电子信息的有效性。

在网络系统中主要的信息安全威胁有以下几个方面：

① 窃取：非法用户通过数据窃听的手段获得敏感信息。

② 截取：非法用户首先获得信息，再将此信息发送给真实接收者。

③ 伪造：将伪造的信息发送给接收者。

④ 篡改：非法用户对合法用户之间的通信信息进行修改，再发送给接收者。

⑤ 拒绝服务攻击：攻击服务系统，造成系统瘫痪，阻止合法用户获得服务。

⑥ 行为否认：合法用户否认已经发生的行为。

⑦ 非授权访问：未经系统授权而使用网络或计算机资源。

⑧ 传播病毒：通过网络传播计算机病毒，其破坏性非常高，而且用户很难防范。

5.6.1 计算机病毒

计算机病毒是目前网络系统中破坏性非常大的一种信息安全威胁。

1. 计算机病毒的定义

计算机病毒有很多种定义，从广义上讲，凡是能引起计算机故障，破坏计算机中数据的程序统称为计算机病毒。现今国外流行的定义为：计算机病毒是一段附着在其他程序上的、可以实现自我繁殖的程序代码。在国内，《中华人民共和国计算机信息系统安全保护条例》中对病毒的定义是"计算机病毒，是指编制或者在计算机程序中插入的破坏计算机功能或者毁坏数据，影响计算机使用，并能自我复制的一组计算机指令或者程序代码。"此定义具有法律性和权威性。

2. 计算机病毒的特点

① 寄生性：计算机病毒寄生在其他程序之中，当执行这个程序时，病毒就起破坏作用，而在未启动这个程序之前，它是不易被人发觉的。

② 传染性：计算机病毒不但具有破坏性，更具有传染性，一旦病毒被复制或产生变种，其传染速度之快令人难以预防。

③ 潜伏性：计算机病毒一般都能潜伏在计算机系统中，当其触发条件满足时，就启动运行。如"黑色星期五"病毒，在条件具备时，瞬间激活，对系统进行破坏。

④ 隐蔽性：有些病毒无法通过病毒软件检查出来，不易被发现。

3. 计算机病毒的表现形式

计算机受到病毒感染后，会表现出不同的症状，主要的表现形式如下：

① 机器不能正常启动：加电后机器根本不能启动，或者可以启动，但所需要的时间比原来的启动时间变长了。有时会突然出现黑屏现象。

② 运行速度降低：在运行某个程序时，读取数据的时间比原来长，存储文件或调用文件的时间都增加了。

③ 磁盘空间迅速变小：由于病毒程序要进驻内存，而且繁殖较快，因此使内存空间变小甚至变为 0，不能传输任何信息。

④ 文件内容和长度有所改变：一个文件保存到磁盘后，其长度和内容都不会改变，

由于病毒的干扰，文件长度可能改变，文件内容也可能出现乱码。有时文件内容无法显示或显示后又消失了。

⑤ 经常出现"死机"现象：机器经常死机，或者是在无任何外界介入下，系统自动重启。

⑥ 外围设备工作异常：外围设备在工作时出现一些用理论或经验无法解释的异常情况。

⑦ 磁盘坏簇莫名其妙地增多。

⑧ 磁盘出现特别标签。

⑨ 存储的数据或程序丢失。

⑩ 打印出现问题。

⑪ 生成不可见的表格文件或特定文件。

⑫ 出现一些无意义的画面、问候语等显示。

⑬ 磁盘的卷标名发生变化。

⑭ 系统不认识磁盘或硬盘不能引导系统等。

⑮ 在系统内装有汉字库且汉字库正常，但不能调用汉字库或打印汉字。

⑯ 异常要求用户输入密码。

以上列出的仅仅是一些比较常见的病毒表现形式，由于病毒在不断地变异，肯定会存在一些其他的特殊现象，这需要用户自己判断。

4．计算机病毒的防范

病毒的繁衍方式和传播方式不断地变化，在目前的计算机系统环境下，特别是对计算机网络而言，要完全杜绝病毒的传染几乎是不可能的。因此，我们必须以预防为主。预防计算机病毒主要从管理制度和技术两个方面进行：

（1）从思想观念和制度方面进行预防

首先，应该加强立法、健全管理制度。法律是国家强制实施的、公民必须遵循的行为准则。对信息资源要有相应的立法，为此，国家专门出台了《中华人民共和国计算机信息系统安全保护条例》《中华人民共和国信息网络国际联网管理暂行规定》来约束用户的行为，保护守法的计算机用户的合法权益。除国家制定的法律、法规外，凡使用计算机的单位都应制定相应的管理制度，避免蓄意制造、传播病毒的恶性事件发生。例如，建立安全管理责任，根据最小特权原则，对系统的工作人员和资源进行访问权限划分；建立人员许可制度，对外来人员上机实行登记制度等。

其次，加强教育和宣传、打击盗版。加强计算机安全教育，使计算机用户能学习和掌握一些必备的反病毒知识和防范措施，使网络资源得到正常合理的使用，防止信息系统及其软件的破坏，防止非法用户的入侵干扰，防止有害信息的传播。

（2）从技术措施方面进行预防

上述管理和制度能够在一定程度上预防计算机病毒的传播，但它是以牺牲数据共享的灵活性而获得的安全，同时给用户带来了一定的不便。因此，还应采取有效的技术措施。应采用纵深防御的方法，采用多种阻塞渠道和多种安全机制对病毒进行隔离，这是保护计算机系统免遭病毒危害的有效方法。应采取内部控制和外部控制相结合的措施，设置相应的安全策略。常用的方法有系统安全、软件过滤、文件加密、生产过程控制、后备恢复和安装防病毒软件等措施。安装一套驻留式防毒产品，以便在进行磁盘及文件类操作时能有效、及时地控制和阻断可能发生的病毒入侵、感染行为，尤其是上网的计算机更应安装具有实时防病毒功能的防病毒软件或防病毒卡。

5.6.2　杀毒软件简介

杀毒软件又称反病毒软件或防毒软件，是用于消除计算机病毒、木马和恶意软件的一类软件。杀毒软件通常集成监控识别、病毒扫描、清除和自动升级等功能，有的杀毒软件还带有数据恢复等功能，是计算机防御系统（包含杀毒软件、防火墙、特洛伊木马和其他恶意软件的查杀程序、入侵预防系统等）的重要组成部分。

目前市场上流行的杀毒软件较多，应用各有特点，使用较多的有 360 杀毒、avast!、卡巴斯基、瑞星等。

（1）360 杀毒

360 杀毒是 360 安全中心出品的一款免费的云安全杀毒软件。360 杀毒具有以下优点：查杀率高、资源占用少、升级迅速等。同时，360 杀毒可以与其他杀毒软件共存，是一个理想的杀毒备选方案。360 杀毒是一款一次性通过 VB100 认证的国产杀毒软件。

360 杀毒无缝整合了来自罗马尼亚的国际知名杀毒软件 BitDefender 2008（比特梵德）病毒查杀引擎、小红伞引擎、360QVM 人工智能引擎、360 系统修复引擎，以及 360 安全中心潜心研发的云查杀引擎。智能引擎调度，为用户提供完善的病毒防护体系，第一时间防御新出现的病毒、木马。360 杀毒完全免费，无须激活码，轻巧快速不卡机，适合中低端机器，360 杀毒采用全新的 SmartScan 智能扫描技术，使其扫描速度快，误杀率也远远低于其他杀毒软件，能为计算机提供全面保护。在各大软件站的软件评测中屡屡获胜，是 2010 年度最佳安全杀毒软件。2011 年 1 月 17 日，360 杀毒宣布已正式获得 2011 年度 AV-C 测试资格。

（2）avast!

来自捷克的 avast! 已有数十年的历史，它在国外市场一直处于领先地位。avast! 分为家庭版、专业版、家庭网络特别版和服务器版以及专为 Linux 和 Mac 设计的版本等众多版本。avast! 的实时监控功能十分强大，免费版的 avast!antivirus home edition 拥有七大防护模块：网络防护、标准防护、网页防护、即时消息防护、互联网邮件防护、P2P 防护、网络防护。免费版的需要每年注册一次，且注册免费。收费版的 avast!antivirus professional 具有脚本拦截、PUSH 更新、命令行扫描器、增大用户界面等家庭版没有的功能。

（3）卡巴斯基

卡巴斯基是世界上最优秀、最顶级的网络杀毒软件之一，查杀病毒性能远高于同类产品。

卡巴斯基总部设在俄罗斯首都莫斯科，Kaspersky Labs 是国际著名的信息安全领导厂商。公司为个人用户、企业网络提供反病毒、防黑客和反垃圾邮件产品。该公司的旗舰产品——著名的卡巴斯基反病毒软件（Kaspersky Anti-Virus，原名 AVP）被众多计算机专业媒体及反病毒专业评测机构誉为病毒防护的最佳产品。

卡巴斯基的产品因其顶尖的性能在全球获得了大量的重要用户。今天许多大型企业选择卡巴斯基保护数据安全，包括空中客车公司、Stemcor、BBC Worldwide、Tatneft、

Telecom Italia Mobile、Faber-Castell、法国电信、意大利外交部和法国教育部等。

（4）瑞星

瑞星杀毒软件品牌诞生于 1991 年刚刚在经济改革中蹒跚起步的中关村，是中国最早的计算机反病毒标志。瑞星公司历史上几经重组，已形成一支中国最大的反病毒队伍。瑞星以研究、开发、生产及销售计算机反病毒产品、网络安全产品和反"黑客"防治产品为主，拥有全部自主知识产权和多项专利技术。瑞星与全球著名商业公司、研发机构都有着紧密的合作。2007 年 9 月，瑞星成为国内首个安全行业微软金牌认证合作伙伴。2009 年，瑞星旗下产品全面支持最新的 Windows 7 操作系统，并率先成为微软官方推荐的、国内唯一一款 Windows 7 指定杀毒软件。

经过 20 多年的成长发展，瑞星已经成为具有国际影响力的安全厂商。瑞星曾经累计拥有 8 000 万以上的付费个人用户，在中国安全市场上拥有举足轻重的地位。2011 年 3 月 18 日，瑞星公司宣布其个人安全软件产品全面、永久免费——今后价格将不再成为阻碍广大用户使用顶级专业安全软件的障碍。此次瑞星个人软件产品的全面、永久免费，必将彻底改变中国安全软件市场的格局。在此次免费的软件产品中，瑞星全功能安全软件包含了"杀毒软件、防火墙、安全助手"的全套解决方案，以"智能云安全"和"虚拟化云引擎"设计为核心，可以智能拦截最新出现的各种钓鱼网站，解决了原有反钓鱼技术"永远滞后于钓鱼网站的出现，只有捕获之后才能拦截"的难题。

本 章 小 结

计算机网络是指将在不同地理位置上分散的具有独立处理能力的多台计算机经过传输介质和通信设备相互连接起来，在网络操作系统和网络通信软件的控制下，按照统一的协议进行协同工作，达到资源共享目的的计算机系统。它大致经历了面向终端的计算机网络、计算机到计算机的简单网络、开放式标准化的网络以及网络的高速化发展 4 个阶段的发展。现代计算机网络都采用层次化的体系结构，典型的计算机网络体系结构有 ISO/OSI 体系结构标准、TCP/IP 体系结构标准和 IEEE 局域网体系结构标准。根据拓扑结构的不同，计算机网络可以分为星状、总线、环状、树状、网状和蜂窝状等结构。Internet 是一个开放性的网络系统，其主要协议是 TCP/IP 协议。计算机网络的组成可分为硬件与软件两大部分。信息安全是指信息网络的硬件、软件及其系统中的数据受到保护，不受偶然的或者恶意的攻击而遭到破坏、更改、泄露，系统连续可靠正常地运行，信息服务不中断。信息安全涉及信息的保密性、完整性、可用性、可控性和不可否认性。

应用篇

第6章 办公自动化技术

学习目标：

- 了解文字处理、表格处理、演示文稿制作的过程；
- 熟练掌握 Word 2010、Excel 2010、PowerPoint 2010 软件的基本操作；
- 熟练掌握 Office 2010 相较以往版本改进的地方；
- 熟练掌握 Word 2010 文档高级排版的方法；
- 掌握与理解 Excel 2010 工作表数据统计的技术与技巧；
- 熟练掌握 PowerPoint 2010 演示文稿的编辑和操作技巧。

办公自动化是计算机应用的一个重要领域，Microsoft Office 是实现办公自动化的重要工具软件，包括 Word、Excel、PowerPoint 等几个重要工具，它们都是基于图形界面的应用程序，可有效地进行文字处理、电子表格处理、幻灯片制作与演示以及高级图形、图像编辑等操作。本章以 Microsoft Office 2010 版本为基础，讲述办公自动化系列软件的基本概念、基本操作、图文混排、表格制作及打印等内容。

▶▶▶ 6.1 Word 2010 文字处理

文字是多媒体信息世界中最普遍的一种信息表现形式，利用计算机对文字信息进行加工处理的过程，称为文字信息处理，其处理过程一般包括文字录入、加工处理和文字输出 3 个基本环节。目前，常用的文字处理软件有美国微软公司的 Word、我国金山公司的 WPS 等，文字处理软件操作基本相似。本章将结合 Word 2010 介绍文字处理软件基本使用方法。Word 是微软公司推出的办公自动化软件 Microsoft Office 中的一个重要组件，是 Windows 平台上最强大的中文字处理软件，可以制作论文、信件、报告、备忘录、传真等各种文档。

6.1.1 Word 2010 简介

1. Word 窗口

启动 Word 2010 以后就可以看到图 6-1 所示的 Word 窗口，它由以下几个主要部分组成：

① 标题栏：显示正在编辑的文档的文件名以及所使用的软件名。

② 快速访问工具栏：常用命令位于此处，例如"保存"和"撤销"。也可以添加个人常用命令。

图 6-1　Word 2010 界面

③ "文件"选项卡：包含了与文件相关的基本命令（如"新建""打开""关闭""另存为"和"打印"等）。

④ 功能区：工作时需要用到的命令位于此处。它与其他软件中的"菜单"或工具栏相同。

⑤ "编辑"窗口：显示正在编辑的文档。

⑥ 滚动条：可用于更改正在编辑的文档的显示位置。

⑦ 状态栏：显示正在编辑的文档的相关信息。

⑧ "视图"快捷方式：Word 2010 支持多种文档显示方式，如页面视图、阅读版式视图、Web 版式视图、大纲视图、草稿视图等，用户可根据需要在多种视图间进行切换。

⑨ 缩放滑块：可用于更改正在编辑的文档的显示比例设置。

2. 功能区

Word 2010 取消了传统的菜单操作方式，而代之于各种功能区。在 Word 2010 窗口上方看起来像菜单的名称其实是功能区的名称，当单击这些名称时并不会打开菜单，而是切换到与之相对应的功能区面板。每个功能区根据功能的不同又分为若干个组，每个功能区所拥有的功能如下所述：

（1）"开始"功能区

"开始"功能区中包括剪贴板、字体、段落、样式和编辑 5 个组，对应 Word 2003 的"编辑"和"段落"菜单部分命令。该功能区主要用于帮助用户对 Word 2010 文档进行文字编辑和格式设置，是用户最常用的功能区。

（2）"插入"功能区

"插入"功能区包括页、表格、插图、链接、页眉和页脚、文本、符号和特殊符号几个组，对应 Word 2003 中"插入"菜单的部分命令，主要用于在 Word 2010 文档中插入各种元素。

（3）"页面布局"功能区

"页面布局"功能区包括主题、页面设置、稿纸、页面背景、段落、排列几个组，对应 Word 2003 的"页面设置"菜单命令和"段落"菜单中的部分命令，用于帮助用户设置 Word 2010 文档页面样式。

（4）"引用"功能区

"引用"功能区包括目录、脚注、引文与书目、题注、索引和引文目录几个组，用于实现在 Word 2010 文档中插入目录等比较高级的功能。

（5）"邮件"功能区

"邮件"功能区包括创建、开始邮件合并、编写和插入域、预览结果和完成几个组，该功能区的作用比较专一，专门用于在 Word 2010 文档中进行邮件合并方面的操作。

（6）"审阅"功能区

"审阅"功能区包括校对、语言、中文简繁转换、批注、修订、更改、比较和保护几个组，主要用于对 Word 2010 文档进行校对和修订等操作，适用于多人协作处理 Word 2010 长文档。

（7）"视图"功能区

"视图"功能区包括文档视图、显示、显示比例、窗口和宏几个分组，主要用于帮助用户设置 Word 2010 操作窗口的视图类型，以方便操作。

3. 退出 Word

退出 Word 2010 有多种方法，最常用的方法是单击 Word 窗口右上角的"关闭"按钮；或在 Word 窗口的"文件"选项卡中选择"退出"命令。在退出 Word 时，如果没有保存曾修改过的文件，Word 2010 会提示是否保存文档，如果要保存修改过的文件，单击"保存"按钮，并给文档取一个名字然后选择保存位置，则将文件保存到指定位置。

4. Word 2010 的帮助

在使用 Word 的过程中，经常会遇到一些问题，这就需要求助于 Word 2010 提供的帮助系统。单击窗口右上角的"帮助"按钮，或按【F1】键，就弹出"帮助"窗口。Word 2010 提供两种帮助，一种是系统本身提供联机帮助，另一种是通过网络连接到 Office.com 站点获取帮助。

6.1.2　文档的管理

1. 创建新的 Word 文档

利用 Word 提供的特定模板建立新文档。在"文件"选项卡中选择"新建"命令，在打开的"新建"面板中，选中需要创建的文档类型，例如选择"空白文档"，完成选择后单击"创建"按钮即可。

2. 输入正文

刚启动 Word 时，系统自动打开一个名为"文档 1"的空白文档。默认情况下，用户打开 Word 2010 文档窗口后会自动打开微软拼音输入法。

（1）"插入状态"和"改写状态"

在 Word 2010 中输入文字时有"插入"和"改写"两种状态。在插入状态下，输入文字时 Word 会自动将插入点后面的文字右移；若在改写状态下，新录入的文字会覆盖原有的文字。窗口最下面的状态条中显示了当前处于哪种状态，可以通过键盘上的【Insert】键来实现两个状态的切换。

（2）光标定位与删除文字

文本的删除、插入、选定、替换、移动和复制操作等均涉及光标的定位。用鼠标定位光标时，单击鼠标左键，即可将插入点定位到确定位置。如果在录入过程中产生错误，可以使用【Backspace】键删除插入点前面的字符，用【Delete】键删除插入点后面的字符。

3. 保存文档

对文档的编辑或排版都只是在 Word 环境下进行的，并没有将真正编排后的文档写到磁盘上，所以完成编辑工作后，必须将文档保存到磁盘上。保存文件可以有以下几种方式：

（1）保存新文档

第一次保存文档时必须给该文档起名，并确定其存放的位置，以便以后查找。单击快速访问工具栏上的"保存"按钮，弹出"另存为"对话框。单击"保存位置"列表框的下拉按钮，从下拉列表中选择所需文件夹，指定要保存文档的位置。在"文件名"文本框中，Word 会根据文档第一行的内容，自动给出文件名，用户可输入一个新文件名取代它，如"练习.docx"。单击"保存"按钮，该文档就以"练习.docx"为文件名保存到指定的文件夹中。保存时如果想保存为 Word 2003 兼容的 doc 类型，则需要在"保存类型"下拉列表中选择"Word 97-2003 文档（*.doc）"。

（2）保存已有文档

对于已命名并保存过的文档，只要随时单击快速访问工具栏上的"保存"按钮，或者单击"文件"选项卡中的"保存"命令，系统自动将当前文档保存到同名文档中，不再显示"另存为"对话框。一般 Word 2010 为了文本的安全，会预先设置"自动保存时间间隔"，根据时间间隔，例如 10 分钟把所编辑的文本自动保存一次。可以通过"文件"选项卡中的"选项"命令，在"Word 选项"对话框中的"保存"选项卡中设置自动保存时间间隔。

（3）另存文件

当要改变现有文档的名字、目录或文件格式，可单击"文件"选项卡中的"另存为"命令，这时系统也会打开"另存为"对话框，输入文件名和选择相应文件夹后单击"保存"命令，系统会在指定位置创建一个新的文件。例如，若想在 Word 2003 中打开 docx 类型的文档，可以将该文档在 Word 2010 中打开，选择"另存为"命令，在"另存为"对话框中的"保存类型"下拉列表中选择"Word 97-2003 文档（*.doc）"选项，即将该文件另存为 Word 2003 兼容的.doc 类型即可。

4. 打开文档

单击"文件"选项卡中的"打开"命令，显示"打开"对话框，在"查找范围"下拉列表框中选择文件所在的文件夹，然后在列表框中选择该文件，单击"打开"按钮即可打开要编辑的文件。此外，如果要打开一个最近使用过的文档，则单击"文件"选项卡中的"最近使用文件"命令，即可显示最近使用过的文档列表和最近的位置列表，单击文件名或文件夹，即可打开相应的文件或文件夹。

6.1.3 文档的编辑

文档的编辑是 Word 2010 的核心部分，包括对文档进行选择、插入、删除、复制、替换、拼写和语法检查等编辑工作，这些操作大多数可以通过"开始"功能区中的相应命令按钮实现。只要掌握一些编辑操作方法，就可以灵活处理文字。文档编辑遵循的原则是"先选定，后操作"。

1. 视图介绍

为了帮助用户进行文字编辑及格式编排，Word 2010 提供了多种显示文档的方式，又称视图模式。同一文档可以按需要以不同方式显示在屏幕上。Word 2010 中共有 5 种视图模式："页面视图""阅读版式视图""Web 版式视图""大纲视图"和"草稿"视图。用户可以在"视图"功能区中选择需要的文档视图模式，也可以在 Word 2010 文档窗口的右下方单击视图按钮选择视图。

① 页面视图：可以显示 Word 2010 文档的打印结果外观，主要包括页眉、页脚、图形对象、分栏设置、页面边距等元素，是最接近打印结果的视图模式。

② 阅读版式视图：以图书的分栏样式显示文档，"文件"按钮、功能区等窗口元素被隐藏起来。在"阅读版式视图"中，用户还可以单击"工具"按钮选择各种阅读工具。

③ Web 版式视图：以网页的形式显示 Word 2010 文档，Web 版式视图适用于发送电子邮件和创建网页。

④ 大纲视图：主要用于 Word 2010 文档的设置和显示标题的层级结构，并可以方便地折叠和展开各种层级的文档，便于编辑和重组冗长的文档。

⑤ "草稿"视图：取消了页面边距、分栏、页眉和页脚以及图片等元素，仅显示标题和正文，是最节省计算机系统硬件资源的视图方式。当然现在计算机系统的硬件配置都比较高，基本上不存在由于硬件配置偏低而使 Word 2010 运行遇到障碍的问题。

2. 选择文本

在 Word 2010 中，如果要编辑文档，首先应该选定要操作的文字。表 6-1 列出了选定文本的常用操作。

表 6-1 选定文本的常用操作

选 定 目 标	鼠 标 操 作
字/词	双击要选定的字/词
句子（以句号为结束标志）	按住【Ctrl】键，然后单击该句中的任何位置
一整行	将鼠标指针移动到该行的左侧，直到指针变为指向右边的箭头，然后单击
数行文本	将鼠标指针移动到该行的左侧，直到指针变为指向右边的箭头，然后向上或向下拖动鼠标
段落	将鼠标指针移动到该段落的左侧，直到指针变为指向右边的箭头，然后双击，或者在该段落中的任意位置三击
一大块文本	单击要选定内容的起始处，然后按住【Shift】键，单击选定内容的结尾处
整个文档	将鼠标指针移动到文中任意正文的左侧，直到指针变为指向右边的箭头，然后三击
垂直的一块文本	按住【Alt】键，然后将鼠标指针拖过要选定的文本

3. 插入字符或符号

将光标移动到想插入字符的位置，然后输入字符，输入的字符就会出现在光标的前面。如果在文档输入的过程中想插入一些符号，如标点符号、拼音等，可以切换到"插入"功能区，在"符号"分组中单击"符号"按钮；在打开的"符号"面板中可以看到一些最常用的符号，单击所需要的符号即可将其插入到文档中，如果"符号"面板中没有所需要的符号，可以单击"其他符号"按钮；在打开的"符号"对话框中选择要插入的符号。

4. 移动和复制

在编辑过程中经常需要对一段文本进行移动或复制操作，这些操作都涉及一个非常重要的工具——剪贴板。剪贴板是内存中的一块存储区域（称为系统剪贴板），在进行移动或复制操作时，先将选定的内容"复制"或"剪切"到剪贴板中，然后再将其粘贴到插入点所在位置。其实不仅文字，图形对象也可以放到剪贴板中，剪贴板成为文档中和文档间交换多种信息的中转站。通过 Office 剪贴板，用户可以有选择地粘贴暂存于 Office 剪贴板中的内容，使粘贴操作更加灵活。

在 Word 2010 文档中使用 Office 剪贴板的步骤如下：首先打开 Word 2010 文档窗口，选中一部分需要复制或剪切的内容，并执行"复制"或"剪切"命令。然后在"开始"功能区单击"剪贴板"分组右下角的"显示'Office 剪贴板'任务窗格"按钮。然后在打开的 Word 2010 "剪贴板"任务窗格中可以看到暂存在 Office 剪贴板中的项目列表，如果需要粘贴其中一项，只需单击该选项即可。如果需要删除 Office 剪贴板中的其中一项内容或几项内容，可以单击该项目右侧的下拉三角按钮，在打开的下拉菜单中选择"删除"命令；如果需要删除 Office 剪贴板中的所有内容，可以单击 Office 剪贴板内容窗格顶部的"全部清空"按钮。

5. 撤销和重复

在编辑过程中，Word 会自动记录下刚刚执行过的命令，这种存储功能可以撤销刚才的操作，恢复操作前的状况。如果单击快速访问工具栏中的 按钮，可撤销刚才的操作。如果单击它旁边的下拉按钮，会显示一个下拉列表框，其中由近到远记录了以前的各项操作，选择要撤销的操作，就可以将文档恢复。也可以单击快速访问工具栏中的 按钮，用"恢复"功能来恢复刚撤销的操作。

6. 查找和替换

可以使用 Word 2010 提供的"查找"和"替换"功能在一篇文档中快速地查找或替换某些字符。在"开始"功能区的"编辑"分组中单击"查找"按钮；在打开的"导航"窗格编辑框中输入需要查找的内容，并单击搜索按钮即可。用户还可以在"导航"窗格中单击搜索按钮右侧的下拉按钮，在打开的菜单中选择"高级查找"命令，此时系统打开"查找和替换"对话框，切换到"查找"选项卡，然后在"查找内容"编辑框中输入要查找的字符，在"搜索选项"选项组中进行区分大小写、全字匹配、使用通配符等高级查找设置，并单击"查找下一处"按钮，查找到的目标内容将以蓝色矩形底色标识，单击"查找下一处"按钮继续查找，直到屏幕显示"Word 已完成对文档的搜索"。如果要替换字符，则在"开始"功能区的"编辑"分组中单击"替换"按钮，即切换到"替换"选项卡，在"查找内容"文本框中输入被替换的内容，在"替换为"文本框中输入新内容，然后单击"替换"按钮，在此情况下，系统每找到一处，需要用户确认是否替换，再查找下一处。如果单击"全部替换"按钮，则 Word 2010 自动替换全部需替换的内容。Word 2010 也可以查找和替换一些格式或特殊字符，只要单击"查找和替换"对

第 6 章 办公自动化技术

115

话框底部的"格式"按钮或"特殊字符"按钮即可。

7．拼写检查

Word 2010 提供了自动拼写和语法检查的功能，可以减少文本输入的错误率。一般对于单词的错误，Word 2010 用红色波浪线标记，对于语法错误用绿色波浪线标记。选择"审阅"功能区，单击"校对"分组中的"拼写和语法"按钮，Word 2010 即开始进行检查，一旦发现错误即弹出"拼写和语法"对话框，指出错误和建议修改的意见。选择正确的意见后单击"更改"按钮，或者单击"忽略"或"全部忽略"按钮，如果要停止检查则单击"关闭"按钮。

8．字数统计

Word 2010 提供了自动统计文档中的字数、字符数、行数及段落数的功能。选择"审阅"功能区，单击"校对"分组中的"字数统计"按钮，弹出"字数统计"对话框，显示文档的统计信息，包括页数、字数、字符数、段落数、行数等。

6.1.4　文档的排版

为了使文档格式美观醒目、内容重点突出，方便阅读，可以对文档进行格式编排。文档排版包括：设置字符格式、设置段落格式、页面排版、高级排版等。Word 对文档的编排都遵循"先选中，后操作"的原则。

1．字符格式的编排

在一个文档中，不同地方出现的文本会有不同的格式，例如标题和正文的字体不同，不同级别标题的字体也不同。因此，需要对不同的文字设置字体格式。字体格式的设定主要包括对字体、字号、字形的设定，这些操作按钮主要集中在"开始"功能区的"字体"分组中。

字体：指文字的不同形体，如汉字的楷书、行书、草书等。Word 中可以使用 Windows 或其他中文环境中的字体。Windows 提供的中文字体有宋体、黑体、楷体等。

字号：指字体大小。Word 主要有两种表示字体大小的方法，在英文排版中，字体的大小由用磅值度量，用数字表示大小，其值为 5～72，数字越大字体越大；而中文字体常用字号做计量单位，Word 提供的字体大小分为八号、七号直到初号，数字越小字体越大。

字形：对字符做的一些修饰，如设置粗体、斜体、颜色、上下标、加下画线等。

设置字体格式，遵循"先选定，后操作"的原则。先选定字符，然后在"开始"功能区单击"字体"分组中的"字体"下拉按钮，在下拉列表框中选择需要的字体，再单击"字号"下拉按钮，选择相应的字号。如果想设置粗体、斜体、加下画线等，可直接通过"字体"分组中的"粗体"按钮 **B**、"斜体"按钮 *I*、"下画线"按钮 U 实现。如果单击"字体"分组中的 **A·** 按钮，在下拉列表框中列出各种颜色，可设置选定字符的颜色。

如果要对字符格式作更高级的设定，可以在"开始"功能区单击"字体"组右下角的对话框启动器按钮，在图 6-2 所示的"字体"对话框中可以设置中西文字体、字形、字号、字体颜色、下画线、着重号以及其他效果。在下面的"预览"框中可以看到设置后的效果。如果在"字体"对话框中选取"高级"选项卡，可以设置字符大小、字间距、字的上下位置。如果在"字体"对话框中单击"文字效果"按钮，在"文字效果"对话框中可以设置所选定的文本应用外观效果，如"文本填充""文本边框""轮廓样式""三维格式"等。在下面的"预览"框中可以看到这些动态效果。在"字体"对话框中设置完成后，单击"确定"按钮。

2. 段落格式编排

在 Word 中，段落是指相邻两个回车符之间的内容，段落的排版格式是隐含在段落标记符"↵"中的，段落标记不但用来标记一个段落的结束，而且它还记录并保存着该段落的格式编排信息，如段落对齐、缩进、制表位、行距、段落间距、边框与底纹等。

图 6-2　"字体"对话框

段落格式编排：主要是设置段落的对齐方式、缩进方式、段落间距、行间距、边框、底纹等。段落的格式设置按钮主要集中在"开始"功能区的"段落"分组中。

（1）段落对齐方式

Word 2010 提供了左对齐、居中对齐、右对齐、两端对齐、分散对齐等对齐方式，分别对应"开始"功能区"段落"分组中的 5 个按钮 ▤ ▤ ▤ ▤ ▤。

① "两端对齐"方式 ▤：是 Word 2010 默认的对齐方式。使文本左右两端和页面左右边界对齐，并自动调整字间距。

② "居中"方式 ▤：使每行对齐在页面中心位置，一般应用于标题或表格中。

③ "左对齐"方式 ▤：段落每行向左边界对齐。

④ "右对齐"方式 ▤：段落每行向右边界对齐。

⑤ "分散对齐"方式 ▤：可以调整各行的空格和标点使段落每行的左边和右边对齐。

设置对齐方式，先将光标置于段落中，在"开始"功能区，单击"段落"分组中的"对齐"按钮快速完成。也可以在"开始"功能区中单击"段落"分组右下角的对话框启动器按钮，从"段落"对话框中的"对齐方式"下拉列表框中选择来完成。

（2）段落缩进

段落缩进指段落中的文字相对于纸张的左右页边距线的距离可以缩进一段距离，使文档看上去更加清晰美观。在 Word 中，包括首行缩进、左缩进、右缩进和悬挂缩进。

通常文章中每段的第一行一般都要向右缩进两个汉字位置，称为"首行缩进"。若将其他行左边向右缩进称为"左缩进"，右边向左缩进称为"右缩进"，所缩进的长度称为缩进量。如果缩进量为负，即伸出来，称为悬挂缩进。可以通过标尺设置左、右缩进量。选定需要从左右页边距缩进或偏移的段落，拖动标尺顶端的"首行缩进"标记 ▽，可改变文本第一行的左缩进。拖动"左缩进"标记 △，可改变文本第二行的缩进。拖动"左缩进"标记下的方框，可改变该段中所有文本的左缩进。拖动"右缩进"标记 △，可改变所有文本的右缩进。在"开始"功能区单击"段落"分组中的按钮 ▤ 或按钮 ▤，可以减少或增大缩进量。也可以通过在"开始"功能区单击"段落"组右下角的对话框启动器按钮，然后在"段落"对话框中的"缩进"微调框中精确地设置段落缩进量。

（3）调整行距与段落间距

行距指相邻两行之间的距离，段落间距指相邻两个段落之间的距离。设置时可以在"开始"功能区单击"段落"组右下角的对话框启动器按钮，在弹出的"段落"对话框中调整行距与段落间距。在"缩进和间距"选项卡中，可选择"段前"和"行距"，并在相应的框内输入磅值，也可用微调按钮选择。在"行距"列表框可选择"单倍行距""1.5倍行距""2 倍行距""最小值""固定值""多倍行距"。"最小值"除了一般特定的最小高度外，还可自动调整高度，以容纳较大字体或图形；"固定值"是指设置成固定行距；"多倍行距"允许行距以任何百分比增减。

（4）项目符号和编号

在文档编辑过程中，有时需要在段落前面加符号和编号以使文档层次更清楚。Word 2010 插入项目符号和编号的方法很简单，首先选择需要插入项目符号和编号的段落，然后在"开始"功能区中单击"段落"组中的"编号"按钮，于是自动换行，并在行首加上序号，以后每起一段，系统自动增加一个序号。不再使用序号时，再单击该按钮，序号取消。如果要改变编号格式，可以单击"编号"按钮右侧的下拉按钮，选取"编号库"或者"文档编号格式"中的编号格式；还可以单击"定义新编号格式"按钮，打开对应的对话框进行定义。如果要改变项目符号格式，可以单击"项目符号"按钮右侧的下拉按钮，选取"项目符号库"或者"文档项目符号格式"中的项目符号格式；还可以单击"定义新项目符号"按钮，打开对应的对话框进行定义。

如果想对段落格式进行设置，可以在"开始"功能区单击"段落"组右下角的对话框启动器按钮。在屏幕显示的"段落"对话框中，通过"缩进和间距"选项卡上的"缩进"微调框可以设置左缩进或右缩进的字符数；"间距"文本框中可以设置该段和前一段之间的距离及本段和后一段的距离；在"特殊格式"的下拉系统框中设置"首行缩进"和"悬挂缩进"；在"磅值"微调框中，设置缩进的数量；在"行距"下拉列表框中设置该段中行间距。

若一段文字打印在同一页中，选取"段落"对话框中的"换行和分页"选项卡，在其中通过相应的设置可以处理段和页之间的关系。此外还可以设置中文版式。所有这些设置完毕后，单击"确定"按钮，结束段落格式的设置。

3．设置边框和底纹

为了使页面美观、重点突出，可以对某些文字加上边框或底纹来进行修饰。首先选中相应的文字，然后在"开始"功能区中单击"段落"组中的"边框和底纹"按钮，打开图 6-3 所示"边框和底纹"对话框。

选择"边框"选项卡，可以在"设置"框中选择边框格式，在"样式"下拉列表框中选择边框线型，在"颜色"下拉列表框中选择边框颜色，在"宽度"下拉列表框中选择边框线条的宽度，右侧可以预览到边框的效果。

选择"底纹"选项卡，可以设置边框或所选文本的底纹。在"填充"框中选取填充色，然后在"样式"下拉列表框中选取底纹的式样，再在"颜色"框中选择底纹颜色。单击"确定"按钮，即完成边框底纹的设置。

图 6-3 "边框和底纹"对话框

4. 利用格式刷

在 Word 中，用格式刷可以很方便地将一些文本或段落的格式复制到其他文本或段落中，使它们具有相同的格式。

① 复制字符格式：使用格式刷可以复制字符字体、字号、字形等格式。

a. 选定希望复制其格式的文本（不能包括段末的回车符）。

b. 在"开始"功能区中单击"剪贴板"分组中的"格式刷"按钮，此时指针变为刷子形状。

c. 用"格式刷"选取应用此格式的文本，即可完成字符格式的复制。

② 复制段落格式：使用格式刷可以复制段落的对齐方式、缩进、行距等格式。

a. 将光标定位在该段落内。

b. 在"开始"功能区中单击"剪贴板"分组中的"格式刷"按钮，此时指针变为刷子形状。

c. 把"格式刷"移到要应用此格式的段落中，单击段内任意位置即可完成段落格式的复制。

③ 多次复制格式：如果需要将选定的格式复制到多个不同的对象上去，则需要双击"格式刷"按钮，此后鼠标指针一直处于有效状态，然后将格式复制到不同的对象，全部完成后再次单击"格式刷"按钮或按【Esc】键即可恢复正常的编辑状态。

5. 页面排版

页面的格式直接影响到文章的打印效果，因此对文章需要以页为单位进行整体调整。页面排版包括页面设置、设置页眉和页脚等。设置页面格式的按钮主要集中在"页面布局"功能区中。

（1）页面设置

页面设置主要包括设置纸张大小、页码、页边距等。首先切换到"页面布局"功能区，单击"页面设置"组中右下角的对话框启动器按钮，打开图 6-4 所示的"页面设置"对话框。

① 设置页边距：页边距指页面上下左右文本与纸张边缘的距离，它决定页面上文本的宽度和高度。在图 6-4 的对话框中，单击"页边距"选项卡，可在相应文本框中输入数值或在下拉列表中选择设置页面的上、下、左、右边距，还可预留"装订线"的值，

若选择"左"时（双面打印时只能选择"左"），则每一页的左边都留有装订线。若在"多页"列表框中选择"对称页边距"时，装订线只出现在页的内边缘。一般情况下可以使用系统所给的默认值。在"纸张方向"选项区域的单选框中可以选择"纵向"或"横向"，以确定是沿纸的宽度方向书写，还是沿纸的高度方向书写。

图 6-4 "页面设置"对话框

② 设置纸张大小和方向：单击"纸张"选项卡，可以在"纸张"下拉列表框中选择纸张的大小，经常使用的纸张大小有 A4、A3、B5、16 开等，默认为 A4。如果当前使用的纸张为特殊规格，可以在"纸张大小"中选择"自定义大小"，并在"宽度"微调框和"高度"微调框中输入它们的数值。在旁边的"预览"框中可以预览到纸张的书写效果。在"纸张来源"列表框中，可以设置打印时的进纸方式，一般取 Word 2010 的默认方式。

③ 设置每页字数：编辑文章时可通过调整每页行数和每行字符数设置每页字数。在"页面设置"对话框中选择"文档网格"选项卡，选中"指定行网格和字符网格"单选按钮，然后在"每行"和"每页"文本框中输入相应数值。

在"版式"的选项卡中可以设置页眉和页脚的格式、文本的对齐方式等。全部设置完后，单击"确定"按钮结束操作。

（2）设置页眉和页脚

在书籍的排版中，页眉和页脚常打印在文档中每页的顶部或底部。页眉和页脚通常包括书名、章节名、页码、作者、创建日期、创建时间及图形等。在整个文档中，可以有相同的页眉和页脚，也可以首页页眉和页脚不同，或者奇数页是一种页眉和页脚形式，偶数页是另一种页眉和页脚的形式。创建文档的页眉和页脚可以在"插入"功能区的"页眉和页脚"组中，单击"页眉"下拉列表框中的"编辑页眉"命令或单击"页脚"下拉列表框中的"编辑页脚"命令；也可以双击页眉区域或者页脚区域，将打开"页眉和页脚工具"中的"设计"选项卡。用户可以分别在"页眉"或"页脚"窗口中插入相应的页码、章节号、标题或图形。只要对一页的页眉或页脚的做了修改，Word 会自动对整个文档中的页眉或页脚进行相同的修改。如果只想修改文档中某部分的页眉或页脚，可将文档分成节并断开各节间的连接。此外，还可以在打开的"页眉和页脚工具/设计"选项卡"位置"组中调整与页边距的距离；"选项"组可以设定"奇偶页不同"或"首页不同"。

（3）分栏

在编辑期刊、杂志时，常常将一段文字分几栏并排打印。利用 Word 可以方便、快速地实现分栏操作。默认情况，Word 2010 提供 5 种分栏类型，即一栏、两栏、三栏、偏左、偏右，用户可以根据实际需要选择合适的分栏类型。

首先切换到"页面布局"功能区；然后在文档中选中需要设置分栏的内容，如果不
选中特定文本则为整篇文档或当前节设置
分栏；单击"页面设置"组中的"分栏"
按钮，并在打开的分栏列表中选择合适的
分栏类型。其中"偏左"或"偏右"分栏
是指将文档分成两栏，且左边或右边栏相
对较窄。另外还可以单击"分栏"下拉按
钮，选择下拉列表中的"更多分栏"命令，
打开图 6-5 所示的"分栏"对话框。在对
话框中可设置更多的分栏类型、栏宽、间
距、分隔线等。若要取消分栏，只要在选
择框的"栏数"微调框中设置 1 即可。

图 6-5 "分栏"对话框

6. 高级排版

（1）样式

在进行文档排版时，许多段落都有统一的格式，如字体、字号、段间距、段落对齐
方式等。手工设置各个段落的格式不仅烦琐，而且难于保证各段落格式严格一致。Word
的样式提供了将段落样式应用于多个段落的功能。样式是一组排版格式指令，它规定的
是一个段落的总体格式，包括段落的字体、段落以及后续段落的格式等。

Word 的样式库中存储了大量的样式以及用户自定义样式，在"开始"功能区"样式"
组中可以查看到这些样式。另外 Word 2010 还允许用户根据自己的需要修改标准样式或创
建自己的样式。样式可分为字符样式和段落样式两种。字符样式保存了字体、字号、粗
体斜体、其他效果等。段落样式保存了字符和段落的对齐方式、行间距、段间距、边
框等。

① 应用已有样式：把光标移至要使用样式的段落，在"开始"功能区"样式"组
中单击"其他"按钮 ；在打开的"快速样式"库中指向合适的快速样式，在 Word 文
档中可以预览应用该样式后的效果，单击选定的快速样式即可应用该样式。

② 新建样式：单击"样式"组右下角的对话框启动器按钮，打开"样式"窗格。
在该窗格的左下角，单击"新建样式"按钮 ，打开图 6-6 所示的"根据格式设置创建
新样式"对话框。在"名称"文本框中输入新样式的名称，然后在"格式"选项区域中
选取相应格式的描述项，最后单击"确定"按钮就新建了段落样式。

（2）模板

许多文档具有相同的基本结构和格式要求，例如相同的页面设置、段落格式、字符
格式等。模板就是预先设计好的文档的基本框架和套用样板。利用 Word 2010 提供的模
板可以快速生成不同类型文档的基本框架，提高工作效率。模板和样式功能相似，但样
式是针对字符、段落的格式，而模板是针对整个文档的格式。Word 2010 提供了一些预
先设计的模板供用户选用，如文档、新闻稿、会议纪要、信函、备忘录等，利用模板可
方便、快速地创建不同类型的文档。

图 6-6 "根据格式设置创建新样式"对话框

模板有两种基本类型：共享模板和文档模板。共享模板可适用于一切文档；文档模板适用于有特殊要求的文档，如备忘录、信函等。

① 利用模板建立新文档：单击"文件"选项卡中的"新建"命令，在右窗格"可用模板"中单击"样本模板"，在列表中选择合适的模板，并单击"创建"按钮即可。用户也可以在"Office.com 模板"区域选择合适的模板，并单击"下载"按钮。

② 创建模板：可以把一个已存在的文档创建成模板。在一个新文档中按照自己的希望设置文档的各种格式，然后只需在保存文档时在"另存为"对话框中"文件类型"框中选择"文档模板（*.dotx）"，"保存位置"为 Users\Administrator\AppData\Roaming\Microsoft\ Templates 文件夹，然后输入文档名称并保存，就可创建一个新模板。需要说明的是，要想找到上述文件夹，必须在当前系统中允许显示隐藏文件和文件夹。

（3）插入目录

在文档需要插入目录时，首先将光标定位文档开始处，然后单击"引用"功能区中的"目录"分组，单击"目录"组中的下拉按钮，选择"自动目录"或"手动目录"或"插入目录"命令即可。

6.1.5 图形处理

在文档中插入图形对象可以使文档形象生动，易于理解。Word 2010 支持图形处理，具有强大的图文混排功能。在文档中可以使用绘图工具创建简单图形对象，也可以直接插入图形文件中的图片。这两种对象的不同在于：图片是由其他文件创建的图形，包括剪贴画、位图和扫描的照片等；图形对象是由当前文件创建的，包括利用绘图工具绘制的图形、文本框、艺术字和数学公式等。

1. 图片的插入和编辑

（1）插入剪贴画和图片

在 Word 2010 的剪辑库中存放了大量的剪贴画，用户可以向文档中插入剪贴画。插入剪贴画时，首先将光标定位于需要插入剪贴画或图片的位置，然后选择"插入"功能区，单击"插图"组中的"剪贴画"按钮，打开"剪贴画"任务窗格，如图 6-7 所示，在"搜索文字"文本框中输入用于描述所需剪贴画的相关文字，如"人物"。然后单击"搜索"按钮，则在任务窗格中将显示搜索结果，选择所需的图片，即可将剪贴画插入到光标指示的位置。如果单击"图片"按钮，则可以插入其他图形处理软件制作的扩展名为.bmp、.wmf、.jpg 等的图片文件或扫描照片。

图 6-7　"剪贴画"任务窗格

（2）图片的编辑

选中在文档中插入的图片或者剪贴画，在窗口上方将出现"图片工具"功能区。单击"格式"选项卡。从中可以对剪贴画进行各种编辑操作，设置图片格式、裁剪与缩放图片、设置剪贴画的对比度和亮度、改变剪贴画的大小等。首先选定图片，选定的图片四周出现 8 个尺寸控制点，拖动图片角上的尺寸控点可按比例改变图片的大小，拖动图片边上的尺寸控点可改变图片的形状。如果要对图片格式进行设置，可以通过"格式"功能区的相应按钮对图片进行裁剪、改变图片对比度和亮度、调整颜色、设置艺术效果、设置图片边框、设置图片显示效果、设置图片高度和宽度等操作。另外利用"重设图片"按钮还可恢复图片的原始状态。

2．图形对象的插入和编辑

（1）绘制图形

在 Word 2010 中可以绘制图形，通常把绘制的每一种图形称为一个图形对象。图形对象在"普通视图"和"大纲视图"显示方式下是不可见，所以只有在"页面视图"或"打印预览"显示方式下才能绘制基本图形。绘制图形时，切换到"插入"功能区，单击"插图"组中的"形状"按钮，利用提供的形状可以绘制直线、箭头线、矩形和椭圆等基本图形。

（2）编辑图形

在文档中绘制了图形后，可以通过"绘图工具/格式"功能区中的相应按钮对图形进行多种编辑操作，如调整位置、改变大小和形状、设置颜色、调整叠放次序等使其最终符合要求。

① 选择图形：在编辑图形前首先要选中图形对象，可以直接单击图形。若要选中多个对象，可在选择编辑对象的同时按住【Shift】键。

② 在图形中添加文字：选中图形对象后右击，在弹出的快捷菜单中选择"添加文字"命令，插入点即出现在图形中，输入所要添加的文字即可。

③ 设置线条的颜色、图案：选中图形对象后，单击窗口顶端"绘图工具/格式"功能区"形状样式"组中的"形状轮廓"按钮，在弹出的列表中可以为轮廓选择颜色；如果选择列表中的"其他轮廓颜色"命令，则弹出"颜色"对话框中，在对话框的颜色调板中可以设置需要的颜色；如果选择列表中"图案"命令，则弹出"带图案线条"对话

框，在图案列表中可以为线条选择所需要的线条图案。

④ 填充图形颜色：选中图形对象后，单击"格式"选项卡中的"形状填充"按钮，在弹出的列表中可以为图形选择颜色；如果选择列表中的"其他填充颜色"命令，则弹出"颜色"对话框中，在对话框的颜色调板中可以设置需要的颜色；另外还可以在列表中选择不同的填充效果。

⑤ 组合图形：绘制的多个图形对象还可以组合为一体，对其进行整体操作，例如对组合为一体的多个图形对象可以同时进行移动位置、改变大小和形状、设置颜色等操作。组合多个图形对象时，首先选中需要组合的图形对象并右击，在弹出的快捷菜单中选择"组合"命令即可将多个对象组合成一个整体。取消组合时，选择快捷菜单中的"取消组合"命令即可。

⑥ 调整图形的叠放次序：当绘制的图形较多时，后面的图形将覆盖前面的图形，此时可以调整图形的叠放次序。首先选中要调整叠放次序的图形并右击，在弹出的快捷菜单中选择"置于顶层"或"置于底层"等命令，即可选择所需的叠放次序。

⑦ 旋转和翻转图形：选中对象后，切换到"绘图工具/格式"功能区，在"排列"组中单击"旋转"下拉按钮，它提供了"向左旋转90°""向右旋转90°""水平翻转""垂直翻转"等子命令。或者将鼠标指向选中对象的尺寸控点，按住鼠标左键拖拽。

（3）插入艺术字

艺术字以输入的普通文字为基础，通过添加阴影、三维效果、设置颜色等对文字进行修饰，从而突出和美化文字。在文档中插入艺术字时，将插入点光标移动到准备插入艺术字的位置，在"插入"功能区中，单击"文本"组中的"艺术字"按钮，并在打开的艺术字预设样式面板中选择合适的艺术字样式。接着在弹出的艺术字文字编辑框中，直接输入艺术字文本即可。可在"开始"功能区的"字体"组中设置艺术字的字体和字号。另外，还可以在"绘图工具/格式"功能区"艺术字样式"组中设置多种文本效果或设置艺术字的线条与颜色。

（4）使用文本框

文本框就像一个容器，可以把文字、图形、图表、表格等对象装入其中，形成一个整体，但文本框只有在"页面视图"下才可见。建立文本框时，可以在"插入"功能区中单击"文本"组中的"文本框"按钮，在打开的面板中选择合适的文本框样式。接着在弹出的文本框中输入文字。插入文档中的文本框不但可以调整大小、移动位置，还可以像图片一样设置文本框的格式、文字环绕方式等效果。编辑文本框时，先选中文本框，文本框的四周出现虚线框和8个方向句柄，可以通过拖动句柄对文本框进行缩放和移动。如果要设置文本框的颜色、线条、边框等可以在"绘图工具/格式"功能区的"形状样式"组中进行相关设置。

（5）插入数学公式

在 Word 2010 中输入数学公式，比 Word 2003 更加方便简单。首先切换到"插入"功能区，在"符号"组中单击"公式"按钮，在文档中将创建一个空白的公式框架，然后通过键盘或者"公式工具/设计"功能区的"符号"组输入公式内容即可。

（6）插入水印

水印是指在文档背景中出现的隐约可见的图片或文字。水印可以是公司的标志，单位的图标，产品的图案等。

在 Word 2010 文档中插入水印时，首先切换到"页面布局"功能区，在"页面背景"组中单击"水印"按钮，在打开的面板中选择合适的水印即可，也可以根据需要自定义水印。如果需要删除已经插入的水印，则再次单击"水印"按钮，在打开的面板中单击"删除水印"按钮即可。

6.1.6 表格制作

由于表格表示信息直观明了，在文档中经常用表格来组织文字和数据。Word 2010 提供的表格功能，可以快速方便地建立、编辑各种表格。

1. 建立表格

在 Word 2010 中建立表格常用 3 种方法：使用"插入表格"命令建立规则表格，使用绘制表格建立不规则表格，或者使用"转换"命令将文字转换为表格。

要插入规则表格，首先把光标置于要插表格处，然后单击"插入"功能区，在"表格"组中单击"表格"按钮，在"插入表格"面板中，拖动鼠标至所需要的行数和列数，释放鼠标后在光标处弹出一个表格。也可以在该面板中单击"插入表格"按钮，在弹出的"插入表格"对话框中输入表格的列数和行数，单击"确定"按钮后即在光标处弹出一个表格。

绘制不规则表格时可通过单击"插入"选项卡"表格"组中的"绘制表格"按钮，利用系统弹出的绘制表格的工具——铅笔绘制表格，利用"表格工具／设计"功能区中"擦除"按钮，可以擦除表中任意制表线。如果把上述两种插入表格的方法结合起来制作表格会更方便灵巧。

文字转换为表格时先要选定需要转换的文字，再单击"插入"选项卡"表格"级组中的"文字转换为表格"按钮，即可将文字转换为表格。

建立好表格框架后，即可输入数据。可用鼠标在某一个单元格内双击，将插入点移入该单元格，即可向该单元格输入数据、图形等内容。

2. 表格的编辑

建立了表格后经常要对表格进行一系列的处理。编辑内容包括选定表格、插入行和列、删除行和列、修改行高和列高、拆分表格、合并单元格、对齐等。

（1）选定表格

与编辑文档一样，不管对表格做何种处理，都要先选定表格中的对象。表格中每个单元格、行或列都有一个不可见的选定栏，当光标移进表格中时，在表格的左上角会出现一个中间有十字箭头的小方块⊞，单击它可以选取整个表格。当光标指向某列的顶部边框，则光标变为垂直向下的黑色箭头，单击左键则选取箭头所指的一列，拖动鼠标可选取若干列。当将光标放在表格某行的左边界外，光标变成右向空心箭头，单击左键即可选中光标所指的行。如果沿横向或者纵向拖动鼠标则可选取若干个单元格。

（2）插入或删除行、列和单元格

选取表格的行、列或单元格后，利用"表格工具／布局"功能区"行和列"组中的命令可在相应位置完成插入操作；利用其中的"删除"命令可在完成删除操作。或者利用快捷菜单也可完成对表格的编辑，选取表格的行、列或单元格后，在所选的对象上右击，就会弹出快捷菜单，要插入一行，则单击相应菜单上的"插入行"命令。要删除一列，则单击快捷菜单上的"删除列"命令。

（3）拆分和合并表格、单元格

"拆分表格"是指把一个表格分为上下两个表格。将插入点移入要拆分成第二个表的第一行上，选择"表格工具 / 布局"功能区"合并"组中的"拆分表格"命令，则将原表分为上下两个表格。如果将上下两个表格间的段落结束符删除，即将两个表格合并为一个表格。

"合并单元格"是指把选中的一些单元格并为一个大单元格。选中需合并的数个单元格，单击"表格工具 / 布局"功能区"合并"组中的"合并单元格"按钮，或右击需合并的单元格，在弹出的快捷菜单中的"合并单元格"命令，即可将数个单元格合并为一个。"拆分单元格"是指把一个单元格，按的行方向或列的方向分为若干个单元格。选中某个单元格，执行"表格工具 / 布局"功能区"合并"组中的"拆分单元格"命令，在"拆分单元格"对话框的"列数"微调框中输入（或选择）列数，在"行数"微调框中输入（或选择）行数，单击"确定"按钮后，即可得到拆分后的表格。

（4）表格的计算和排序

Word 2010 提供了许多常用函数，如求和、求均值、求极值等，对于表格中的数值型数据可进行简单的计算。操作步骤是：把光标置于要插入计算结果的单元格中，单击"表格工具 / 布局"功能区"数据"组中的"公式"按钮，弹出图 6-8 所示的"公式"对话框。在"公式"文本框中输入"="及计算公式，在"粘贴函数"下拉框中选取一个函数粘贴到"公式"文本框中。在"编号格式"下拉框中，选择计算结果的数字格式。然后单击"确定"按钮，计算结果即出现在表中选定的单元格。在输入计算公式时，要用到参与计算的若干个单元格的编号。为

图 6-8 "公式"对话框

了描述这些单元格，Word 2010 用 A，B，C，…表示列，用 1，2，3，…表示行。A1:B3表示从第一行第一列到第三行第二列。

表格排序是为了便于查询而对表格中数据进行的排序操作。可以选择"表格工具 / 布局"功能区"数据"组中的"排序"命令，弹出"排序"对话框。在"排序依据"下拉列表框中选择主要关键字，以确定作为排序基准的列，也可以接着选次要关键字等，单击"确定"按钮即可。

3. 格式化表格

（1）调整表格大小

在表格内双击或选取单元格，表格出现调整控点，拖动右下角的调整控点，表格内的单元格会自动等比例调整其大小，不会破坏原来的单元格设置。拖动表格左上角的位置控点，可将表格拖放到任意位置。

（2）调整行高和列宽

把鼠标指针指向表格的行边框线或垂直标尺上的行标志，按住鼠标左键拖动可以改变行高。调整列宽实际上是改变本列中所有单元格的宽度，可以用鼠标直接拖动。另外，

大学计算机基础（第五版）

调整行高和列宽也可以在"表格工具/布局"功能区"单元格大小"组中，通过输入数值精确调整行高或设置列宽。

（3）单元格对齐

在默认情况下，表格中的文字根据单元格的左上方对齐，可以修改表格中文字的对齐方式。选中单元格后并右击，在弹出的快捷菜单中选择"单元格对齐方式"命令中符合要求的对齐样式即可。也可以使用"表格工具/布局"功能区"对齐方式"组中的文字的对齐方式。

（4）表格的边框和底纹

要给表格添加边框，可单击该表格中的任意一处，要给指定单元格添加边框，则仅选定这些单元格，包括单元格结束标记。然后单击"表格工具/设计"功能区"表格样式"组中所需的按钮。如果想要改变底纹，则在表格中选定要修改的单元格、行或列，单击"表格工具/设计"功能区"表格样式"组中的"底纹"下拉按钮，再选择不同的颜色，进行修改。

6.1.7　文档的打印

文档编辑排版好了之后就可以打印了，打印之前还需要进行打印预览或一些打印设置。

1. 打印预览

如果打印前想看看文章的实际打印效果，可以使用打印预览功能。单击"文件"选项卡中的"打印"命令，在打开的"打印"窗口右侧的预览区域中可以查看文档的打印预览效果，用户所做的纸张方向、页面边距等设置都可以通过预览区域查看效果。并且用户还可以通过调整预览区下面的滑块改变预览视图的大小。

2. 打印输出

在实际打印输出之前需要对打印参数进行设置。打印参数的设置主要包括打印机的设置、打印范围的设定和打印份数的指定。

对打印机的设置实际上就是选择打印机的驱动程序，只有选取了正确的打印驱动程序，打印机才能正常打印。单击"文件"选项卡中的"打印"命令，打开"打印"选项卡。在"打印"选项卡上默认打印机的属性自动显示在第一部分中，工作簿预览自动显示在第二部分中，在"打印机"框中的"名称"下拉列表框中选择一个与计算机实际相连的打印机型号。还可以单击"打印机属性"按钮，可以对打印机做进一步详细的设置，一般来说只要连接到计算机的打印机没有更换，打印机属性设置一次即可。

在"打印"选项卡中，需要设置打印范围：可选择"打印所有页""打印当前页""打印所选内容""打印自定义范围"等选项；"页数"输入框用来输入页码或者页码范围设置打印范围，如"1,3-6"表示打印第 1、3、4、5、6 页。另外还可以对纸张方向、纸张类型、页面边距，是否双面打印，打印份数等参数作进一步的设置。若要在打印前返回文档并进行更改，可以单击"文件"选项卡。

如果设置完成后打印机的属性以及文档均符合要求，单击"打印"按钮，即开始打印文档。

6.2　Excel 2010 电子表格

Microsoft Excel 2010 是一种专门用于数据计算、统计分析和报表处理的软件。Excel 是微软公司出品的 Office 系列办公软件中的一个重要产品，它是一个电子表格软件，可用来完成许多复杂的数据运算，进行数据的分析和预测且具有强大的制作图表的功能。由于 Excel 具有十分友好的人机界面和电子数据表、图表、数据透视表等功能融和为一体等强大的功能，它已被广泛应用于国内外金融、财务、统计、管理等各个方面。

6.2.1　Excel 2010 简介

1. Excel 窗口

启动 Excel 2010 以后即可看到图 6-9 所示的 Excel 窗口。它由以下几个主要部分组成：

图 6-9　Excel 2010 窗口

① 标题栏：显示正在编辑的工作表的文件名以及所使用的软件名。

② 快速访问工具栏：常用命令位于此处，例如"保存"和"撤销"，也可以添加常用命令。

③ "文件"选项卡：包含了与文件相关的基本命令（如"新建""打开""关闭""另存为"和"打印"等）。

④ 功能区：代替了传统的"菜单"或"工具栏"，工作时需要用到的命令位于此处。

⑤ "名称框"：用于显示当前活动单元格的名称，也可用来定义单元格的名称。

⑥ "编辑栏"：用于显示或编辑单元格中的数据和公式。

⑦ "活动单元格"：是指该单元格得到了输入焦点，用户输入的内容会出现在活动

单元格中。

⑧ 行号：Excel 2010 中，行号是 1，2，…，65536，…，1048576。

⑨ 列标：Excel 2010 中，列标是 A，B，C,…，Y，Z，AA，AB，…，AZ，BA，BB，…，BZ，…，AAA，AAB，…，XFC，XFD。

⑩ 工作表标签：用来标识工作簿中不同的工作表。

⑪ 滚动条：可用于更改正在编辑的工作表的显示位置。

⑫ 状态栏：显示正在编辑的工作表的相关信息。

⑬ "视图"快捷方式：Excel 2010 支持 3 种视图显示方式，即普通视图、页面布局视图、分页预览视图，用户可根据需要在多种视图间进行切换。

⑭ 缩放滑块：可用于更改正在编辑的文档的显示比例设置。

2. 工作簿、工作表、单元格

（1）工作簿

一个工作簿文件就是一个 Excel 文件，其扩展名为.xlsx。工作簿窗口是 Excel 打开的工作簿文档窗口，它由多个工作表组成。

在 Excel 中，一个 Excel 文件就是一个工作簿。工作簿是由多个工作表组成。工作表是由行、列组成的单元格构成。单元格是组成工作簿的最基本的元素。工作簿与工作表之间的关系类似于财务工作中的账簿和账页。

（2）工作表

工作表是一张二维电子表格，是组成工作簿的基本单元，可以输入数据、公式，编辑格式，每一张工作表最大可有 1 048 576（即 2^{20}）行，16 384（即 2^{14}）列。在使用工作表时，当前正在对其进行操作的工作表称为活动工作表。

（3）单元格

单元格是工作表的行和列交叉的地方，它是电子数据表处理数据的最小单位。每个单元格都有唯一的标识，称为单元格地址，它是用列标和行号来标识的，如 A1、D5 等。

（4）单元格区域

对数据进行操作时，常需要计算某一区域内所有数值的总和，所以要了解区域的表示方法。单元格区域的表示可以用左上角的单元格地址和区域右下角的单元格地址，然后中间用 ":" 分隔。

6.2.2　工作表的基本操作

1. 工作簿

（1）新建工作簿

启动 Excel 2010 应用程序后，将自动创建一个名为"工作簿 1"的新工作簿。用户也可以另外建立一个新的工作簿，在"文件"选项卡中选择"新建"命令，在"可用模板"窗格中根据需要选择不同的模板，选定后在右侧预览框中可以进行预览。

（2）保存工作簿文件

新建一个工作簿后，不要急于录入内容，正确的做法是先进行保存，以免录入过程中出现问题而导致新建工作簿的内容丢失。这样不但有利于工作簿长久保存，而且便于以后再次使用。当新建的工作簿第一次保存时，单击快速访问工具栏中的"保存"按钮，会打开"另存为"对话框，在"保存位置"列表中选择合适的文件夹，然后在"文件名"文本框中输入目标文件名，选择合适的"文件类型"，最后单击"保存"按钮即可。

2. 工作表

Excel 2010 的工作表用户通常只能对当前的活动工作表进行操作，但有时用户需要同时对多个工作表进行复制、删除等操作，此时就需要首先选定工作表。

（1）选择工作表

对工作表的编辑，遵循"先选定，后操作"的原则。单击工作表的标签即可选择指定工作表。若要选择多张连续的工作表，可以选好第一张工作表后，按住【Shift】键的同时再单击最后一张工作表标签。若要选择一组不连续的工作表，可以在选取第一张工作表后，按住【Ctrl】键的同时再单击要选取的其他工作表标签。若要选择所有工作表，可以右击工作表标签，在弹出的快捷菜单中选择"选定全部工作表"命令，所有工作表都被选取。选取一组工作表后，在一张工作表上进行的操作，其他被选取的工作表也进行了相同的操作。例如，在一张工作表的单元格中删除数据，其他被选取的工作表单元格中的数据也同样被删除。

（2）插入与删除工作表

新建的工作簿中，默认包含了 3 张工作表，可以根据需要，在工作簿中增加新的工作表，在工作表标签处单击"插入工作表"按钮即可在工作簿末尾插入一张新的工作表；也可以在工作表标签上右击，在弹出的快捷菜单中选择"插入"命令，在当前工作表前插入一张工作表。删除无用的工作表则是在工作表标签上右击，在弹出的快捷菜单中选择"删除"命令，即可删除当前的工作表。

（3）移动、复制与重命名工作表

在同一个工作簿上移动工作表，可以直接通过鼠标拖动移动工作表。如果在拖动的同时按住【Ctrl】键，则会为当前工作表产生一个副本。若需要在工作簿之间（包括工作簿内）移动工作表，则在工作表标签上右击，在弹出的快捷菜单中选择"移动或复制工作表"命令，在弹出的"移动或复制工作表"对话框中可以完成工作表的移动或复制。

（4）工作表重命名

如果要改变工作表的名字，在工作表标签处右击，在弹出的快捷菜单中选择"重命名"命令，或者可以双击工作表标签，则工作表名"反白"显示，输入新的名字，按【Enter】键即可。

6.2.3 工作表的数据编辑

1. 单元格与单元格区域的选择

单元格是工作表的最基本组成单位，无论数据录入还是数据处理，都首先要选取单元格。选择单元格区域是许多编辑操作的基础，单元格区域的选择方法如下：

（1）选择一个或多个单元格

① 选定一个单元格：只要单击该单元格即可，也可通过方向键移动到需要选定的单元格上。

② 选择一个矩形区域内多个相邻单元格：如果所有待选择单元格在窗口中可见，则可以在矩形区域的某一角位置按下鼠标左键，然后沿矩形对角线拖动鼠标进行选取操作。

如果部分待选择单元格在窗口中不可见，则可以在矩形区域的第一个单元格上单击鼠标左键，然后拖动滚动条使矩形对角线位置的单元格可见，接着按住【Shift】键，并单击矩形对角线位置单元格即可完成区域的选取。

③ 选择多个不相邻的单元格：首先选择一个单元格，再按住【Ctrl】键单击其他单元格。

④ 选择工作表中所有单元格：可以单击工作表中的"全选按钮"按钮或者按快捷键【Ctrl+A】。"全选按钮"位于 A1 单元格的左上角。

⑤ 取消单元格选定区域只需单击相应工作表中的任意单元格即可。

（2）选择一行（列）或多行（列）

① 选择一行：单击行号列标。

② 选择相邻多行（列）：在行号列标上拖动鼠标；或者单击第一行（列）的行（列）号，然后按住【Shift】键，再单击最后一行（列）的行（列）号。

③ 选择不相邻的多行（列）：先单击其中一行（列）的行号列标，然后按住【Ctrl】键，单击其他行的行号列标。

2．工作表数据的输入

Excel 工作表的单元格中，可输入的数据类型有文本、数值、逻辑值、公式和函数等。操作之前，首先选定要输入的单元格，使得目的单元格为当前单元格。然后输入内容，编辑栏左边显示的×和√是放弃输入项和确认输入项。

（1）输入文本

文本是指由字母、汉字、数字或符号等组成的数据。如 ABC、"汉字"、@￥%、010-88888888 等形式的数据，它是以 ASCII 码或者汉字机内码的形式保存在单元格中的。一个单元格中可输入的文本最大长度为 32 000 个字符。

如果要将数字作为字符串（即文本）输入，应先输入一个英文状态的单引号，以示区别，结果会在单元格左边对齐，常用于邮政编码、电话号码、学号的输入等。例如（'123.45），文本在单元格中自动左对齐。而数值型数据在单元格中自动右对齐，这和数字作为文本在单元格中显示有不同之处。

（2）输入数值

在 Excel 2010 中，数值型数据是使用最多也是最为复杂的数据类型。

如果要输入正数，直接将数字输入到单元格中。如果要输入负数，必须在数字前加一个负号或给数字加上圆括号。例如，输入–66 或（66）都可以在单元格中得到–66。

如果要输入科学记数，可先输入整数部分，再输入 E 或 e 和指数部分。数字自动右对齐，负数在前面加负号（即减号），当超过 11 位时，自动以科学记数法表示，如 1.34E+05。

如果要输入百分比数据，可直接在数值后输入百分号%。

输入分数时，如输入 1/2，应该输入"0 1/2"（0、1 之间有一空格）。

在 Excel 2010 中，除了可输入数字数值外，日期和时间也是一种数值型数据。输入日期和时间值时，必须按照一定的格式。对于日期时间型数据，按日期和时间的表示方法输入即可。输入日期，用连字符或斜杠分隔日期的年、月、日。输入时间时用"："分隔，Excel 默认为 24 小时制；若想采用 12 小时制，时间后加后缀 AM 或 PM。例如，2016-1-1、2016/1/1、8:30:20 AM 等均为正确的日期型数据。若要输入当天的日期，可按快捷键【Ctrl+

分号】；若要输入当前的时间，可按快捷键【Ctrl+Shift+分号】。当日期时间型数据太长，超过列宽时会显示####，它表示当前列宽太窄。适当调整列宽即可正常显示数据。数值型数据自动右对齐。

3. 数据的自动填充

为了提高输入效率，不仅可以通过键盘直接输入数据，还可以利用 Excel 提供的自动填充功能快速输入数据。所谓自动填充，是指向一组连续的单元格中快速填充一组有规律的数据。

在输入一个工作表时，经常会遇到有规律的数据。例如，需要在相邻的单元格中填入序号 1、2、3……，或是一月、二月……，或是 10，30，50，60 等序列，这时就可以使用 Excel 的自动填充功能。自动填充是一种快速填写数据的方法。Excel 内置的序列数据有日期序列、时间序列和数据值序列，用户也可根据需要创建自定义序列。

数据的填充有多种方法：

（1）使用鼠标左键填充

用鼠标自动填充时，需要用到填充柄。填充柄位于选定区域的右下角，如图 6-10 所示。在输入第一个数据以后，移动鼠标到单元格的右下角黑方块处，即填充柄处。当鼠标指标变成黑十字时，按住鼠标左键，拖动填充柄经过目标区域。当到达目标区域后，放开鼠标左键，自动填充完毕，此时可以在一组连续单元格中填充相同的数据。如果填充递增的数据则填充的同时按【Ctrl】键。

（2）利用菜单填充

首先输入第一个数据并选择好要填充同一数据的区域，然后在"开始"功能区的"编辑"组中，单击"填充"按钮右侧的下拉按钮，在下拉列表中选择"系列"命令，弹出"序列"对话框，如图 6-11 所示。如果要填充的数值不是相等的，而是成等差级数或等比级数，则在"序列产生在"框中选择是按行还是按列填充；再在"类型"框中选择这一系列的数据是等差关系还是等比关系。并在"步长值"中输入公差或者公比的值。如果选择"日期"类型，它将按日期的格式处理。如果事先没有选择填充区域，则在"序列"对话框中要给出"终止值"，系统将步长计算填充，达到终止值便结束填充。

图 6-10　单元格填充柄　　　　　　图 6-11　"序列"对话框

（3）填充自定义序列数据

在实际应用中，Excel 提供的序列有时不能完全满足需要。可以利用 Excel 提供的自定义序列功能来建立用户需要的序列。在 Excel 2010 中，相较于 Excel 2003 和 Excel 2007，"编辑自定义列表"按钮的位置发生了变化；可以打开"文件"选项卡中单击"选项"按钮，弹出"Excel 选项"对话框，在"高级"属性页的"常规"组中找到该按钮。单击该按钮，弹出"自定义序列"对话框，如图 6-12 所示。在"输入序列"框中输入新序列的项目，各项目之间用半角逗号分隔，也可输入一个项目后按【Enter】键，单击"添加"按钮，将输入的序列保存起来。

在建立一个自定义序列之后，只要在单元格中输入序列中的任何一个，即可用拖动填充柄的方法完成序列中其他数据元素的循环输入。

（4）有效性输入

为了保证输入的正确性，提供了一种有效性输入。例如，在输入学生成绩时，输入的分数应大于等于 0 并且小于等于 100，则需要进行效性输入设置。

首先选定输入区域，切换到"数据"功能区，在"数据工具"组中单击"数据有效性"按钮，在下拉列表中选择"数据有效性"命令，弹出图 6-13 所示的对话框。在"数据有效性"对话框中选择"设置"选项卡，在有效性条件的"允许"下拉列表中选择"整数"，在"数据"下拉列表中选择"介于"，在"最小值"下拉列表中输入 0，在"最大值"下拉列表中输入 100，单击"确定"按钮完成设置。

图 6-12　"自定义序列"对话框

图 6-13　"数据有效性"对话框

4. 单元格内容的编辑

（1）单元格内容复制

单元格内容的移动和复制，常用的方法有鼠标拖动和使用剪贴板两种。

使用鼠标操作：选择要移动、复制的单元格；如果要移动，将光标移动到单元格边框的下侧或右侧，出现箭头状光标时用鼠标拖动单元格到新的位置即可；如果要复制，则需要按住【Ctrl】键的同时，拖动单元格到新位置（拖动过程中，光标旁边会出现当前单元格的位置名），释放鼠标键即可完成操作。

使用剪贴板进行移动、复制：选择要移动、复制的单元格；如果要移动，单击"开始"功能区"剪贴板"组中的"剪切"按钮，如果要复制，单击"开始"功能区"剪贴板"组中的"复制"按钮。所选内容周围会出现一个闪动的虚线框，表明所选内容已放入剪贴板上；单击新位置中的第一个单元格，单击"开始"功能区"剪贴板"组中的"粘贴"按钮，即可完成移动或复制操作。

在选择过程中，按【Esc】键，可取消选择区的虚线框；或双击任一非选择单元格，也可取消选择区域。

（2）单元格内容的删除

首先选择要删除内容的单元格，然后单击"开始"功能区"编辑"组中的"清除"

按钮，在下拉列表中选择要删除的对象（有"格式""内容""批注""超链接""全部"选项）。需要注意的是，若按【Delete】键，仅删除单元格的文本内容，并没有对其格式进行清除。也可以选择要删除内容的单元格并右击，在弹出的快捷菜单中选择"清除内容"命令。

（3）表格中删除选定的单元格

如果用户需要删除单元格本身（并非单元格内容），则 Excel 会将其右侧或下方单元格的内容自动左移或上移。其操作方法是：首先选择所要删除的单元格；单击"开始"选项下"单元格"组中"删除"按钮，在下拉列表中选择"删除单元格"命令，弹出"删除"对话框，选择删除后周围单元格的移动方向，单击"确定"按钮，完成删除操作。也可以选择要删除内容的单元格并右击，在弹出的快捷菜单中选择"删除"命令，同样会弹出"删除"对话框，进行相应的设置即可。

（4）表格中单元格的插入

首先选择所要插入的单元格的位置；然后单击"开始"功能区"单元格"组中的"插入"按钮，在下拉列表中选择"插入单元格"命令，弹出"插入"对话框，选择插入单元格后周围单元格的移动方向，单击"确定"按钮，完成插入操作。也可以选择要插入的单元格的位置并右击，在弹出的快捷菜单中选择"插入"命令，同样会弹出"插入"对话框，进行相应的设置即可。

（5）工作表插入、删除一行（列）或多行（列）

如果需要在已输入数据的工作表中插入一行或多行，或插入一列或多列，可按下列步骤进行操作：首先选定需插入行（列）的任一单元格，或单击行号（列标）选择一整行（列）。单击"开始"功能区"单元格"组中的"插入"按钮，在下拉列表中选择"插入工作表行"或"插入工作表列"命令即可。如果在当前位置插入空行，原有的行将自动下移；如果在当前位置插入空列，原有的列将自动右移。

若要删除不需要的行或列，可选择需要删除的行或列，然后单击"开始"功能区"单元格"组中的"删除"按钮即可完成。

6.2.4　工作表的格式化

在 Excel 中，还可以通过对工作表格的格式化操作来修饰工作表的外观，使工作表更美观、整齐。格式化工作表包括设置单元格格式，改变工作表的行高和列宽，为工作表设置对齐方式，加上必要的边框和底纹以及使用自动套用格式等修饰功能。

1．设置单元格格式

格式化单元格和区域前，首先选定要格式化的对象，然后可以通过"开始"功能区"字体"组中相应的按钮设置工作表中字符的字体、字形及颜色，以及单元格的边框和底色；对数字进行格式化还可以通过"开始"功能区"数字"组中相应的按钮设置货币样式、千位分隔样式、百分比样式、小数位数等格式。

Excel 2010 中含有多种内置的单元格样式，以帮助用户快速格式化表格。选中要格式化的单元格，单击"开始"功能区"样式"组中的"单元格样式"按钮，在打开的单元格样式列表中选择合适的样式即可。

如果要更详细地设置单元格格式，可以单击"格式"功能区"单元格"组中的"格式"按钮，在下拉列表中选择"设置单元格格式"命令；或者右击单元格，在弹出的快捷菜单中选择"设置单元格格式"命令，弹出"设置单元格格式"对话框，如图 6-14 所示，对话框中有数字、对齐、字体、边框、填充、保护 6 个选项卡。

图 6-14　"设置单元格格式"对话框

在"数字"选项卡中可以设置数据的书写格式，Excel 把在单元格中输入的数字分为许多不同类型，包括"常规""数值""货币""会计专用""日期""科学记数"等多种类型，不同类型的数字还可以设置多种格式，如小数位数、负数格式、分数格式、日期格式、科学记数格式等；在"对齐"选项卡中，可以设置数据的对齐方式，对数据进行靠左、靠右、居中、两端对齐、跨列居中以及自动换行、字的方向如何旋转等项设置；在"字体"选项卡中，可以设置单元格中数据的字体、字形、字号、下画线、颜色、特殊效果等操作，并可以预览。"边框"选项卡的设置与 Word 2010 相同，可以设置单元格的边框样式、线条形状和颜色等；在"填充"选项卡中，可以设置单元格的填充图案及其颜色；在"保护"选项卡中，可以将选定的单元格锁定或者隐藏，以保护其中的数据。

2．设置工作表的行高和列宽

（1）调整行高

将鼠标指针指向工作表中需要改变宽度的行号的上下边界处，当鼠标指针变成 ✛ 形状时，拖动鼠标调整行高，这时 Excel 将会自动显示行的高度值。如果要同时更改多行的高度，可以先选定要更改的所有行，然后拖动其中一个行标题的下边界，即可调整所有已经选择的行的行高。

选择需要调整的行或行所在的单元格，单击"开始"功能区"单元格"组中的"格式"按钮，在下拉列表中选择"行高"命令，在弹出的对话框中输入新的行高值，然后单击"确定"按钮。

（2）调整列宽

把鼠标指针移动到该列与左右列的边界处，当鼠标指针变成 ✛ 形状时拖动鼠标调整列宽，这时 Excel 将会自动显示列的宽度值。

选择需要调整的列或列所在的单元格，单击"开始"功能区"单元格"组中的"格式"按钮，在下拉列表中选择"列宽"命令，在弹出的对话框中输入新的列宽值，然后单击"确定"按钮。

3. 自动套用格式

为了方便用户进行格式编排，Excel 2010 提供了多种常用的表格格式供用户使用，它可以根据预设的格式，将制作的报表格式化，产生美观的报表，也就是表格格式的自动套用。这种自动格式化的功能，可以节省使用者将报表格式化的许多时间，而制作出的报表却很美观。

表格样式自动套用步骤如下：

① 选取要格式化的范围，单击"开始"功能区"样式"组中的"套用表格格式"按钮。

② 在弹出的列表框中选择要使用的格式，在弹出的"套用表格式"对话框中单击"确定"按钮，在所选定的范围内，会以选定的格式对表格进行格式化。

6.2.5 数据公式的计算以及函数的使用

Excel 2010 具有强大的数据处理功能，通过使用公式和函数可以对表中的数据进行总计、求平均值、汇总等复杂的计算。Excel 函数指的是预先定义，执行计算、分析等处理数据任务的特殊公式。以常用的求和函数 SUM 为例，它的语法是 SUM(number1,number2,…)。其中 SUM 称为函数名称，它决定了函数的功能和用途。函数名称后紧跟左括号，用逗号分隔的称为参数的内容，最后用一个右括号表示函数结束。

函数与公式既有区别又互相联系。如果说前者是 Excel 预先定义好的特殊公式，后者就是由用户自行设计对工作表进行计算和处理的计算式。以公式=SUM(E1:H1)*A1+26 为例，它要以等号"="开始，其内部可以包括函数、引用、运算符和常量。上式中的 SUM(E1:H1)是函数，A1 则是对单元格 A1 的引用（使用其中存储的数据），26 则是常量，*和+则是算术运算符（另外还有比较运算符、文本运算符和引用运算符）。

1. 公式

（1）单元格中公式的输入

通过公式可以对表中的数据执行各种运算，如加、减、乘、除、比较、求平均值、最大值等。通过公式也可以建立工作簿之间、表之间、单元格之间的运算关系。使用公式时，当公式中引用的单元格的原始数据发生改变时，公式的计算结果也会随之更新。在一个公式中，可以包含各种运算符、常量、变量、函数、单元格地址等。

Excel 通过引进公式，增强了对数据的运算分析能力。公式是对工作表数据进行运算的方程式。在 Excel 中，公式在形式上是由等号开始，其语法可表示为"=表达式"。其中表达式由运算数和运算符组成。运算数可以是常量数值、单元格或区域的引用、函数等；而运算符则是对公式中各运算数进行运算操作。例如，=1+2+3、=C1−20、=SUM(B10:D25)+3.128 都是符合语法的公式。

需要注意的是，当用户确认公式输入完成后，单元格显示的是公式的计算结果。如果用户需要查看或者修改公式，则可以双击单元格，在单元格中查看或修改公式；或者单击单元格，在编辑栏中查看或修改公式。

（2）运算符

Excel 公式的运算符和运算规则如下：

算术运算符：用来完成基本的数学运算，算术运算符有+（加）、–（减）、*（乘）、/（除）、%（百分比）、^（乘方），用它们连接常量、函数、单元格和区域组成计算公式，其运算结果为数值型。

文本运算符：文本类型的数据可以进行连接运算，运算符是&，用来将一个或多个文本连接成为一个组合文本。例如="wel"&"com"的结果为"welcom"。

关系运算符：用来对两个数值进行比较，结果为逻辑值 True（真）或 False（假）。比较运算符有=（等于）、>（大于）、<（小于）、>=（大于等于）、<=（小于等于）、<>（不等于）等。

引用运算符：用以对单元格区域进行合并运算。引用运算符包括区域、联合和交叉。区域（冒号）表示对两个引用及其之间的所有单元格进行引用，如 SUM(D3:F8)。联合（逗号）表示将多个引用合并为一个引用，如 SUM(A5,A15,E5,E15)。交叉（空格）表示产生同时隶属于两个引用的单元格区域的引用。运算的优先级别从高到低分别为引用运算符、算术运算符、文本运算符、关系运算符。优先级相同时从左向右进行，要改变优先级可以加括号。

由于 Excel 2010 有很强的数据运算功能，所以可以在单元格中直接输入计算公式，系统会根据公式计算出结果。其方法是：先选择单元格，然后在编辑栏中输入等号（=），表示按等号后的公式计算。再在等号后直接输入公式，最后按【Enter】键或单击编辑栏上的按钮"√"。

例如，在单元格 E3 中输入"=78*5"，然后按【Enter】键，单元格的值是 390。在一个单元格中输入公式后，如果相邻的单元格中需要进行同类型的计算，可以利用公式的自动填充功能，用拖动填充柄的方法完成公式自动填充。

（3）单元格的引用

在 Excel 的公式和函数中都可以引用单元格的地址，以代表对应单元格中的内容。如果改变单元格的数据，其计算结果也会随之改变，因为在公式中参与运算的是存放数据的单元格地址，而不是数据本身，这样公式运算结果总是采用单元格中当前的数据。在 Excel 中单元格地址主要有相对引用、绝对引用和混合引用 3 种引用方式。

单元格引用用于标识工作表中单元格或单元格区域，它在公式中指明了公式所使用数据的位置。

① 相对地址引用。Excel 默认的单元格地址引用方式，当公式复制或填入到新的单元格中时，公式中所引用单元格的地址将根据新单元格的地址自动调整。例如，在 A1 单元格中输入公式"=A2+A3+A4"，然后将 A3 单元格的公式复制到 B3、C3。这时会发现在 B3、C3 显示的公式是相对地址的表达式"=B2+B3+B4"和"=C1+C2+C4"。不难看出公式复制后相对行（列）会发生变化，公式中所有的单元格引用地址行（列）也发生了变化。

② 绝对地址引用。当公式复制或填入到新的单元格中时，公式中所引用的单元格地址保持不变。通常在行号和列标前加上$符号来设置"绝对地址"引用。例如，在 A1 单元格中输入公式"=$A$2+$A$3"，将 A1 中的公式复制到 B2 时，B2 显示的公式是"=$A$2+$A$3"，A1 单元格的地址始终保持不变。

③ 混合地址引用。混合地址引用是在一个单元格的地址引用中，既有绝对地址，

又有相对地址。则当公式复制时，或者行号或者列标保持不变。例如，单元格地址$A2表示"列"标保持不变，"行"号随着新的复制而发生变化。单元格地址A$2表示"行"号保持不变，"列"标随着新的复制而发生变化。

④ 在当前工作簿中引用其他工作表中的单元格。为了指明此单元格属于哪个工作表，可在该单元格坐标或名称前加上其所在的工作表名称和感叹号分隔符（！）。例如Sheet5!B5表示对Sheet5工作表中的B5单元格的引用。

⑤ 引用其他工作簿中的单元格。当引用其他工作簿中的单元格时，需指明此单元格属于哪个工作簿的哪张工作表，其引用格式为"[工作簿名称]工作表名!单元格名称"。例如，[Book1]Sheet2!B5表示引用了文件名为Book1工作簿的Sheet2工作表中的B5单元格的数据。

2．函数

Excel中所提的函数其实是一些预定义的公式,它们使用一些称为参数的特定数值按特定的顺序或结构进行计算。用户可以直接用它们对某个区域内的数值进行一系列运算，如分析和处理日期值和时间值、确定贷款的支付额、确定单元格中的数据类型、计算平均值、排序显示和运算文本数据等。例如，SUM函数对单元格或单元格区域进行加法运算。

函数的格式为"函数名([参数1][,参数2]…)"，函数名必须有，参数可有一个或多个，也可没有参数，但函数名和一对圆括号是必需的，表6-2中列出了常用的函数。参数可以是文本、数字、逻辑值或单元格引用等。例如，SUM(B2,C2)，SUM 是函数名；B2,C2是参数，表示函数运算的数据。

表 6-2　常 用 函 数

语　　法	作　　用
SUM (number1,number2,…)	返回单元格区域中所有数值的和
AVERAGE(number1,number2,…)	计算参数的算术平均值
IF (logical_test,value_if_true,value_if_false)	执行真假值判断，根据对指定条件进行逻辑评价的真假而返回不同的结果
COUNT(value1,value2,…)	计算参数表中的数字参数和包含数字的单元格的个数
MAX(number1,number2,…)	返回一组数值中的最大值，忽略逻辑值和文本字符
MIN(number1,number2,…)	返回一组数值中的最小值，忽略逻辑值和文本字符
INT(number)	将数值向下取整为最接近的整数
SUMIF(range,criteria,sum_range)	根据指定条件对若干单元格求和
ABS(number)	返回给定数值的绝对值，即不带符号的数值
AND(logical1,logical2,…)	如果所有参数值均为 TRUE，将返回 TRUE；如果任一参数值为 FALSE，将返回 FALSE

对于一些比较简单的函数，用户可以用输入公式的方法直接在单元格中输入函数。对于参数较多或比较复杂的函数，一般采用"粘贴函数"按钮来输入。其操作步骤如下：

① 选定要粘贴函数的单元格。

② 单击"公式"功能区"函数库"组中的"插入函数"按钮，弹出"插入函数"对话框，如图6-15所示。

③ 从"或选择类别"下拉列表中，选择要输入函数的类别，再从"选择函数"列

表框中选择所需要的函数。

④ 单击"确定"按钮，弹出图 6-16 所示的"函数参数"对话框。

图 6-15 "插入函数"对话框

图 6-16 "函数参数"对话框

⑤ 在对话框中，输入所选函数要求的参数（可以是数值、引用、名字、公式和其他函数）。如果要将单元格引用作为参数，可单击参数框右侧的"暂时隐藏对话框"按钮，这样只在工作表上方显示参数编辑框。再从工作表上单击相应的单元格，再次单击"暂时隐藏对话框"按钮，恢复"函数参数"对话框。

⑥ 单击"确定"按钮即可完成函数的功能，并得到相应的计算结果。

另外，还可以使用常用函数列表输入函数，操作步骤如下：

① 在编辑栏的编辑区内输入"="，屏幕名称框内就会出现常用函数列表。

② 从中选择相应的函数，输入参数，即可完成函数的功能。

求和运算在 Excel 中使用的较多，所以 Excel 专门提供了"自动求和"按钮，在"公式"功能区"函数"组中单击"自动求和"按钮，将对选定的单元格自动求和。另外，还可单击"求和"下拉按钮，在下拉列表中选择自动求均值、计数、最大值、最小值等函数。

6.2.6 数据图表的制作

在 Excel 中，可以将工作表中的数据以各种统计图表的形式显示，可以使数据分析更加清晰、直观。图表与普通的工作表相比，具有十分突出的优势，它不仅能够直观地表现出数据值，还能更形象地反映出数据的对比关系。在 Excel 2010 中可以制作一张独立的图表，也可以将图表插入到工作表内，而且当原始数据发生变化时，图表中对应的数据项也会自动随之而变。

1. 制作图表

建立图表之前首先要选取创建图表的数据源，例如在图 6-17 所示的成绩统计表中可以选择单元格区域 B2:E12，单击"插入"功能区"图表"组中的"柱状图"按钮，在下拉列表中选择"二维柱形图"第一种样式，图表自动生成，如图 6-18 所示。

2. 图表的编辑及格式化

（1）移动图表和改变图表大小

选中图表后，其四周会出现 8 个黑色的小方块，就可以对图表进行移动和改变大小操作。

图 6-17　选择数据范围　　　　　图 6-18　生成的成绩统计图表

① 移动图表：移动鼠标指针到图表中空白区域，拖动鼠标即可实现图表的移动操作。

② 改变图表大小：移动鼠标到图表四周的某控点处，此时鼠标指针呈双向箭头形状，然后拖动鼠标即可实现改变图表大小。也可以在拖动控点的同时按住【Alt】键，此时图表的边线和单元格的边框线精确重合。

（2）删除图表

选择图表后，按【Delete】键即可删除图表。

（3）添加图表标题

选中生成的图表，单击"图表工具/布局"功能区"标签"组中的"图表标题"按钮，在下拉列表中选择"图表上方"命令，此时在图表上方出现图表标题文本框，输入图表标题即可。

（4）添加坐标轴标题

利用类似的方法，可通过单击"图表工具/布局"功能区"标签"组中的"坐标轴标题"按钮，在下拉列表中选择"主要横坐标轴标题"和"主要纵坐标轴标题"命令来添加横坐标轴和纵坐标轴标题。

（5）更改系列名称

如果想更改水平坐标轴的标签，可以选中图表，单击"图表工具/设计"功能区"数据"组中的"选择数据"按钮，弹出"选择数据源"对话框。单击"水平（分类）轴标签"框中的"编辑"按钮，弹出"轴标签"对话框，单击折叠按钮在成绩统计表中选择水平轴标签的数据源。

更改后的图表如图 6-19 所示。

图 6-19　修改后的成绩统计图表

如果希望更改图表布局、图表样式、图表类型等，可以通过单击"图表工具"功能区中的"其他"按钮来实现。也可通过在图表中右击，在弹出的快捷菜单中选择相应的命令实现。

6.2.7 数据的管理

Excel 不但能对简单数据进行计算处理，而且还具有一定的数据管理和分析功能。利用 Excel 可以很方便地对不同类型的数据进行各种处理，包括排序、筛选、分类汇总等操作。

1. 数据的排序

为了数据查找方便的需要，可以对数据进行排序。数据排序总是依照一定的关键字的值来进行。关键字一般是数据源中的字段名，可以按照关键字的值采取升/降序排列。Excel 对数据的排序依据是：如果字段是数值型或日期时间型数据，则 Excel 按照数据大小进行排序。如果字段是字符型数据，则英文字符按照 ASCII 码排序，汉字按照汉字机内码或者笔画排序。

（1）单列数据的排序

首先将光标放在工作表区域中需要排序字段的任一单元格。然后单击"数据"功能区"排序和筛选"组中的"升序"按钮 ↓ 或"降序"按钮 ↓，工作表中的数据就会按要求重新排列。

（2）多列内容的组合排序

有时需要对工作表中的多列数据进行排序，如当两个同学的总成绩相同时，需要依据语文成绩排序。其操作步骤如下：

① 单击要进行排序的数据区域，如 A2:E12。

② 单击"数据"功能区"排序和筛选"组中的"排序"按钮，Excel 会自动弹出"排序"对话框，如图 6-20 所示。

③ 在"排序"对话框中根据需要添加若干个排序关键字，并设置排序方式（"升序"或"降序"），最后单击"确定"按钮完成排序。

2. 数据自动筛选

在数据列表中如果只想显示满足符合条件的记录，暂时隐藏不符合条件的记录，可以使用 Excel 的筛选功能。Excel 2010 提供了"自动筛选"和"高级筛选"按钮来筛选数据。自动筛选可以满足大部分需要，当需要用复杂条件来筛选数据清单时要使用高级筛选。

（1）自动筛选

自动筛选要求在数据清单中必须有列标题。单击数据清单中的任意一个单元格，然后单击"数据"功能区"排序和筛选"组中的"筛选"按钮，Excel 在数据清单的每个列标题旁边出现一个向下箭头按钮，如图 6-21 所示。

图 6-20 "排序"对话框　　　　图 6-21 自动筛选示例

单击下拉箭头，显示筛选的条件，选定某一条件，则在数据清单中筛选出所有符合条件的记录。如果有多个条件，可选择下拉列表中的"文本筛选"→"自定义筛选"命令，弹出"自定义自动筛选方式"对话框，可以设定两个筛选条件并确定它们的"与""或"关系。

对于处于筛选状态的数据记录，单击"数据"功能区"排序和筛选"组中的"筛选"按钮，即可以清除筛选。

（2）高级筛选

使用高级筛选时，首先在远离数据清单的位置建立条件区域，用来编辑筛选条件。条件区域与数据清单之间必须用空行和空列分隔开，并且条件区域至少应有两行，其中首行用来输入或复制筛选条件标题（条件标题必须与要筛选的字段名一致），从第二行起输入筛选条件，在同一行中的条件关系为"与"，在不同行之间的条件为"或"。

编辑好筛选条件以后，在数据清单中单击任意一个单元格，单击"数据"功能区"筛选"组中的"高级"按钮，弹出"高级筛选"对话框。"方式"框可以决定在原有区域或者其他位置显示筛选结果；"列表区域"框用来指定数据区域，单击折叠按钮，然后在工作表中选取包含列标题在内的被筛选的数据区域，在"条件区域"框中指定条件区域，单击"条件区域"框中的折叠按钮，在工作表中选择条件区域，如图 6-22 所示。

C语言程序设计 成绩				
学号	考试	实验	平时	总评
110	62	23	8	68
106	50	28	8	66
103	67	27	6	73
102	72	25	7	75
104	74	27	5	76
107	74	23	9	76
109	75	28	7	80
101	78	26	8	81
105	90	24	4	82
108	93	27	6	89

条件区域

列表区域

实验	总评
>26	>70

图 6-22　高级筛选举例

单击"数据"功能区"排序和筛选"组中的"清除"按钮，即可以清除"高级筛选"。

3. 数据的分类汇总

分类汇总的含义是首先对记录按照某一字段的内容进行分类，然后计算每一类记录指定字段的汇总值，如总和、平均值等。在进行分类汇总前，应先对数据清单进行排序，数据清单的第一行必须有字段名。

例如，想统计图 6-23 所示的成绩记录中男生和女生的总评的平均成绩。

分类汇总的具体操作步骤如下：

① 对数据清单中的记录按需要分类汇总的字段（即"性别"）进行排序。

② 单击数据清单中含有数据的任一单元格。

③ 单击"数据"功能区"分级显示"组中的"分类汇总"按钮，弹出"分类汇总"对话框。

④ 在"分类字段"下拉列表中选择进行分类的字段名（所选字段必须与排序字段相同）。

⑤ 在"汇总方式"下拉列表中选择所需的用于计算分类汇总的方式，如求和等，此处为平均分。

图 6-23　分类汇总举例

⑥ 在"选定汇总项"列表框中,选择要进行汇总的数值字段(可以是一个或多个)。此处选择"总评"字段。

⑦ 单击"确定"按钮,完成汇总操作,出现图 6-24 所示的分类汇总结果。

⑧ 如果想删除分类汇总的结果,则在"分类汇总"对话框中单击"全部删除"按钮。

图 6-24　分类汇总结果

4. 数据透视表和透视图

分类汇总适合于按一个字段分类,对一个或多个字段进行汇总,如果要对多个字段同时分类并汇总就需要利用透视表和透视图。

假设通过图 6-25 所示的数据清单建立一个数据透视表,从中统计分析"是否参加培训"的学生的总评平均值和男女生总评的平均值。其操作步骤如下:

图 6-25　数据透视表举例

首先选定要建立数据透视表的数据清单,然后单击"插入"功能区"表格"组中的"数据透视表"按钮,在下拉列表中选择"数据透视表"命令,在弹出的"创建数据透视表"对话框中,确定要分析的数据源区域和要放置数据透视表的位置。

系统显示出要建的数据透视表以及"数据透视表字段列表"对话框，该对话框中列出了所有可以使用的字段，目的是显示总评成绩的平均值，因此把"性别"和"是否参加过培训"两个字段拖动放在"行标签"中，把"总评"字段拖动放在"数值"中；默认的是"求和项：总评"，若需要修改，单击右侧的箭头，弹出快捷菜单，选择"值字段设置"命令，并在弹出的"值字段设置对话框"中选择"平均值：总评"。此时，在数据透视表中可以看到是否参加过培训的男女生的总评平均值的汇总结果，如图 6-26 所示。

图 6-26　建立的数据透视表

6.2.8　工作表的打印

工作表编辑好之后，即可将其打印出来。在 Excel 2010 中打印操作包括页面设置、设置打印区域、打印预览和打印输出。

1. 页面设置

页面设置主要是设置工作表的打印格式。单击"文件"选项卡中的"打印"按钮，在右侧"打印"窗口最下面单击"页面设置"超链接，弹出"页面设置"对话框，如图 6-27 所示。其中共有 4 个选项卡，通过选择相应选项可以设置页面、页边距、页眉/页脚、工作表等。选择"页面"选项卡，可以设置打印方向（横向或纵向）、缩放比例、纸张大小等参数；选择"页边距"选项卡，其中显示了页边距的默认值，上下边距各是 2.5 cm，左右边距各是 1.9 cm。若想调整表格的打印位置，可以通过微调按钮设置上、下、左、右页边距及上下空白边到页眉与页脚的距离；在"页眉/页脚"选项卡中，单击"页眉"和"页脚"下拉列，可以选择系统中已有的一些页眉和页脚的内容和格式。也可以单击"自定义页眉"和"自定义页脚"按钮创建一个新的页眉和页脚格式。

图 6-27　"页面设置"对话框

如果要打印工作表，则选择"工作表"选项卡。单击"打印区域"的折叠按钮在工作表中选取打印区域；在"打印标题"框中通过单击折叠按钮选择工作表的标题行和标题列。

2. 打印预览和输出

如果打印前想看实际打印效果，可以单击"文件"选项卡中的"打印"按钮，在"打印"右侧的打印预览区中看到实际打印效果。如果需要对打印参数进行设置，可以单击"文件"选项卡中的"打印"按钮，在"打印"窗口中设置打印机、设定打印范围、指定打印份数等。这些设置和 Word 基本类似，在此不再重复。

除此之外还要设置一些与工作表本身有关的选项。Excel 允许设定任何范围的打印，包括打印整个工作簿、几个工作表、几个不同的数据区或指定页。设定打印范围，可以单击"文件"选项卡中的"打印"按钮，在右侧"设置"框中单击"打印活动工作表"

大学计算机基础（第五版）

下拉按钮，在弹出的子菜单中选择相应的范围。其中，设置"打印选定区域"时，要首先选定打印的数据区域，然后才能选择该命令。

▶▶▶ 6.3 PowerPoint 2010 演示文稿制作

一个 PowerPoint 文件称为一个演示文稿，通常是由一张张幻灯片的形式构成的。演示文稿是在现代办公活动中一种十分重要的信息传播和交流方式，在产品演示、课程教学、学术交流、情况介绍、工作汇报中都有十分广泛的应用。PowerPoint 2010 是一个功能强大的演示文稿制作工具。利用 PowerPoint 不仅能十分方便、快捷地制作包含文字、图形、声音、视频图像的多媒体演示文稿，而且还可以充分利用网络特性，通过网络进行文稿演示。

6.3.1 PowerPoint 2010 简介

1. PowerPoint 2010 窗口界面

启动 PowerPoint 2010，窗口界面如图 6-28 所示。

图 6-28 PowerPoint 2010 窗口界面

① 标题栏：用于显示演示文稿名称和所使用的应用程序的名称。

② 快速访问工具栏：该工具栏上提供了最常用的"保存"按钮、"撤销"按钮和"恢复"按钮，单击对应的按钮可执行相应的操作。若需要在快速访问工具栏中添加其他按钮，可单击其后的按钮，在弹出的菜单中选择所需的命令即可。

③ "文件"选项卡：用于执行 PowerPoint 演示文稿的新建、打开、保存和退出等基本操作；该菜单右侧列出了用户经常使用的演示文档名称。

④ 功能区：代替了传统的"菜单"或"工具栏"，它将 PowerPoint 2010 的所有命令集成在几个功能区中，功能区有很多分组组成，不同的分组中又放置了相关的命令按钮或列表框。

⑤ "幻灯片/大纲"窗格：用于显示演示文稿的幻灯片数量及位置，通过它可更加方便地掌握整个演示文稿的结构。在"幻灯片"窗格下，将显示整个演示文稿中幻灯片的编号及缩略图；在"大纲"窗格下列出了当前演示文稿中各张幻灯片中的文本内容。

⑥ 幻灯片编辑区：是整个工作界面的核心区域，用于显示和编辑幻灯片，在其中可输入文字内容、插入图片和设置动画效果等，是使用 PowerPoint 制作演示文稿的操作平台。

⑦ 备注窗格：位于幻灯片编辑区下方，可供幻灯片制作者或幻灯片演讲者查阅该幻灯片信息或在播放演示文稿时对需要的幻灯片添加说明和注释。

⑧ 状态栏：位于工作界面最下方，用于显示演示文稿中所选的当前幻灯片以及幻灯片总张数、幻灯片采用的模板类型、视图切换按钮以及页面显示比例等。

2. PowerPoint 2010 视图切换

当一个演示文稿由多张幻灯片组成时，为了便于用户操作，针对演示文稿的不同设计阶段，提供了不同的工作环境，这种工作环境称作"视图"。PowerPoint 2010 提供了 4 种视图模式：普通视图、幻灯片浏览视图、阅读视图和幻灯片放映视图。最常使用的两种视图是普通视图和幻灯片浏览视图。位于幻灯片编辑区右下角的 4 个视图按钮，提供了不同视图方式的切换操作。

（1）普通视图

PowerPoint 2010 启动后直接进入普通视图方式，如图 6-28 所示。窗口被分成 3 个区域：大纲窗格、幻灯片窗格和备注窗格。使用大纲窗格可查看演示文稿的标题和主要文字，它为制作者组织内容和编写大纲提供了简明的环境。在幻灯片窗格中可查看每张幻灯片的整体布局效果，包括版式、设计模板；还可对幻灯片内容进行编辑，包括修饰文本格式，插入图形、声音、影片等多媒体对象，创建超链接以及自定义动画效果。在该窗格中一次只能编辑一张幻灯片。

（2）幻灯片浏览视图

幻灯片以缩略图的形式显示在窗口中，可以在屏幕上同时看到演示文稿中所有的幻灯片，所以能够很容易地在幻灯片之间添加、删除和移动幻灯片以及选择动画切换。

（3）阅读视图

阅读视图仅显示标题栏、阅读区和状态栏，主要用于浏览幻灯片的内容，在该模式下，演示文稿中的幻灯片将以窗口大小进行放映。

（4）幻灯片放映视图

在幻灯片放映视图中，按照指定的方式动态的播放幻灯片内容，用户可以观看其中的文本、图片、动画和声音等效果。幻灯片放映视图中的播放效果就是观众看到的真实播放效果。

6.3.2 演示文稿与幻灯片的基本操作

1. 创建演示文稿

为了满足各种办公需要，PowerPoint 2010 提供了多种创建演示文稿的方法，如创建空白演示文稿、利用模板创建演示文稿、使用主题创建演示文稿以及使用 Office.com 上的模板创建演示文稿等，这些设置和 Word 基本类似，在此不再重复。

2. 新建幻灯片

演示文稿是由多张幻灯片组成的，用户可以根据需要新建幻灯片。新建幻灯片的方法主要有如下两种：

① 通过快捷菜单新建幻灯片：启动 PowerPoint 2010，在新建的空白演示文稿的"幻灯片/大纲"窗格空白处右击，在弹出的快捷菜单中选择"新建幻灯片"命令。

② 通过选择版式新建幻灯片：版式用于定义幻灯片中内容的显示位置，用户可根据需要向里面放置文本、图片及表格等内容。通过选择版式新建幻灯片的方法是：启动 PowerPoint 2010，在"开始"功能区"幻灯片"组中单击"新建幻灯片"按钮右侧的下三角箭头，在弹出的下拉列表中选择新建幻灯片的版式，新建一张带有版式的幻灯片。

3. 选择幻灯片

在幻灯片中输入内容之前，首先要选择幻灯片。选择幻灯片的方法也有所区别，主要有以下几种：

① 选择单张幻灯片：在"幻灯片/大纲"窗格或幻灯片浏览视图中，单击幻灯片缩略图，可选择单张幻灯片。

② 选择多张连续的幻灯片：在"幻灯片/大纲"窗格或幻灯片浏览视图中，单击要连续选择的第 1 张幻灯片，按住【Shift】键不放，再单击需选择的最后一张幻灯片，释放【Shift】键后两张幻灯片之间的所有幻灯片均被选择。

③ 选择多张不连续的幻灯片：在"幻灯片/大纲"窗格或幻灯片浏览视图中，单击要选择的第 1 张幻灯片，按住【Ctrl】键不放，再依次单击需在选择的幻灯片，可选择多张不连续的幻灯片。

4. 移动和复制幻灯片

制作的演示文稿可根据需要对各幻灯片的顺序进行调整，也可以对幻灯片进行复制。

① 通过鼠标拖动移动和复制幻灯片：在"幻灯片浏览"视图或"幻灯片/大纲"窗格中，选择需要移动的幻灯片，按住鼠标左键不放拖动到目标位置后释放鼠标完成移动操作。选择幻灯片后，按住【Ctrl】键的同时拖动到目标位置可实现幻灯片的复制。

② 通过菜单命令移动和复制幻灯片：选择需移动或复制的幻灯片并右击，在弹出的快捷菜单中选择"剪切"或"复制"命令，然后将鼠标定位到目标位置并右击，在弹出的快捷菜单中选择"粘贴"命令，完成移动或复制幻灯片。

5. 删除幻灯片

在"幻灯片/大纲"窗格和幻灯片浏览视图中可删除演示文稿中多余的幻灯片。其方法是：选择需要删除的幻灯片后，按【Delete】键，或右击并在弹出的快捷菜单中选择"删除幻灯片"命令。

6.3.3 演示文稿的外观设置

在制作演示文稿的过程中，使用模板或应用主题，自定义演示文稿的视觉效果，不仅可提高制作演示文稿的速度，还能为演示文稿设置统一的背景、外观，使整个演示文稿风格统一。

1．PowerPoint 模板

模板是一张幻灯片或一组幻灯片的图案或蓝图，其后扩展为.potx。模板可以包含版式、主题颜色、主题字体、主题效果和背景样式，甚至还可以包含内容。为演示文稿设置好统一的风格和版式后，可将其保存为模板文件，这样方便以后制作演示文稿。

（1）创建模板

创建模板就是将设置好的演示文稿另存为模板文件。其方法是：打开设置好的演示文稿，选择"文件"选项卡中的"保存并发送"命令，在右侧"文件类型"栏中选择"更改文件类型"选项，在"更改文件类型"栏中双击"模板"选项，打开"另存为"对话框，选择模板的保存位置，单击"保存"按钮。

（2）使用自定义模板

在新建演示文稿时可直接使用创建的模板，但在使用前，需要将创建的模板复制到默认的"我的模板"文件夹中。使用自定义模板的方法是：选择"文件"选项卡中的"新建"命令，在"可用的模板和主题"栏中单击"我的模板"按钮，打开"新建演示文稿"对话框，在"个人模板"选项卡中选择所需的模板，单击"确定"按钮，PowerPoint 将根据自定义模板创建演示文稿。

2．为演示文稿应用主题

在 PowerPoint 2010 中预设了多种主题样式，用户可根据需要选择所需的主题样式，这样可快速美化和统一演示文稿的风格。主题是将设置好的颜色、字体和背景效果整合到一起，一个主题中只包含这 3 个部分。

PowerPoint 模板和主题的最大区别是：PowerPoint 模板中可包含多种元素，如图片、文字、图表、表格、动画等，而主题中则不包含这些元素。

① 应用主题：打开演示文稿，在"设计"功能区"主题"组"主题选项"栏中选择所需的主题样式，或者单击"其他"按钮打开主题库，在主题库中选择某一个主题。将鼠标指针移动到某一主题上，可实时预览相应的效果，最后单击某一主题，即可将该主题快速应用到整个演示文稿当中。

② 更改效果：如果对主题效果的某一部分元素不够满意，可以单击"设计"功能区"主题"组中的"颜色""字体"或者"效果"按钮进行修改。

③ 保存主题：如果对自己更改后的主题效果比较满意，可以将其保存下来，以供以后使用。方法是在"设计"功能区"主题"组中单击"其他"按钮，选择"保存当前主题"命令。在打开的"保存当前主题"对话框中输入相应的文件名称，单击"保存"按钮即可。

6.3.4　在幻灯片中插入对象

1．插入文本框

文本框是 PowerPoint 中最常使用的一种插入对象，单击"插入"功能区"文本"组中的"文本框"按钮，在下拉列表中选择"横排文本框"命令，在幻灯片中拖动鼠标画出文本框来；在文本框中输入文字，并设置文字的字体、字号、颜色；调整文本框大小和位置。PowerPoint 中的文本框与 Word 中的不同之处在于，此文本框上带有绿色控制点，可将其进行自由旋转。

文本框与占位符的区别在于，文本框通常是根据需要人为添加的，并可拖动到任何地方放置。文本占位符是在添加新幻灯片时，由于选择版式的不同而由系统自动添加的，其数量和位置只与版式有关，通常不能直接在幻灯片中添加占位符。占位符也没有可以旋转的绿色控制点，文本框中的内容在大纲视图窗格中无法显示出来，而文本占位符中的内容则可以显示出来。

2. 插入图片

演示文稿中图片的来源有 3 种：图片、剪贴画、绘制图形。

① 插入图片：单击"插入"功能区"图像"组中的"图片"按钮，打开"插入图片"对话框，找到要插入的图片，单击"插入"按钮，图片即插到幻灯片中。

② 插入剪贴画和绘制图形：方法同 Word 2010 中插入剪贴画和绘制图形的方法相同。

3. 插入艺术字

单击"插入"功能区"文本"组中的"艺术字"按钮，在"艺术字"列表中选择一种样式，在"文本框"中输入文字即可；接下来还可进一步设置文本的填充颜色、文本轮廓颜色、文本显示效果、字体、字号等属性。

4. 插入图表

利用图表，可以更加直观地演示数据的变化情况。单击"插入"功能区"插图"组中的"图表"按钮，在弹出的"插入图表"对话框中选择合适的图表类型。在打开的数据表中输入相应的数据，关闭 Excel 数据表界面，即可退出图表编辑状态。如果想再次编辑数据，则需要选中该图表并右击，在弹出的快捷菜单中选择"编辑数据"命令即可。

5. 插入声音

PowerPoint 2010 支持多种格式的声音文件，如 MP3、WMA、MIDI、WAV 等。单击"插入"功能区"媒体"组中的"音频"按钮，在弹出的"插入音频"对话框中找到要插入的音频文件，单击"插入"按钮即可。插入成功后，会在幻灯片中出现小喇叭的音频文件的图标，以及播放音频的工具栏。单击小喇叭，选择"音频工具"|"播放"功能区，可以对音频文件进行裁减、设置在放映时隐藏图标、循环播放等属性。

6. 插入视频

PowerPoint 2010 可以播放多种格式的视频文件，如 ASF、AVI、M4V、WMV、MPEG等。单击"插入"功能区"媒体"组中的"视频"按钮，在弹出的"插入视频"对话框中找到要插入的视频文件，单击"插入"按钮即可。插入成功后，在幻灯片中选中该文件，选择"视频工具/播放"功能区，可以对视频文件进行裁减、设置在放映前隐藏图标、循环播放等属性。

6.3.5　演示文稿的动画设置

采用带有动画效果的幻灯片可以让演示文稿更加生动活泼，还可以控制信息演示流程并重点突出关键的数据。如果想对某张幻灯片中的对象应用动画效果，则首先选定该对象，切换到"动画"选项卡，选择"动画"功能区，在动画效果列表中选择合适的动画效果，从对象的进入、强调、退出及动作路径等方面进行动画效果的设置。在"效果选项"选项中可以对动画的效果做进一步的设置。同时单击"高级动画"组中的"动画窗格"按钮，可以在任务窗格中查看到该演示文稿中所有动画的列表，并能调整这些动画的播放顺序。

6.3.6　设置超链接

超链接是控制演示文稿播放的一种重要手段，可以在播放时实时地以顺序或定位方式"自由跳转"。用户在制作演示文稿时预先为幻灯片对象创建超链接，并将链接的目的指向其他地方——演示文稿内指定的幻灯片、另一个演示文稿、某个应用程序，甚至是某个网络资源地址。超链接本身可能是文本和其他对象，如图片、图形、结构图和艺术字等。PowerPoint 2010 提供了两种方式的超链接：以下画线表示的超链接和以动作按钮表示的超链接。

1.　以下画线表示的超链接

以"超链接到"第 5 张幻灯片为例，首先选择要设置超链接的对象，单击"插入"功能区"链接"组中的"超链接"按钮，弹出"插入超链接"对话框，在对话框右侧选择"本文档中的位置"，在右侧列表中选择"幻灯片 5"，单击"确定"按钮。

2.　以动作按钮表示的超链接

单击"插入"功能区"插图"组中的"形状"按钮，在下拉列表中选择动作按钮的形状，在幻灯片中拖动鼠标创建形状。此时，系统自动弹出"动作设置"对话框，选择"单击鼠标时的动作"栏中选择"超链接到"单选按钮，在下拉列表中选择"幻灯片……"命令；在弹出的"超链接到幻灯片"对话框中，选择"幻灯片 5"，单击"确定"按钮。

6.3.7　放映方式的设置和发布

演示文稿设计和制作完成后，还要对其放映方式和播放过程进行设置。

1.　设置放映方式

单击"幻灯片放映"功能区"设置"组中的"设置放映方式"按钮，打开"设置放映方式"对话框。在该对话框中选择相应的放映类型。

① 演讲者放映（全屏幕）：是一种最常用的幻灯片放映方式。可以对演示文稿进行全屏显示。在这种方式下，演讲者对放映过程具有完全的控制权，可以将演示文稿暂停，添加说明细节，还可以在播放中录制旁白。

② 观众自行浏览（窗口）：这是一种小规模演示的放映方式。在这种方式下，演示文稿会出现在小型窗口内，并在放映时提供移动、编辑、复制和打印幻灯片的命令，使观众可以自己动手控制幻灯片的放映。

③ 在展台浏览（全屏幕）：适用于展览会场或会议。这种方式下，将按预先设置的时间和次序自动运行演示文稿，运行时大多数的菜单和命令都不可用，并且在每次放映完后自动重新开始。

在 PowerPoint 2010 中启动幻灯片的放映，可直接单击"幻灯片放映"功能区"开始放映幻灯片"组中的"从头开始"按钮，或者直接按快捷键【F5】。在演示文稿放映中右击，将打开演示快捷菜单。可以使用"定位至幻灯片"命令直接跳转到指定的幻灯片；使用"指针选项"中的"圆珠笔"命令将鼠标指针变为一支笔，在播放过程中使用这支笔在幻灯片上做适当的批注。

2. 设置幻灯片切换效果

在演示文稿播放过程中，幻灯片的切换方式是指演示文稿播放过程中的幻灯片进入和退出屏幕时产生的视觉效果，也就是让幻灯片以动画方式放映的特殊效果。假设现在想设置第一张幻灯片的切换效果，首先在"切换"功能区"切换到此幻灯片"组的列表框中选择合适的幻灯片切换效果，然后在"计时"组中选择"声音"效果，确定"换片方式"等属性，完成设置。

3. 打印演示文稿

通过打印设备可以输出多种形式的演示文稿。打印前应先进行打印的相关设置。具体操作是：

首先选择"文件"选项卡中的"打印"命令，在右侧"设置"栏中选择"整页幻灯片"命令，在下拉列表中可选择打印的版式：整页幻灯片、备注页、大纲或者讲义。然后再对打印的范围、颜色等进行设置。另外在该菜单右下角处还可以单击"编辑页眉和页脚"超链接，对文稿的页眉和页脚进行设置。

如果打印前想看实际打印效果，可以在"文件"选项卡"打印"右侧的打印预览区中看到实际打印效果。设置好后，可单击"打印"按钮进行打印。

本 章 小 结

本章主要介绍了 Office 2010 中 3 个常用办公处理软件 Word 2010、Excel 2010、PowerPoint 2010 的使用方法。其中，包括了 Word 2010 的基本操作、文档编辑与排版、图形处理与表格制作；Excel 2010 的基本操作、数据操作、图表与图形；以及 PowerPoint 2010 的幻灯片设计、图表制作、动画与超链接、切换和放映设置等方面的知识。

总之，Office 2010 的界面更加图形化，使广大用户更容易接受，实用范围更广，读者应该首先对 Office 2010 功能组件进行掌握，熟悉功能区和工具按钮，理解与 Office 2003 版本的区别，掌握 3 个常用的办公自动化软件的基础知识和基本技能，进而提高学习和工作效率。

第 7 章　软件开发技术

学习目标：

- 了解计算机使用程序求解问题的原理与方法；
- 掌握结构化程序设计的特征与风格；
- 了解算法的概念与算法的特点；
- 理解程序的 3 种基本结构；
- 了解软件工程的概念与软件管理技术。

软件是计算机系统的灵魂，没有软件的计算机仅仅是一台没有任何功能的机器，正是软件才使计算机呈现诸多的功能。通常，将计算机程序称为软件。若要开发程序让计算机完成某项任务，程序员首先必须设计好完成该项任务的步骤，即所谓的"算法"。然后利用某种程序设计语言将算法转化为一个指令系列，即程序。在程序的开发过程中以及程序开发完成后，还需要保证程序的正确性、可靠性、有效性和可维护性。软件工程是一门指导计算机程序软件开发和维护的工程学科，包括技术和管理两方面的内容。

▶▶▶ 7.1　计算机使用程序求解问题

计算机是一种能高速运算，具有存储和记忆能力的用程序控制的电子机械装置，是信息处理的基本工具。计算机的工作机制如下：

① 事先编制程序，将要求计算机处理的任务编制成一条条的指令，输入计算机中（存放于计算机的内存储器），这个过程称为编程序。

② 计算机工作时，从内存中逐条取出指令，然后执行指令，这个过程称为运行程序，在程序的运行过程中，将要求用户提供必要的数据信息，程序处理的结果一般是输出有关数据信息。

计算机运行软件过程中，当操作者向计算机输入一定的信息（此信息必须是计算机能接受的），计算机才能按照操作者的要求处理信息（如何处理信息由操作者事先以程序形式确定），然后输出所需要的结果。

利用计算机编写程序求解一个问题时，一般情况下，需要经历如下步骤：

① 抽象：将问题抽象为带有一般性的数学问题，即数学化。通过引入一定的数学概念，分析实际问题的已知条件、所要求的结果，以及已知条件与所要求的结果之间存

在的联系。

② 算法：建立相应的求解方法。即确定问题的数据模型并在此模型上定义一组运算，借助于这组运算，从而根据已知数据导出所要求的结果。

③ 编程：用程序设计语言描述算法，即程序设计或程序编制。选择一定的程序设计语言描述求解问题的算法。

④ 运行：编辑、调试和测试程序代码。

从这些步骤中可以看出，使用计算机来解决一个特定的问题时，首先将问题抽象为数学问题，然后设计解决问题的算法，最后选择计算机语言将算法描述出来。用计算机语言将解决一个特定问题的算法进行的描述就是程序。也就是说，一个程序的执行能够完成一个特定的任务。

7.1.1　程序设计概述

实际上，程序（Program）是由一组计算机能够识别的指令组成的，这组指令按照一定顺序排列，能够实现计算机需要完成的一个特定的任务。指令是能被计算机直接识别与执行的指示计算机进行某种操作的命令。CPU 每执行一条指令，就完成一个基本运算。因此，程序就是指令的序列，即让计算机解决某一问题而写出的一系列指令。

程序设计语言（Program Language）是用于描述计算机所执行的操作的语言。程序设计（Programming）是指使用程序设计语言产生一系列指令用来解决某一特定问题的过程。对于程序设计，我们不能简单地理解为指令代码的编写过程。程序设计还涉及如下问题：

（1）程序设计语言的选择

每一种程序设计语言都有各自的特点，使用环境（硬件环境，如计算机的类型等；软件环境，如操作系统的类型等）。因此，当我们进行程序设计时，要考虑到问题本身的特点，以及当前计算机的软、硬件环境，而选择适当的程序设计语言。

（2）程序设计风格

良好的程序设计风格，有助于我们阅读程序，及时发现程序中存在的问题；方便对程序进行调试、修改，提高程序设计的效率等。具体来说，需要注意以下几个方面：

① 源程序的书写：源程序中使用符号名应具有一定含义，以便对程序功能的理解；对源程序适当地进行注解，以便读者能够理解程序；在程序中利用空格、空行、缩进等技巧使程序层次清楚。

② 对程序中的数据进行适当说明。

③ 程序中的语句结构应该简单直接，尽量避免使用复杂的语句。

④ 交互式输入/输出的要求。要对程序的所有输入数据检查其合法性，检查输入项的各种重要组合的合理性，输入格式要简单，输入允许默认值，输入一批数据后最好使用结束标志，在交互式输入/输出中使用屏幕提示信息格式。

（3）程序的算法

前面介绍过，对于同样一个问题，根据实际问题的特点可以设计不同的算法，其执行效率是不同的。即使是相同特点的相同问题，也可以设计不同的算法，此时要考虑应用环境的要求，即对空间复杂度和时间复杂度的不同要求。另一方面，还要考虑算法的可读性。因此，在我们进行程序设计时，要充分考虑待解决问题的特点，以及空间效率、时间效率和可读性等多方面的因素，从而从多种算法中选择一个适当的算法来设计程序。

（4）程序的逻辑结构

当设计一个程序时，尤其一个复杂程序的设计，一个程序应如何划分其组成部分，如何组织程序的各个部分等。这影响到程序的质量，影响到程序的开发效率等各方面。

7.1.2　程序设计方法

程序设计初期，由于计算机硬件条件的限制，运算速度与存储空间都迫使程序员追求高效率，编写程序成为一种技巧与艺术，而程序的可理解性、可扩充性等因素被放到第二位。

随着计算机硬件与通信技术的发展，计算机应用领域越来越广泛，应用规模也越来越大，程序设计不再是一两个程序员可以完成的任务。在这种情况下，编写程序不再片面追求高效率，而是综合考虑程序的可靠性、可扩充性、可重用性和可理解性等因素。

正是这种需求刺激了程序设计方法与程序设计语言的发展。

1. 早期程序设计

早期出现的高级程序设计语言有 FORTRAN、COBOL、ALGOL、BASIC 等语言。

这一时期，由于追求程序的高效率，程序员过分依赖技巧与天分，不太注重所编写程序的结构，这时期可以说是无固定程序设计方法的时期。

存在的一个典型问题是程序中的控制随意跳转，即不加限制地使用 goto 语句，这样的程序对别人来说是难以理解的，程序员自己也难以修改程序。

2. 结构化程序设计

随着程序规模与复杂性的不断增长，人们也在不断探索新的程序设计方法。证明了只用 3 种基本的控制结构（顺序、选择、循环）即可实现任何单入口/单出口的程序。

Dijkstra 建议从一切高级语言中取消 goto 语句；Mills 提出程序应该只有一个入口和一个出口。这些工作导致了结构化程序设计方法的诞生。

而 Pascal 语言则是由 Niklaus Wirth 根据结构化程序设计方法开发出来的语言。其特点是提炼出程序设计共同的特征并能将这些特征编译成高效的代码，因而成为结构化程序设计的有力工具。C 语言也是一种广为流行的结构化程序设计语言，它具有灵活方便、目标代码效率高、可移植性好等优点。

3. 面向对象程序设计

面向对象方法是一种把面向对象的思想运用于软件开发过程中，指导开发活动的系统方法，简称 OO 方法，是建立在"对象"概念（对象、类和继承）基础上的方法学。对象是由数据和允许的操作组成的封装体，与客观实体有直接的对应关系。

面向对象的方法起源于面向对象的编程语言。20 世纪 60 年代后期就出现了类和对象的概念，类作为语言机制用来封装数据和相关操作。20 世纪 70 年代前期，Smalltalk 语言，奠定了面向对象程序设计的基础，1980 年 Smalltalk-80 标志着面向对象的程序设计已进入实用阶段。进入 20 世纪 80 年代相继出现了一系列面向对象的编程语言，如 C++ 等。自 20 世纪 80 年代中期到 90 年代，面向对象的研究重点已经从语言转移到设计方法学方面，尽管还不成熟，但已陆续提出了一些面向对象的开发方法和设计技术。

7.1.3　结构化程序设计

1. 结构化程序设计

结构程序设计的思想是在 20 世纪 60 年代末、70 年代初为解决"软件危机"而形成的。多年来的实践证明，结构程序设计策略提高了程序执行的效率。

结构程序设计就是一种进行程序设计的原则和方法，按照这种原则和方法可设计出结构清晰、容易理解、容易修改、容易验证的程序，即结构化程序设计是按照一定的原则与原理，组织和编写正确且易读的程序软件技术。结构化程序设计的目标在于使程序具有一个合理结构，以保证和验证程序的正确性，从而开发出正确、合理的程序。

按照结构程序设计的要求，设计出的程序设计语言称为结构程序设计语言。利用结构程序设计语言，或者说按结构程序设计的思想和原则编制的程序称为结构化程序。

2. 结构化程序设计的特征与风格

结构化程序设计的主要特征与风格如下所述：

① 一个程序按结构化程序设计方式构造时，就是一个结构化程序，由顺序结构、选择结构和循环结构 3 种基本控制结构构成。这 3 种结构都是单入口/单出口的程序结构。已经证明，一个任意大而且复杂的程序总能转换成这 3 种标准形式的组合。

② 有限制地使用 goto 语句。鉴于 goto 语句的存在使程序的静态书写顺序与动态执行顺序十分不一致，导致程序难读、难理解，容易存在潜在的错误，难于证明正确性，有人主张程序中禁止使用 goto 语句，但有人则认为 goto 语句是一种有效设施，不应全盘否定而完全禁止使用。结构程序设计并不在于是否使用 goto 语句，因此作为一种折中，允许在程序中有限制地使用 goto 语句。

③ 借助于结构化程序设计思想的程序设计语言来书写结构化程序，并采用一定的书写格式以提高程序结构的清晰性，增进程序的易读性。

④ 强调程序设计过程中人的思维方式与规律，是一种自顶向下的程序设计策略，它通过一组规则、规律与特有的风格对程序设计进行细分和组织。对于小规模程序设计，它与逐步精化的设计策略相联系，即采用自顶向下、逐步求精的方法对其进行分析和设计；对于大规模程序设计，它则与模块化程序设计策略相结合，将一个大规模的问题划分为几个模块，每一个模块完成一定的功能。

7.1.4　模块化程序设计的方法

用模块化方法进行程序设计的技术在 20 世纪 50 年代就已出现雏形。在进行程序设计时把一个大的程序按照功能划分为若干小的程序，每个小的程序完成一个确定的功能，在这些小的程序之间建立必要的联系，互相协作完成整个程序要完成的功能。这些小的程序称为程序的模块。

用模块化的方法设计程序，其过程犹如搭积木的过程，选择不同的积木块或采用积木块不同的组合就可以搭出不同的造型来。同样，选择不同的程序块或程序模块的不同组合就可以完成不同的系统架构和功能。

将一个大的程序划分为若干不同的相对独立的小程序模块，正是体现了抽象的原则，这种方法已经被人们接受。把程序设计中的抽象结果转化成模块，不仅可以保证设计的逻辑正确性，而且更适合项目的集体开发。各个模块分别由不同的程序员编制，只要明确模块之间的接口关系，模块内部细节的具体实现可以由程序员自己随意设计，而模块之间不受影响。

具体到程序来说，模块通常是指可以用一个名字调用的一个程序段。对于不同的程序设计语言，模块的实现和名称也不相同，在 BASIC、FORTRAN 语言中的模块称为子程序；Pascal 语言中的模块称为过程；C 语言中的模块称为函数。

7.1.5 面向对象与可视化程序设计

结构化程序设计的主要技术是自顶向下、逐步求精，采用单入口/单出口的控制结构。

自顶向下是一种分解问题的技术，与控制结构无关；逐步求精是指结构化程序设计连续分解，最终成为 3 种基本控制结构（顺序、选择、循环）的组合。

结构化程序设计的结果是使一个结构化程序最终由若干个过程组成，每一过程完成一个确定的工作。对于结构化的程序设计语言，其数据结构是解决问题的中心。一个软件系统的结构是围绕一个或几个关键数据结构为核心组成的。在这种情况下，软件开发一直被两大问题所困扰：一是如何超越程序的复杂性障碍，二是计算机系统中如何自然地表示客观世界。

Niklaus Wirth 提出的"算法+数据结构=程序设计"，在软件开发进程中产生了深远的影响，但软件系统的规模越来越大，复杂性不断增长，以致不得不对"关键数据结构"进行重新评价。在这种系统中，许多重要的过程和函数（子程序）的实现严格依赖于关键数据结构，如果这些"关键数据结构"的一个或几个数据有所改变，则涉及整个软件系统，许多过程和函数必须重写，否则因为几个关键数据结构改变，导致软件系统的彻底崩溃。

1. 面向对象的基本概念与特征

20 世纪 80 年代末兴起的面向对象，按照人们通常的思维方式建立问题模型，设计出尽可能自然的表示求解方法的软件。

所谓建立模型，就是建立问题领域中事物间的相互关系，而表示求解问题的方法就是人们思维方式的描述方法。

面向对象的开发方法不仅为人们提供了较好的开发风范，而且在提高软件的生产率、可靠性、可重用性、可维护性等方面有明显的效果，已成为当今计算机界最为关注的一种开发方法。

2. 面向对象的主要特点

结构化方法强调过程抽象和模块化，将现实世界映射为数据流和过程，过程之间通过数据流进行通信，数据作为被动的实体，被主动的操作所加工，是以过程（或操作）为中心来构造系统和设计程序的。

面向对象方法把世界看成是独立对象的集合，对象将数据和操作封装在一起，提供有限的外部接口，其内部的实现细节、数据结构以及对它们的操作是外部不可见的，对象之间通过消息相互通信，当一个对象为完成其功能需要请求另一个对象的服务时，前者就向后者发出一条消息，后者在接收到这条消息后，识别该消息并按照自身的适当方式予以响应。

面向对象方法和结构化方法相比具有以下一些特点：

大学计算机基础（第五版）

① 模块化、信息隐藏与抽象。

② 自然性与共享性。

③ 并发性。

④ 重用性。

面向对象方法是一种新的程序设计方法，它具有很多优点，已经被广泛使用。

3. 可视化的程序设计

在用传统程序设计语言来设计程序时，都是通过编写程序代码来设计输入/输出的用户界面，在设计过程中看不到界面的实际显示效果，必须编译后运行程序才能观察。如果对界面的效果不满意，还要回到程序中去修改。有时候，这种编程修改的操作可能要反复多次，大大影响了软件开发效率。现在的可视化设计工具，把 Windows 界面设计的复杂性"封装"起来，定义为对象，编程人员不必为界面设计而编写大量的程序代码，只需要按设计要求的屏幕布局，用系统提供的工具，在屏幕上画出各种"部件"，即图形对象，并设置这些图形对象的属性，系统就会自动产生界面设计代码。这样一来，程序设计人员只需要编写实现程序功能的那部分代码，从而提高程序设计的效率。

▶▶▶ 7.2 算　　法

做任何事情都要有一定的步骤，为解决一个问题而采取的方法和步骤，就称为算法。比如：新学年的第一堂体育课，老师按照身高给学生排队，一排站多少个学生，个子高的站前面还是个子低的站前面，这个过程使用的就是"排序"算法。更简单地说，有 3 个苹果，让你找出其中最大的一个，这也需要一种算法，称为"求最值"。日常生活中还有很多事情都是要按一定的顺序进行，如厨师做菜、乐师谱曲、司机开车等，只是我们已经对它习以为常，没有意识到做事情需要事先编制行动步骤而已。

7.2.1 算法的概念与举例

算法（Algorithm）就是对问题求解方法的精确描述。算法就是为实现某个任务而构成的简单指令集，是有穷的计算过程。它规定了在程序中如何对数据进行正确处理的运算步骤。世界著名的计算机科学家 Wirth（沃思）提出了一个著名的公式表达程序设计的实质：

$$程序＝算法＋数据结构$$

就是说："程序是在数据的特定的表示方式和基础上，对抽象算法的具体描述"。显然，在程序设计中，算法是灵魂，数据结构是加工对象，算法解决的是"做什么"和"怎么做"的问题。程序中的操作语句，就是对算法的体现。

下面通过实例，说明如何根据问题给出确定的算法。

【例 7-1】输入 10 个数，找出其中最大的数，并输出。

分析：解决此类问题的一般思路是引入一个变量 max 保存最大数，先将输入的第一个数存入 max，然后输入第二个数并与 max 比较，如果大于 max，则用它取代 max 的原值，再输入第三个数，做同样的操作，依次进行下去，直到所有数据输入完为止。

除变量 max 外，还要引入一个变量 i 累计已输入数据的个数，一个变量 x 暂时存放当前输入的数据，算法描述如下：

Step1：输入一个数，存放在一个变量 max 中。

Step2：设置用来累计比较次数的计数器 i（也是一个变量），并给 i 赋初值 1，即 1⇒i。

Step3：输入一个数，存放在另一个变量 x 中。

Step4：比较 max 和 x 中的数，若 x>max，则将 x 的值送入 max，否则，max 的值不变。

Step5：i 增加 1，即 i+1⇒i。

Step6：若 i<9，则返回 Step3，继续执行，

否则输出 max 中的数，此时 max 中的数即为最大数。

（说明：在算法描述中经常使用"=>"或"→"表示赋值。）

【例 7-2】求 $1 \times 3 \times 5 \times 7 \times 9$ 的值。

方法一：

Step1：先求 1×3，得到结果 3。

Step2：将步骤 1 得到的结果 3 再乘以 5，得到结果 15。

Step3：将步骤 2 得到的结果 15 再乘以 7，得 105。

Step4：将步骤 3 得到的结果 105 再乘以 9，得 945。这就是最后的结果。

以上步骤是按照常规数学方法计算得到的结果，这样的算法虽然是正确的，但表述起来过于烦琐。如果要计算 1 000 以内的所有奇数的积，则要写 499 个步骤，这显然是不可取。

对于此类问题需要进一步寻找规律。通过观察发现，所有的乘数均为奇数，且每相邻两个乘数差的绝对值为 2。如果设两个变量，一个变量代表被乘数，一个变量代表乘数，每一步的乘积放在被乘数变量中，每做一次乘法运算后，使乘数的值增加 2，则可以使用循环算法求出结果。设 t 为被乘数，i 为乘数，具体表述见方法二。

方法二：

Step1：1→t。

Step2：1→I。

Step3：t×i→t。

Step4：i+2→I。

Step5：若 i<10，返回 S3，否则，结束。

如果采用此方法来计算 1 000 以内的所有奇数的积，则只需将 Step5 中的 i<10 改成 i<1 000 即可。

在确定算法时，对同一个问题，可能有不同的解决方法和步骤，即有多种算法。有的算法可能只需要很少的步骤而有些算法则需要较多的步骤。一般而言，应该选择易于理解、简单、步骤少的算法。所以在进行算法设计时，不仅要保证算法的正确性，还要考虑算法的质量，选择合适的算法。

7.2.2 算法的特性

在进行程序设计时，最关键的问题是算法的提出。因为它直接关系到写出来的程序的正确性、可靠性。如果没有认真地研究实际的问题，就草率地提出一些不成熟的算法，

那么编写出来的程序就可能出现错误或疏忽。

算法作为对解题步骤的精确描述，应具备以下特点：

（1）有穷性

一个算法必须在有限步骤之后结束，而不能无限制地进行下去。因此在算法中必须给出一个结束的条件。

例如，不能指望计算机算出圆周率的精确值，因为 π 是一个无穷不循环小数，无法求出它的精确值。

（2）明确性

一个算法中的任何步骤都必须意义明确，不能模棱两可、含混不清，不允许有二义性，不能在计算机中使用诸如"老张对老李说：他的儿子考上了清华大学"这种歧义的表达方法。到底是老张的儿子上了大学还是老李的儿子上了大学，无法确知。

（3）可执行性

所采用的算法必须能够在计算机上执行。因此，在算法中所有的运算必须是计算机能够执行的基本运算。要计算机执行的步骤，计算机应该能够实现，不能提出像"让计算机去煮饭，煮完饭之后再炒菜"之类的算法，至少它在目前无法实现。

（4）有一定的输入与输出

要计算机解决问题时，总是需要输入一些原始的数据；计算机向用户报告结果时，总是要输出一些信息。因此，一个算法中必须有一定的输入与输出。

7.2.3 算法的评价

要评价一个算法，首先要保证算法是正确的。算法的正确是指在给定有效的输入后，算法经过有限时间的运算而产生正确的结果。其次，要综合考虑算法的时间复杂度、算法的空间复杂度和算法的可读性。

算法的时间复杂度（Time Complexity）：是依据算法编制成程序后在计算机中运行时所耗费时间的大小来决定的。通常，把整个程序中语句的重复执行次数之和作为此程序运行的时间特征，称为算法的时间复杂度，记为 $T(n)$，其中的 n 表示问题规模的大小。

算法的空间复杂度（Space Complexity）：依据算法编制成程序后在计算机中运行是所占用空间的大小。程序在计算机上运行所占用的内存空间同样是问题规模 n 的一个函数，称为算法的空间复杂度，记为 $S(n)$。

算法的可读性：设计算法的目的是为了交流，应便于理解，便于编写相应的程序，便于对程序进行修改。因此，一个算法应具有良好的结构、易于理解、易于修改。

7.2.4 算法的设计要求

要设计一个算法，应考虑以下要求：

① 正确：算法应当满足具体问题的需求。正确性是设计和评价一个算法的首要条件。一个正确的算法是指在合法的数据输入情况下，能在有限的运行时间内得出正确的结果。

② 可读：设计算法应便于阅读和交流，并将其转换成用程序设计语言表示的程序。可读性好不仅有助于对算法的理解，而且有利于程序的调试和修改。因此，在保证算法

正确的前提下强调算法的可读性。

③ 健壮：指算法对各种可能的情形都考虑得非常完善。设计算法时应充分考虑到用户在输入数据时的种种非法情况，对输入的非法情况做出相应的处理，保证算法不会因此发生异常或得到莫名其妙的结果。

④ 高效：指算法的执行效率要高，包括时间效率和空间效率。时间效率（即时间复杂度）是指算法的执行所需要的时间，而空间效率（即空间复杂度）是指执行算法所需要的内存容量。对于相同规模的相同问题，可采用不同的算法进行处理，其执行效率可能不同。而对于一种算法来说，若执行时间越短，执行时所需的内存容量越小，则算法效率越高。

7.2.5　算法的表示

算法可以用自然语言、图形、表格、伪代码（类似于某种高级语言）的形式来表示，不同的描述方法各有特点，其中流程图和N–S图是使用较多的算法描述方法。

（1）文字描述

例：让计算机求整数A、B的最大公约数，表示为GCD（A、B），计算方法如下：

① 输入A、B的值。

② 比较A、B的大小，如果A<B则将A、B的值互换。

③ 计算A–B的值，并将A的值改为A–B。

④ 比较新的A值和B值的大小，如果A＝B则A（或者B）就是所求的两个数的最大公约数，程序继续下一步；否则程序转到第②步。

⑤ 输出最大公约数。

⑥ 结束。

（2）流程图描述

流程图是一种能够比较形象地描述"算法"的工具，它对于编制程序很有帮助。流程图又称框图，是由几种不同的图形组合而成的，算法流程图如图7-1所示。流程图中的图形如图7-2所示。

流程图中各元素的表示意义如下：

① 起止框，如图7-2（a），代表一个算法的开始与结束之处。

② 处理框，如图7-2（b），表示算法中的一个或若干个步骤，这些步骤不涉及输入与输出。

③ 输入/输出框，如图7-2（c），它表示一个算法中需要进行输入或输出处理的步骤。为了与一般的处理步骤区别开来，输入/输出框采用了平行四边形的形式。

④ 条件判断框，如图7-2（d），当一个

图7-1　流程图的表示

算法中需要依据某一条件来决定后续操作时，采用条件判断框。

⑤ 流程线，如图 7-2（e），它表明每一步骤之间的先后顺序，表示一个数据的流向。

图 7-2　各种流程图元素

（3）N-S 图描述

N-S 图是另一种算法表示法，由美国人 I.Nassi 和 B.Shneiderman 共同提出的，它是根据程序 3 3 种基本结构组成而提出的，各基本结构之间的流程线是多余的，可以省略。在 N-S 图中，一个算法就是一个大的矩形框，框内包含若干个基本框，3 种基本结构 N-S 图描述如下：

① 顺序结构 N-S 图如图 7-3 所示，执行顺序为先 A 后 B。

② 选择结构 N-S 图如图 7-4 所示。图 7-4（a）表示条件为真时执行程序 A，条件为假时执行程序 B；图 7-4（b）表示当条件为真时执行程序 A，为假时什么都不做。

图 7-3　顺序结构 N-S 图　　　（a）条件真执行结果　　（b）条件假执行结果

图 7-4　选择结构 N-S 图

③ while 型循环的 N-S 图如图 7-5 所示，条件为真时一直循环执行循环体 A，直到条件为假时才跳出循环。

do...while 型循环的 N-S 图如图 7-6 所示，一直循环执行循环体 A，直到条件为假时才跳出循环。

图 7-5　while 型循环 N-S 图　　　图 7-6　do...while 循环 N-S 图

（4）PDA 图描述法

PDA（Problem Analysis Diagram）是近年来在软件开发中被广泛使用的一种算法表示方法。前面介绍的流程图、N-S 图、都是自上而下的顺序描述，而 PDA 图除了自上而下以外，还包含自左向右的展开，所以说 PDA 图是用二维来描述算法的。它能更好地展现算法的层次结构，更直观易懂。

下面介绍几种基本的 PDA 图：

① 顺序结构如图 7-7 所示。

② 选择结构包括单分支结构、双分支结构和多分支结构，如图 7-8 所示。

③ while 型循环如图 7-9 所示，do...while 型循环如图 7-10 所示。

图 7-7 顺序结构 PDA 图 　　　　　图 7-8 选择结构 PDA 图

图 7-9 while 型循环 PDA 图 　　　　图 7-10 do...while 型循环 PDA 图

▶▶▶ 7.3 程 序 结 构

在设计程序时，不管程序多么复杂，设计出来的程序代码有多少行，都是由顺序结构、分支结构（选择结构）、循环结构、子程序 4 种结构组成的。

7.3.1 顺序结构

顺序结构程序是严格按语句在程序中的先后次序，由前向后逐句顺序执行的程序，写在前面的语句先执行，写在后面的语句后执行，顺序结构是一种比较简单的结构，易于理解，也易于编程，思路合乎自然。

7.3.2 分支结构

当计算机在处理数据时发现某些特殊情况，如除数为 0，求负数的平方根时，就要报告错误并停机，为了保证程序不被中断或在出现错误后转到错误修正程序的情况进行处理，就必须使用改变程序执行的流程。也就是说程序的执行出现了分支，后续程序的执行需要根据不同的情况做出选择。

在编制分支结构的程序时，常用的有两路分支和多路分支选择，它们的流程图如图 7-11 所示。

（a）两路分支 　　　　　　　（b）多路分支

图 7-11 分支结构的程序

7.3.3 循环结构

在处理问题的过程中，经常会遇到其算法需多次重复执行相同或基本相同的操作步骤。对于这样一类问题，用循环结构来设计程序比较简便。

【例 7-3】求 $n!$（n 为自然数）。

由阶乘的定义可知：$n! = n(n-1)(n-2)\cdots 2 \cdot 1 = n(n-1)!$

$n!$算法如下：

$1! = 1$

$2! = 2 \times 1!$

$3! = 3 \times 2!$

$4! = 4 \times 3!$

…

$n! = n \times (n-1)!$

由以上计算方法可以知道，当求 $n!$可以通过循环去解决，只要使用赋值语句 K=K × I（I 从 1 循环到 n）即可。

7.3.4 子程序调用

所谓子程序，就是在一个程序中，需要多次执行的程序段，编程序时，不论需要重复执行多少次，属于子程序的这部分语句，只需书写一次，在需要执行子程序时，用一种称为转子语句的特殊转向语句调用子程序。子程序完成任务以后，再返回主语句，让计算机返回紧接那个转子语句后面的语句继续执行，这个过程称为子程序的调用，调用子程序的程序称为主程序，主程序调用子程序的过程如图 7-12 所示。

图 7-12　子程序调用

使用子程序，可以方便地实现结构化的程序设计，将程序分成若干模块，便于多人合作开发程序；同时，子程序具有一定的通用性，只要在调用子程序时向子程序提供一定的参数，子程序处理完毕后，将结果返回到主程序中。

因此，软件开发人员常把一些常用的算法编成一个子程序或函数，并建成子程序或函数库，不仅自己用，也可以提供给其他人使用，从而减少了重复劳动。

➤➤➤ 7.4 软 件 工 程

20 世纪 60 年代中期以后，计算机硬件技术日益进步，计算机的存储容量、运算速度和可靠性明显提高，生产硬件的成本不断降低。计算机价格的下跌为它的广泛应用创造了极好的条件。在这种形势下，迫切要求计算机软件也能与之相适应。因而，一些开发大型软件系统的要求提了出来。然而软件技术的进步一直未能满足形势发展的需要，在大型软件的开发过程中出现了三大难题：

① 复杂程度高。

② 研制周期长。

③ 正确性难以保证。

由于遇到的问题找不到解决办法，致使问题堆积起来，形成了人们难以控制的局面，出现了所谓的"软件危机"。

最为典型的例子是美国 IBM 公司于 1961 年至 1964 年开发的 IBM360 系列机的操作系统。该软件系统花了大约 5 000 人/年的工作量，最多时，有 2 000 人投入开发工作，写出近 100 万行的源程序。尽管投入了这么多的人力和物力，得到的结果却极其糟糕。据统计，这个操作系统每次发行的新版本都是从前一版本中找出 1 000 个程序错误而修正的结果。可想而知，这样的软件质量糟到了什么地步。

IBM360 操作系统的历史教训，已成为软件开发项目中的典型事例被记入历史史册。

如果开发的软件隐含错误，可靠性得不到保证，那么在运行过程中很可能对整个系统造成十分严重的后果。例如，1963 年美国用于控制火星探测器的计算机软件中的一个 "，" 号被误写为 "·"，而使飞往火星的探测器发生爆炸，造成高达数亿美元的损失。

为了克服这一危机，一方面需要对程序设计方法、程序的正确性和软件的可靠性等问题进行系列的研究；另一方面，也需要对软件的编制、测试、维护和管理的方法进行研究，从而产生了软件工程这一项学科。

7.4.1 软件工程概述

随着计算机应用领域的不断扩大，人们对计算机的应用需求迅速膨胀，软件产品的开发出现了许多问题，如计算机应用软件的复杂程度日益增长；计算机应用软件的开发周期漫长；用户对软件产品经常不满意等。软件工程就是由此而发展起来的。

1. 软件危机

软件危机（Software Crisis）是指计算机软件的开发和维护过程中所遇到的一系列严重问题。主要表现为软件产品在开发过程中生产进度难以预测、生产成本无法控制、软件开发人员难以组织协调、软件产品可维护性差、可靠性差等。

软件危机产生的原因主要来自两个方面：一方面与软件本身的特点有关。软件是一种逻辑实体，必须通过观察、分析、思考、判断，才能了解它的功能、性能等特征。软件为了适应硬件、环境以及需求的变化而进行修改，从而不可避免地引入错误。软件对硬件和环境有一定的依赖性，从而导致软件移植问题。软件开发常常涉及其他领域的专门知识；软件开发需要投入大量高强度的脑力劳动，开发成本非常高、风险大；软件开发和运行涉及机构、体制和管理方式等社会因素，还会涉及人们的观念和心理等，这些人为因素也是软件开发的困难所在。另一方面与软件开发和维护的方法不正确有关。忽视软件开发前期的需求分析；开发过程没有统一的、规范的方法论的指导，文档资料不齐全，忽视人与人之间的交流；忽视测试阶段的工作，提交的软件质量差；轻视软件的维护。在软件开发过程中缺乏科学的管理。

2. 软件工程

软件工程（Software Engineering）是为了摆脱软件危机，有效地驾驭极为复杂的软件生产的一门学科。软件工程是应用计算机科学、数学以及管理科学等原理，借鉴工程科学的原则、方法，创建软件以达到提高质量、降低成本的目的。其中，计算机科学、数学用于构造模型与算法；工程科学用于制定规范、设计范型、评估成本以及确定权衡；管理科学用于计划、资源、质量、成本等的管理。软件工程是一门指导计算机软件开发和维护的工程学科，包括技术和管理两个方面的内容。

3. 软件生命周期

软件生命周期是从用户对软件开发要求的提出开始，直到软件报废为止的这段时期。软件开发的工程化是在软件生命周期中的每一步都采用经过验证的方法，每一步都要复查，以保证软件质量，每一步都要产生特定的文档，使用各种提高效率的工具，每一步都要遵循该步骤生产的各种标准和规范。

按照在软件生命周期全过程中应完成任务的性质，在概念上将软件生命周期划分为问题定义、可行性研究、需求分析、概要设计、详细设计、编码和单元测试、综合测试以及软件维护 8 个阶段。

软件生命周期又可分为软件定义、软件开发和软件维护 3 个时期。

软件定义时期对应于问题定义、可行性研究、需求分析 3 个阶段。软件定义时期的任务是确定软件开发工程必须完成的总目标、确定工程的可行性、导出实现工程目标应采取的策略以及系统必须完成的功能、估计工程所需的资源和成本，并制定工程进度表。此过程又称为系统分析。

软件开发时期对应于概要设计、详细设计、编码和单元测试、综合测试 4 个阶段。软件定义时期的任务是具体设计和实现软件定义时期所定义的软件。概要设计、详细设计阶段又称系统设计；编码和单元测试、综合测试阶段又称系统实现。

软件维护时期的任务是使软件持久地满足用户的需要。即当软件在运行过程中发现错误时及时加以改正；当环境改变时应修改软件以适应新的环境；当用户有新的需求时应及时改进软件以满足用户的新需求。

软件生命周期各阶段的任务及产生的相应文档如表 7-1 所示。

表 7-1　软件生命周期各阶段的任务

时　期	阶　段	关 键 问 题	结　果
软件定义	问题定义	问题是什么	问题目标和规模报告书
	可行性研究	有可行的解吗	可行性研究报告
	需求分析	系统必须做什么	需求规格说明书
软件开发	概要设计	应该如何解决这个问题	软件概要设计说明书
	详细设计	怎样具体地实现这个系统	软件详细设计说明书
	编码和单元测试	正确的程序模块	程序、数据、详细注释
	综合测试	符合要求的软件	测试大纲、方案与结果
软件维护	软件维护	持久地满足用户需要的软件	完整准确的维护记录

4. 技术审查和管理复审

一项大型软件开发工程需要花费大量的人力、物力和财力，因此需要慎重对待。对此，软件工程的一个基本方法就是在每个阶段结束前都进行正式的技术审查和管理复审。

管理复审的主要任务是在软件生命周期的每个阶段对工程项目的成本，实际花费的经费，投资回收的前景，项目的进度等经济因素从管理角度进行复审。通过复审发现问题可以及时采取措施加以解决，必要时可以取消工程以避免更大的损失。

技术审查是保证软件质量的重要措施。在软件生命周期的每个阶段都有可能发生错误，由于前一阶段工作的成果是后一阶段工作的基础，因此软件错误不仅会积累而且会"放大"。在每个阶段都应该进行严格的技术审查，尽量不让错误进入下一个阶段。

7.4.2 结构化方法学

结构化方法（Structured Methodology）是一种典型的系统开发方法，它采用了系统科学的思想方法，从层次的角度，自顶向下地分析和设计系统。

1. 问题定义

问题定义阶段的主要工作是确定"软件系统要解决的问题是什么？"在此阶段系统分析员应该提出关于问题性质、工程目标和规模的书面报告。通过对系统的实际用户和使用部门负责人的访问调查，分析员扼要地写出他对问题的理解，并在用户和使用部门负责人的会议上认真讨论这份书面报告，澄清含糊不清的地方，改正理解不正确的地方，最后得出一份双方都满意的文档——《问题目标和规模报告书》。

问题定义阶段需要的时间一般是一天或更少的时间。

2. 可行性研究

可行性研究的目的是用最小的代价在尽可能短的时间内确定问题是否能够解决。必须记住，可行性研究的目的不是解决问题，而是确定问题是否值得去解。客观地分析几种主要的可能解法的利弊，从而判断原定的系统目标和规模是否现实，系统完成后所带来的效益是否达到值得投资开发这个系统的程度。

① 进一步分析确认系统的规模和目标。对问题定义阶段所确定的问题目标和规模进一步加以确定，如果存在错误应及时改正，如果对目标系统有任何约束和限制应清楚地列举出来。

② 导出系统的逻辑模型。分析员对目标系统应该具有的基本功能和所受的约束已有一定的了解，可使用数据流图描述数据在系统中流动和处理的情况，从而概括地表达对系统的设想，同时使用数据字典定义系统中的数据。数据流图和数据字典是描绘系统逻辑模型的有效工具。

数据流图用图形方式描绘系统的逻辑模型，图中没有任何具体的物理元素，只是描绘信息在系统中流动和处理的情况。数据流图的基本符号如图 7-13 所示。设计数据流图时只需考虑系统必须完成的基本逻辑功能,完全不需要考虑如何具体地实现这些功能。例如，关于一个订货系统的数据流图如图 7-14 所示。

图 7-13 数据流图的基本符号　　　　图 7-14 一个订货系统的数据流图

数据字典是关于数据的信息的集合，也就是对数据流图中包含的所有元素定义的集合。数据字典的作用是在软件分析和设计的过程中给人提供关于数据的描述信息。

③ 导出和评价问题解决方案。从系统逻辑模型出发，探索若干种可供选择的主要解法（即系统实现方案）。对每种解法都应该仔细研究它的可行性，一般来说，至少从下述 3 个方面研究每种解法的可行性：

技术可行性：使用现有的技术能实现这个系统吗？

经济可行性：这个系统的经济效益能超过它的开发成本吗？

操作可行性：系统的操作方式在这个用户组织内行得通吗？

分析员应该为每种可行解法制订一个粗略的实现进度。

可行性研究阶段的结果是《可行性研究报告》。

可行性研究需要的时间长短取决于工程的规模，一般来说，可行性研究的成本占预期工程总成本的 5%～10%。

3. 需求分析

需求分析的任务是确定系统必须完成的工作，也就是对目标系统提出完整、准确、清晰、具体的要求。需求分析的结果关系到工程的成败和软件产品的质量。需求分析阶段的具体任务包括：

① 确定对系统的综合要求。系统功能要求是确定系统必须完成的所有功能；系统性能要求是确定系统的响应时间、存储容量、安全性等方面的性能；系统运行要求是对系统运行时所处环境的要求；将来可能提出的要求是根据当前的分析而得出的将来很可能会提出的要求。

② 分析系统的数据要求，是系统所要处理的数据以及他们之间的联系和系统应该产生的数据。

分析系统的数据要求通常采用建立概念模型的方法。概念模型（又称信息模型）是一种面向问题的数据模型，是按用户的观点对数据和信息建模，反映了用户的现实环境，与软件系统中的实现方法无关。常用的表示概念模型的方法是实体–联系方法（Entity–Relationship Approach），这种方法用 E–R 图描述现实的实体，相应的模型又称为E–R 模型。

复杂的数据由许多基本的数据元素组成，数据结构表示数据元素之间的逻辑关系。为了提高理解性，常常利用图形工具辅助描述数据结构。常用的图形工具有层次方框图和 Warnier 图。

③ 导出系统的逻辑模型。综合上述两项的分析结果可以导出详细的逻辑模型，通常用数据流图、数据字典和主要的处理算法描述此逻辑模型。

④ 修正系统开发计划。根据在分析过程中获得的对系统的更深入更具体的了解，可以比较准确地估计系统的成本和进度，修正以前制订的开发计划。

需求分析阶段的结果是系统规格说明、数据要求、用户系统描述、修正的开发计划。

4. 总体设计

总体设计又称概要设计或初步设计，其主要任务是划分出组成系统的物理元素——程序、文件、数据库、人工过程和文档等，设计软件的结构，即确定系统中每个程序的模块组成，以及模块之间的关系。总体设计过程通常有两个主要阶段：系统设计和结构设计。

（1）系统设计：确定系统的具体实现方案

提出实现方案：总体设计是将需求分析阶段得出的数据流图作为出发点。设想把数据流图中处理分组的各种可能方法，舍弃在技术上行不通的分组方法，余下的分组方法就是可能的实现策略，并且可以启示供选择的物理系统。

选取合理方案：从一系列供选择的方案中选取若干个合理的方案，通常至少选取低成本、中等成本和高成本的3种方案。在选取时应考虑在问题定义和可行性研究阶段确定的工程目标和规模，必要时还要征求用户的意见。

推荐最佳方案：分析员应该综合分析对比各种合理方案的利弊，推荐一个最佳的方案，并且为推荐的方案制订详细的实现计划。

（2）结构设计：确定软件的结构

为确定软件结构，必须从实现角度把复杂的功能进一步分解。分析员结合算法描述仔细分析数据流图中的每个处理，如果一个处理过于复杂，必须把它的功能适当地分解成一系列比较简单的功能。一般来说，经过分解之后应该使每个功能对大多数程序员而言都是明显易懂的。功能分解导致数据流图的进一步细化。

通常程序中的一个模块完成一个适当的子功能。应将模块组织成良好的层次结构，顶层模块调用它的下层模块以实现程序的完整功能，每个下层模块再调用更下层的模块，从而完成程序的一个子功能，最下层的模块完成最具体的功能。所以，软件结构就是由模块组成的层次系统，常用的描述软件结构的图形工具为层次图或结构图。

在进行软件设计过程中应该遵循的基本原理和有关的概念如下：

（1）模块化

模块是单独命名的可以通过名字访问的数据说明，可执行语句等程序对象的集合。例如，过程、函数、子程序、宏等都可作为模块。模块化就是把程序划分为若干模块，每个模块完成一个子功能，这些模块合起来组成一个整体，完成特定的功能满足问题的要求。

采用模块化原理使软件结构清晰，便于设计、阅读和理解，从而便于测试和调试。

（2）抽象和逐步求精

抽象是指抽出事物的本质特征而暂时不考虑它们的细节。处理复杂的唯一有效的方法是用层次化的方式构造和分析它。当我们考虑对任何问题的模块化解法时，可以提出许多抽象的层次。在抽象的最高层次使用问题环境的语言，以概括的方式叙述问题的解法；在较低抽象层次采用更过程化的方法，把面向问题的术语和面向实现的术语结合起来叙述问题的解法；最后，在最低的抽象层次用可以直接实现的方式叙述问题的解法。

逐步求精和模块化的概念，与抽象是紧密相关的。随着软件开发工作的进展，在软件结构每一层中的模块，都是对软件抽象层次的一次精化。

（3）信息屏蔽

信息屏蔽是指在设计和确定模块时，使得一个模块内包含的信息（过程和数据）对于不需要这些信息的模块来说是不可访问的。有效的模块化可以通过定义一组独立的模块而实现，这些独立的模块彼此间仅仅交换为完成系统功能而必须交换的信息。

（4）模块独立

模块独立是指在软件结构的设计中，使得每个模块完成一个相对独立的特定子功能，并且和其他模块之间的关系很简单。模块独立性的度量标准是内聚和耦合。耦合是衡量不同模块间相互联系的紧密程度；内聚是衡量一个模块内各组成部分之间彼此联系的紧密程度。模块独立性追求的目标是高内聚、低耦合。

总体设计过程中，常用的图形工具：

① 层次图（H图）：在概要设计中常用来描述软件的层次结构。

② HIPO图："层次图+输入/处理/输出图"。

③ 软件结构图：精确表达系统内模块组织的结构，清楚地反映出系统中各模块之间的相互联系，以及模块间的层次关系和调用关系。

总体设计主要是得到合理的软件结构，其次还要进行必要的数据库设计，确定测试要求并且制定测试计划。

总体设计的结果是系统说明、用户手册、测试计划、详细的实现计划、数据库设计结果。

5. 详细设计

详细设计是确定对目标系统的精确描述，也就是为软件结构图中的每一个模块确定实现算法和局部数据结构。结构化程序设计技术是软件详细设计的基础。

结构化程序设计是在20世纪60年代由Dijkstra等人提出并加以完善的。结构化程序设计是一种程序设计技术，它采用自顶向下逐步求精的设计方法和单入口单出口的控制结构。使用3种基本控制结构（即顺序、选择、循环结构）即可实现任何单入口单出口的程序。详细内容在本章程序设计基础一节中介绍。

详细设计阶段通常使用的工具有程序流程图、N–S（盒）图、问题分析图（PAD图）、判定表、判定树、过程设计语言（PDL）。

6. 编码

编码时将软件设计的结果翻译成用某种程序设计语言书写的程序。程序的质量基本上是由设计的质量决定的。但是编码使用的语言，书写程序的风格和途径也对程序的质量有相当大的影响。

在选择程序设计语言时不仅要考虑程序设计语言本身的特点，还要考虑软件使用环境等一系列实际因素。

程序内部良好的文档资料，有规律的数据说明格式，简单清晰的语句构造和输入/输出格式等，都对提高程序的可读性有很大作用，也在相当程度上改进了程序的可维护性。

利用适当的软件工具辅助编码过程，可以提高生产率并减少程序中的差错。

7. 测试

测试的目的就是在软件投入运行之前，尽可能多地发现软件中的错误。软件测试是保证软件质量的关键步骤。

软件测试在软件生命周期中跨越两个阶段。通常在编写出每个模块之后对其进行的必要测试，称为单元测试。编码与单元测试属于软件生命周期的同一个阶段。作为独立阶段的综合测试通常是由专门的测试人员来完成的。据统计，软件测试的工作量往往占软件开发总工作量的40%以上。测试的目标是发现软件中的错误，而调试的目的是对通过测试发现的错误进行诊断并改正。

软件测试的方法有两种：白盒测试和黑盒测试。

黑盒测试又称功能测试，是指完全不考虑程序内部的结构和处理过程，只按照规格说明书的规定来检查程序是否符合要求。

白盒测试又称结构测试，是指测试人员完全了解程序的内部结构和处理过程，测试时按照程序内部的逻辑测试程序，检验程序中的每条通路是否都能按预定的要求正确工作。

软件的测试步骤如下：

① 模块测试：又称单元测试，是将每个模块作为一个单独的实体来测试。目的是保证每一个模块作为一个单元能正确运行。此过程所发现的往往是编码和详细设计的错误。

② 子系统测试：是将经过单元测试的模块放在一起形成一个子系统来测试。其主要问题是模块相互间的协调和通信，因此着重于测试模块的接口。

③ 系统测试：是将经过测试的子系统装配成一个完整的系统来测试。在此，不仅应该发现设计和编码的错误，还应该验证系统是否能完成需求说明中指定的功能。此过程所发现的往往是软件设计中的错误，也可能发现需求说明中的错误。

④ 验收测试：是将软件系统作为单一的实体进行测试，测试内容与系统测试基本类似，但是它是在用户的积极参与下进行的，而且可能主要使用实际数据进行测试。其目的是验证系统确实能满足用户的需要。此过程所发现的往往是需求说明中的错误。

软件调试的任务是在成功测试之后，进一步诊断和改正程序中的错误。调试的过程分为两步，第一步是确定错误的准确位置，也就是找出引起错误的模块；第二步是仔细研究引起错误的模块以确定问题的原因，并设法改正错误。

调试过程的关键是用来推断错误原因的基本策略。常用的调试策略主要有：

① 试探法：分析错误征兆，猜想故障的大致位置，然后使用一些基本的调试技术（如输出存储器内容、打印语句、自动调试工具等），获取程序中被怀疑位置附近的信息。这种方法是目前使用较多、效率较低的一种调试方法。

② 回溯法：调试人员分析错误征兆，确定最先出现"征兆"的位置，而后沿程序的控制流程人工往回追踪源程序代码，直到找到错误根源或确定错误产生的范围为止。

③ 对分查找法：若已知每个变量在程序中若干关键点的正确值，则可以使用定值语句直接赋给变量正确的值，然后运行程序，若结果正确，则证明程序的前半部分错误，反之则证明后半部分错误。对有错误的部分再重复使用此方法，直到把错误范围缩小到易于诊断的程度为止。

④ 归纳法：是从个别推断一般的方法，从线索（错误征兆）出发，通过分析线索之间的关系而找出故障。

⑤ 演绎法：是从一般原理或前提出发，经过删除和精化的过程推导出结论。在调试开始时首先列出所有可能出错的原因或假设，然后再用原始测试数据或新的测试，逐个排除不可能正确的假设，最后证明剩下的原因确实是错误的根源。

8. 软件维护

软件维护是在软件已经交付使用之后，为了改正错误或满足用户新的需要而修改软件的过程。由于软件维护是在系统投入运行之后所做的工作，所以软件维护不属于系统开发过程。

一般来说，软件交付使用后可能进行的维护活动主要有 4 种：

① 改正性维护：在软件使用期间，用户发现程序错误，并通知维护人员，而进行的诊断和改正错误的过程。

② 适应性维护：是为了和变化了的环境适当地配合而进行的修改软件的活动，是既必要又经常的维护活动。

③ 完善性维护：在使用软件过程中用户往往提出增加新功能或修改已有功能的建议，还可能提出一般性的改进意见，为了满足这类要求而进行的维护活动。

④ 预防性维护：为了改进未来的可维护性或可靠性，或为了给未来的改进奠定更好的基础而修改软件。

7.4.3 面向对象方法学

面向对象方法学的出发点和基本原则：是尽可能模拟人的思维方式，使开发软件的方法和过程尽可能接近人类认识世界解决问题的方法和过程，从而使描述问题的问题空间与实现解法的解空间在结构上尽可能一致。

概括地说，面向对象方法具有下述 4 个要点：

① 客观世界的问题都是由客观世界中的实体及实体相互间的关系构成的。将客观世界中的实体抽象为问题域中的对象（Object）。因此，面向对象的软件系统是由对象组成的，软件中的任何元素都是对象，复杂的软件对象有较简单的对象组合而成。

② 将所有的对象划分为各种对象类（简称类，Class），每个对象类都定义一组数据和一组方法。数据用于表示对象的静态属性，是对象的状态信息；方法是允许施加于该类对象上的操作。

③ 按照子类（或称为派生类）与父类（或称为基类）的关系，把若干个对象类组成一个层次结构的系统（也称为类等级）。在此层次结构中，通常下层的派生类具有和上层的基类相同的特性（包括数据和方法），这种现象称为继承（Inheritance）。但低层的特性将屏蔽高层的同名特性。

④ 对象彼此之间仅能通过传递消息互相联系。对象是进行处理的主体，必须发送消息请求对象执行它的某个操作，处理它的私有数据，而不能直接从外界对对象的私有数据进行操作。也就是说，一切局部与该对象的私有信息，都被封装在对象类的定义中，外界不能直接使用，这就是封装性。

1. 面向对象分析

面向对象分析的关键，是识别出问题域内的对象，并分析它们相互之间的关系，最终建立起问题域内的简洁、精确、可理解的正确模型。在用面向对象的观点建立起的模型中，对象模型是最基本、最重要、最核心的。

面向对象分析，就是抽取和整理用户需求并建立问题域模型的过程。

需求陈述是陈述用户需求的文件。通过反复多次地用户协商、讨论、交流和调研，不断地细化和完善用户需求，尽可能是需求陈述更完整、更准确。

面向对象方法最基本的原则，是按照人类习惯的思维方式，用面向对象的观点建立问题域的模型，开发尽可能自然地表现求解方法的软件。用面向对象方法开发软件，通常需要建立 3 种形式的模型，分别是描述系统数据结构的对象模型描述系统控制结构的动态模型和描述系统功能的功能模型。这 3 种模型都涉及数据、控制和操作等共同的概念，但他们描述的侧重点不同。

（1）建立对象模型

对象模型是描述系统数据结构的模型。是对模拟客观世界实体的对象以及对象相互之间关系的映射，描述了系统的静态结构。对象模型为建立动态模型和功能模型提供了实质性的框架。

建立对象模型的主要信息来源是需求陈述、应用领域的专业知识以及关于客观世界的常识。

复杂问题的对象模型由 5 个层次组成：主题层、类–&–对象层、结构层、属性层和服务层。这 5 个层次对应着面向对象分析过程中建立对象模型的 5 个主要活动：找出类–&–对象；识别结构；识别主题；定义属性；定义服务。

建立对象模型的工作步骤是，首先确定对象类和关联；然后给类和关联增添属性，以进一步描述它们；接着利用适当的继承关系进一步合并和组织类；而最后对类中操作的确定，需等到动态模型和功能模型建立之后。

（2）建立动态模型

动态模型表示瞬时的、行为化的系统的控制性质，它规定了对象模型中对象的合法变化序列。

在建立动态模型的过程中，脚本是指系统在某一执行期间内出现的一系列事件。脚本描述用户与目标系统之间的一个或多个典型的交互过程，以便对目标系统的行为有更具体的认识。

建立动态模型的工作步骤是，首先编写典型交互行为的脚本；然后从脚本中提取出事件，确定触发每个事件的动作对象以及接受事件的目标对象；接着排列事件发生的次序，确定每个对象可能有的状态及状态间的转换关系，并用状态图描述它们；最后比较各个对象的状态图，检查它们之间的一致性，确保事件之间的匹配。

（3）建立功能模型

功能模型更直接地反映了用户对目标系统的需求。功能模型表明了系统中数据之间的依赖关系，以及有关的数据处理功能。它由一组数据流图组成，其处理功能可以用 IPO 图、伪码等多种方式进一步描述。

面向对象建模技术所建立的 3 种模型，从不同的侧面描述系统。它们相互补充、相互配合，从而更全面地认识系统：功能模型指明了系统应该"做什么"；对象模型指明了应该"谁来做"；动态模型指明了系统应该"什么时候做"。

2. 面向对象设计

面向对象设计就是用面向对象的观点建立求解域模型的过程。分析和设计在实际的软件开发过程中的界限是模糊的。许多分析结果可以直接映射成设计结果，而在设计过程中又会加深和补充对系统需求的理解，从而进一步完善分析结果。因此，分析和设计活动是一个多次反复迭代的过程。

面向对象的设计可以分为系统设计和对象设计两个阶段。系统设计确定实现系统的策略和目标系统的高层结构；对象设计确定解空间中的类、关联、接口形式及实现服务的算法。

优秀设计是权衡了各种因素，从而使得系统在其整个生命周期中的总开销最小的设计。为了获得优秀的设计结果，应该遵循一些基本准则——面向对象设计准则：

① 模块化：面向对象软件的开发模式，支持将系统分解成模块的设计原理，即对象就是模块，是把数据结构和操作紧密结合在一起多构成的模块。

② 抽象：面向对象方法不仅支持过程抽象，而且支持数据抽象。类实际上是一种抽象数据类型，它对外开放的公共接口构成了类的规格说明，这种接口规定了外界可以使用的合法操作符，利用这些操作符可以对类实例中包含的数据进行操作。使用着无须知道操作符的实现算法和类中数据元素的具体表示方法。

③ 信息隐藏：在面向对象方法中，通过对象的封装性实现信息隐藏，类结构分离了接口与实现，从而支持了信息隐藏。对于类的用户来说，属性的表示方法和操作的实现算法都应该是隐藏。

④ 弱耦合：耦合主要是指不同对象之间相互关联的紧密程度。弱耦合有助于使得系统中某一部分的变化对其他部分的影响降低到最低程度。当两个对象必须相互联系相互依赖时，应该通过类的公共接口实现耦合，而不应依赖于类的具体实现细节。

⑤ 强内聚：内聚是衡量一个模块内的各个元素相互之间结合的紧密程度。在面向对象设计中应力求强内聚。一个服务应该完成一个且仅完成一个功能；一个类应该只有一个用途，它的属性和服务应该是高内聚的；设计出的一般—特殊结构应该是对相应领域知识的正确抽取。

⑥ 可重用：软件重用是提高软件开发生产率和目标系统质量的重要途径。重用有两方面的含义：一是尽量使用已有的类；二是如果确实需要创建新类，则在设计这些新类的协议时，应该考虑将来的可重复使用性。

3. 面向对象实现

面向对象方法学将分析、设计和实现很自然地联系起来。虽然面向对象设计原则上不依赖于特定的实现环境，但是实现结果和实现成本却很大程度上取决于实现环境。因此，直接支持面向对象设计环境的面向对象程序语言、开发环境及类库，对于面向对象实现来说是非常重要的。

面向对象实现主要包括两项工作：将面向对象设计结果，翻译成用某种程序设计语言书写的面向对象程序；测试并调试面向对象的程序。

为了将面向对象设计结果顺利地转换成面向对象程序，首先应该选择一种适当的程序设计语言。面向对象的程序设计语言非常适合用来实现面向对象设计结果。事实上，具有方便的开发环境和丰富的类库的面向对象程序设计语言，是实现面向对象设计的最佳选择。

良好的程序设计风格对于面向对象实现来说格外重要。它既包括传统的程序设计风格准则，也包括与面向对象方法的特点相适应的一些新准则。

为适应面向对象方法所特有的概念而必须遵循的新准则：

① 提高可重用性：提高方法的内聚；减小方法的规模；保持方法的一致性；把策略与实现分开；全面覆盖；尽量不使用全局信息；利用继承机制。

② 提高可扩充性：封装实现策略；一个方法只包含对象模型的有限内容；避免使

用多分支语句；精心确定公有方法。

③ 提高健壮性：预防用户的操作错误；检查参数的合法性；不要预先确定限制条件；先测试后优化。

一般来说，对面向对象软件的测试可分为 4 个层次进行：

① 算法层：测试类中定义的每个方法，相当于结构化软件测试中的单元测试。

② 类层：测试封装在同一个类中的所有方法与属性之间的相互作用。在面向对象软件中类是基本模块，因而可认为是面向对象测试中特有的模块测试或单元测试。

③ 主题层：测试一组协同工作的类-&-对象之间的相互作用。相当于结构化软件测试中的子系统测试，但也有面向对象软件的特点，如对象之间通过消息相互作用。

④ 系统层：把各子系统组装成完整的面向对象软件系统，在组装过程中同时进行测试。

在进行面向对象测试时，除了继承传统的测试技术之外，还必须研究与面向对象程序相适应的新的测试技术。

7.4.4　管理技术

软件工程包括技术和管理两方面，是管理和技术紧密结合的产物。只有在科学而严格的管理之下，先进的技术方法和优秀的软件工具才能真正发挥它们的作用。因此，软件项目管理是大型软件工程项目的关键。软件项目管理贯穿于软件的整个生命周期之中。

1. 计划

为了估算项目工作量和完成期限，首先应该预测软件规模。通常度量软件规模的主要技术有代码行技术和功能点技术，它们各有其特点，应该根据软件项目的特点选用适当的技术。

根据项目规模可以估算项目工作量。常用的估算模型有静态单变量模型、动态多变量模型和 COCOMO 模型。通过比较和协调使用不同模型得出的估算值，可得到比较准确的估算结果。

项目管理者目标是定义所有任务，识别出关键任务，跟踪关键任务的进展状况，以保证能够及时发现拖延进度的情况。为此，必须制定详细的进度表，以便监督项目进度、控制整个项目。常用的制定项目进度计划的工具有 Gantt 图和工程网络图。

Gantt 图具有直观简明、易于学习、易于绘制等优点，但是，它不能显示地表示各项任务相互之间的依赖、关键路径和关键任务，计划中关键部分不明确。因此，在管理大型软件项目时，仅用 Gantt 图是不够的。

工程网络图不仅能描绘任务分解情况及每项作业的开始时间和结束时间，而且能显式地表示各作业间的依赖关系，容易识别关键路径和关键任务。通常情况下，与 Gantt 图结合使用来制订和管理进度计划，使它们互相补充、取长补短。

2. 组织

对一个软件项目来说，承担项目的人员是最关键的因素。因此，必须合理地组织项目组，使项目组有较高的生产率。一个合理的项目组结构取决于管理风格、组内人员数目、技术水平以及所承担的项目的难易程度。国内外比较流行的组织方式有民主制程序员组、主程序员组和现代程序员组。

3. 控制

控制就是掌握被控制对象，不让它任意活动或超出规定范围活动，尽量使一切活动都按照预定的计划进行，向预期的目标前进。

软件质量保证是软件开发过程中的每一步都进行的保护性活动。软件质量保证措施主要有基于非执行的测试（又称复审）、基于执行的测试（即通常所说的测试）和程序正确性证明。软件复审是在改正错误的成本相对比较低时就及时发现并排除错误，软件复审是最重要的软件质量保证活动。

软件配置管理是应用于整个软件过程中的保护性活动，是在软件整个生命周期内管理变化的一组活动。

软件配置由一组相互关联的对象组成，这些对象也称软件配置项，是作为某些软件工程活动的结果而产生的。除了文档、程序和数据配置项以外，用于开发软件的开发环境也可置于配置控制之下。

一旦一个配置对象被开发出来并通过复审就成为基线。对基线对象的修改导致该对象的新版本。版本控制是用于管理这些对象而使用的一组规程和工具。

变化控制是一种规程活动，能够在对配置对象进行修改时保证质量和一致性。

配置审计是一项软件质量保证活动，有助于确保在进行修改时仍然保持质量。

状态报告向需要知道关于变化的信息的人，提供有关每项变化的信息。

本 章 小 结

使用计算机来解决一个特定的问题时，首先将问题抽象为数学问题，然后设计解决问题的算法，最后选择计算机语言将算法描述出来。用计算机语言将解决一个特定问题的算法进行的描述就是程序。也就是说，一个程序的执行能够完成一个特定的任务。

程序是由一组计算机能够识别的指令组成，这组指令按照一定的顺序排列，能够实现计算机需要完成的一个特定的任务。计算机算法就是为实现某个任务而构成的简单指令集，是有穷的计算过程。它规定了在程序中如何对数据进行正确处理的运算步骤。一个算法应具有以下特征：

① 有穷性。

② 确定性。

③ 有效性。

④ 有零个或多个输入。

⑤ 有一个或多个输出。

在设计程序时，不管程序多么复杂，设计出来的程序代码有多少行，都是由顺序结构、分支结构（选择结构）、循环结构结构组成的。

软件工程是一门研究用工程化方法构建和维护有效的、实用的和高质量的软件的学科。软件工程是为了摆脱软件危机，有效地驾驭极为复杂的软件生产的一门学科。软件工程是应用计算机科学、数学以及管理科学等原理，借鉴工程科学的原则、方法，创建软件以达到提高质量、降低成本的目的。

第 8 章　数据的组织与管理技术

学习目标：

- 了解数据类型、数据结构的概念，理解数据的逻辑结构、数据的存储结构；
- 理解线性表的逻辑结构，掌握线性表的存储实现、各种操作的算法描述；
- 了解栈、队列、树与二叉树的基本概念；
- 掌握关系数据库系统的基本概念和基础知识；
- 掌握按步骤设计简单关系数据库的方法；
- 熟练掌握 Microsoft Access 数据库管理系统软件的基本使用；
- 掌握对数据进行增加、删除、修改、查询的基本操作方法。

随着计算机技术的发展，计算机已被广泛应用到社会的各个领域。在计算机的绝大多数应用中，能够存取、处理大量信息的能力被认为是计算机的首要特征。数据的组织形式和存放结构及相应的处理步骤（算法）直接影响各种程序的优劣，因此需将各种信息数据加以抽象，分门别类地研究各种抽象数据的组织形式和存储结构，并配上相应的算法，提高计算机处理效率。大多数数据结构都由数列、记录、可辨识联合、引用等基本类型构成。不同种类的数据结构适合于不同种类的应用，而部分甚至专门用于特定的作业任务。例如，计算机网络依赖于路由表运作，B 树高度适用于数据库的封装。

数据库是按照数据结构来组织、存储和管理数据的仓库，是一个应用领域的通用数据处理系统，数据共享性不仅满足了各用户信息，也同时满足了各用户之间信息通信的要求。数据库有很多种类型，从最简单的存储有各种数据的表格到能够进行海量数据存储的大型数据库系统在各个方面得到了广泛的应用。常用的数据库管理系统有 Access、SQL Server、Oracle、MySQL、FoxPro 和 Sybase 等。

▶▶▶　8.1　数　据　结　构

8.1.1　数据结构的概念

数据（Data）：是对客观事物的符号表示，在计算机科学中是指所有能输入到计算机并被计算机程序处理的符号的总称。数据是计算机程序加工处理的对象，它可以是数值数据，即整数、实数和复数等，也可以是非数值数据，如字符、文字、图形、图像和声音等。

数据项（Data Item）：又称字段、域、属性等。数据项是数据的不可分割的最小单位。

数据元素（Data Element）：是数据的基本单位，在计算机程序中通常作为一个整体来处理。有些情况下，数据元素也称为元素、结点、顶点、记录等。有时，一个数据元素可由若干数据项（Data Item）组成。

数据对象（Data Object）：是性质相同的数据元素的集合，是数据的一个子集。例如，整数的数据对象是集合{0，±1，±2，…}，字母符号的数据对象是集合{A，B，…，Z}。

数据类型（Data Type）：在数据结构中的定义是一个值的集合以及定义在这个值集上的一组操作。数据类型的出现是把数据分成所需内存大小不同的数据，编程中需要用大数据时才需要申请大内存。

（1）数据结构的类型

数据结构（Data Structure）：是指相互之间存在一种或多种关系的数据元素的集合。数据元素不是孤立存在的，而是在它们之间存在某种关系。根据数据元素之间关系的不同，通常有4类基本结构：

① 集合：结构中的数据元素之间除了"同属于一个集合"的关系外，别无其他关系。

② 线性结构：结构中的数据元素存在一对一的关系。

③ 树状结构：结构中的数据元素存在一对多的关系。

④ 图状结构或网状结构：结构中的数据元素存在多对多的关系，如图 8-1 所示。一般来说，把树状结构和图状结构称为非线性结构。

（a）集合结构　　　（b）线性结构　　　（c）树状结构　　　（d）图状结构

图 8-1　4类基本数据结构的示意图

数据结构的定义形式为：数据结构是一个二元组

$$Data\_Structure =(D,R)$$

其中，D 是数据元素的有限集，R 是 D 上关系的有限集。

（2）数据的存储结构

数据的逻辑结构：数据结构的定义是对数据对象的一种数学描述。结构定义中描述的就是数据元素之间的逻辑关系。这种数据元素之间的逻辑关系就是数据的逻辑结构。

数据的物理结构：又称存储结构，是数据结构在计算机中的表示。即数据结构在计算机中的实现方法，包括数据结构中元素的表示及元素之间关系的表示。数据的存储结构可采用顺序存储和链式存储的方法。

① 顺序存储是借助元素在存储器中的相对位置来表示数据元素之间的关系。由此得到的存储结构称为顺序存储结构。通常借助于程序设计语言中的数组来实现。

② 链式存储对逻辑上相邻的数据元素不要求其存储位置相邻，元素间的逻辑关系通过附设的指针（Pointer）来表示。由此得到的存储结构称为链式存储结构。通常借助于程序设计语言中的指针类型来实现。

（3）数据的运算

数据的运算：在数据的逻辑结构上对数据进行的各种运算。数据的各种逻辑结构有相应的各种运算，每种逻辑结构都有一个运算的集合。下面列举几种常用的运算：

① 检索：在数据结构中查找满足一定条件的结点。

② 插入：向数据结构中增加新的结点。

③ 删除：从数据结构中去掉指定的结点。

④ 更新：改变数据结构中指定结点的一个或多个域的值。

数据结构的研究内容：数据的逻辑结构、数据的物理存储结构、对数据的运算（或算法）。通常，算法的设计取决于数据的逻辑结构，算法的实现取决于数据的物理存储结构。

8.1.2　线性表

线性表是最简单、最常用的一种数据结构。

线性表（Linear_List）是具有相同数据类型的 n（$n>=0$）个数据元素组成的有限序列，记作：

$$(a_1, a_2, \cdots, a_{i-1}, a_i, a_{i+1}, \cdots, a_n)$$

其中，n 为线性表的表长，$n=0$ 时称为空表。

线性表中相邻元素之间存在着顺序关系。将 a_{i-1} 称为 a_i 的直接前趋，a_{i+1} 称为 a_i 的直接后继。就是说，对于 a_i，当 $i=2, \cdots, n$ 时，有且仅有一个直接前趋 a_{i-1}；当 $i=1, 2, \cdots,$ $n-1$ 时，有且仅有一个直接后继 a_{i+1}。而 a_1 是线性表的第一个元素无前趋，a_n 是线性表的最后一个元素无后继。

线性表的运算：表初始化、求表长、读取元素、按值查找、插入、删除。

线性表的顺序存储结构称为顺序表，是指在内存中使用一组地址连续的存储单元依次存放线性表的各个数据元素。因为内存中的地址空间是线性的，所以在线性表顺序存储结构中，物理上的相邻实现了数据元素之间的逻辑相邻关系。如图 8-2 所示，设 a_1 的存储地址为 $Loc(a_1)$，每个元素占 d 个存储单元，则第 i 个数据元素的地址为：

$$Loc(a_i)= Loc(a_1)+(I-1) \times d \qquad 1 \leqslant i \leqslant n$$

	0	1	...	i-1	i	i+1	...	n-1	...	m-1
内存状态	a_1	a_2	...	a_{i-1}	a_i	a_{i+1}	...	a_n	...	

图 8-2　线性表的顺序存储示意图

这就是说只要知道顺序表的首地址和每个数据元素所占存储单元的个数就可以求出第 i 个数据元素的存储地址，因此，顺序表具有按数据元素的序号随机存取的特点。

在顺序表中插入一个新的数据元素时，由于需要保持运算结果仍然是顺序存储，所以可能需要移动一些数据元素。一般情况下，在第 i（$1 \leqslant i \leqslant n$）个元素之前插入一个元素时，需要将第 n 至第 i 个元素依次向后移动一个位置，以便腾出第 i 个位置，而将待插入的元素插入到第 i 个位置。若顺序表中的数据元素个数为 n，在等概率情况下，插入一个元素平均需要移动的数据元素个数为 $n/2$，算法的时间复杂度为 $O(n)$。

类似地，当从顺序表中删除一个数据元素时，同样可能需要移动一些数据元素。一般情况下，当删除顺序表的第 i（$1 \leqslant i \leqslant n$）个元素时，需要将第 $i+1$ 至第 n 个元素依次向前移动一个位置。若顺序表中的数据元素个数为 n，在等概率情况下，删除一个元素平均需要移动的数据元素个数为 $(n-1)/2$，算法的时间复杂度为 $O(n)$。

线性表的链式存储结构称为线性链表，其结点由一个数据域和一个指针域两部分组成。数据域用来保存数据元素本身，指针域用来保存其直接后继结点的存储地址。线性链表的最后一个结点无后继结点，其指针域为空（记为 NIL 或 ∧）。另外还需要设置头指针 head，指向线性链表的第一个结点，如图 8-3 所示。

图 8-3　线性链表（线性表的链式存储结构）

线性链表中插入一个结点时，如将结点 S 插入到结点 P 之后，根据插入操作的逻辑定义，S 结点的指针指向 P 结点的后继结点，修改 P 结点的指针，令其指向 S 结点，如图 8-4 所示，从而实现 3 个数据元素之间逻辑关系的变化。其主要执行时间是搜索插入位置，时间复杂度为 $O(n)$。

图 8-4　线性链表的插入操作

类似地，从线性链表中删除一个结点的操作如图 8-5 所示。

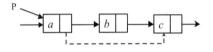

图 8-5　线性链表的删除操作

8.1.3　栈和队列

1. 栈（Stack）

栈是限定仅在表尾进行插入或删除操作的线性表。对栈来说，可以进行插入或删除操作的表尾端称为栈顶（top），相应地，表头端称为栈底（bottom）。不含任何元素的栈称为空栈。

假设栈 S=$(a_1, a_2, ..., a_n)$，则称 a_1 为栈底元素，a_n 为栈顶元素。栈中元素按 $a_1, a_2, ...,$ a_n 的次序进栈，在任何时候，出栈的元素都是栈顶元素。换句话说，栈的修改是按后进先出的原则进行的，因此，栈又称为后进先出（Last In First Out）的线性表（简称 LIFO 表），如图 8-6 所示。

栈的运算：栈初始化、判栈空、判栈满、读栈顶元素、进栈、出栈。

栈的存储结构可以用顺序存储结构，也可以用链式存储结构。图 8-7 所示是顺序栈中数据元素和栈顶指针之间的对应关系。

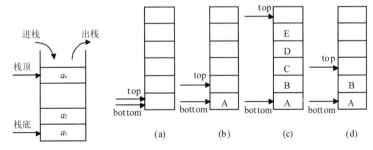

图 8-6　栈的示意图　　　　图 8-7　栈顶指针与栈中元素的关系

2. 队列（Queue）

队列是一种先进先出（First In First Out）的线性表（简称 FIFO 表）。它只允许在表的一端进行插入，而在另一端删除元素。允许插入元素的一端称为队尾（rear），允许删除的一端称为队头（front）。

假设队列 Q=（a_1，a_2，…，a_n），则称 a_1 为队头元素，a_n 为队尾元素。队列中元素按 a_1，a_2，…，a_n 的次序入队，在任何时候，退出队列也是按照这个次序进行的。也就是说，只有在 a_1，a_2，…，a_{n-1} 都出队之后，a_n 才能出队，如图 8-8 所示。

图 8-8　队列的示意图

队列的运算：队列初始化、判队空、判队满、读队头元素、入队、出队。

队列的存储结构可以用顺序存储结构，也可以用链式存储结构。

8.1.4　树和二叉树

前面介绍的数据结构都属于线性结构，其特点是逻辑结构简单，易于进行查找、插入和删除等操作。而非线性结构是指在该结构中至少存在一个元素，有两个或两个以上的直接前趋（或直接后继）元素。树状结构和图状结构是非常重要的非线性结构。而树和二叉树是最常用的树状结构。

1. 树（Tree）

树是 n（$n \geq 0$）个结点的有限集。当 $n=0$ 时称为空树。在任意一棵非空树中：①有且仅有一个特定的称为根（Root）的结点；②当 $n>1$ 时，其余结点可分为 m（$m>0$）个互不相交的有限集 T1，T2，…，Tm，其中每一个集合本身又是一棵树，并且称为根的子树（SubTree）。在图 8-9（a）中，是只有一个结点的树；图 8-9（b）是有 13 个结点的树，其中 A 是根，其余的结点被分为三个互不相交的子集：T1={B，E，F}，T2={C，G，K，L}，T3={D，H，I，J，M}，T1、T2 和 T3 都是根 A 的子树，且本身也是一棵树。

（a）一个结点　　　　（b）13 个结点

图 8-9　树的示例

树具有两个特点：①树的根结点没有前趋结点，除根结点之外的所有结点有且仅有一个前趋结点；②树中所有结点可以有零个或多个后继结点。

2. 树形结构的常用术语

① 结点的度（Degree）：一个结点的子树的个数。

② 树的度：树中各结点的度的最大值。

③ 树叶（Leaf）：度为 0 的结点。

④ 分支结点：度不为 0 的结点。

⑤ 双亲（Parent）、孩子（Child）：结点的各子树的根称为该结点的孩子（也叫子女）；相应的该结点称为其孩子的双亲。

⑥ 兄弟（Sibling）：具有相同双亲的结点互为兄弟。

⑦ 结点的层数（Level）：根结点的层数为 1，其他任何结点的层数等于其双亲结点层数加 1。

⑧ 树的深度（Depth）：树中各结点的层数的最大值。

⑨ 森林（Forest）：0 棵或多棵不相交的树的集合（通常是有序集）。

3. 二叉树的概念

二叉树（binary Tree）是树状结构的另一个重要类型。

二叉树是 n（$n \geq 0$）个结点的有限集合，这个集合或者为空集（$n=0$），或者由一个根结点及两棵不相交的，分别称为这个根的左子树和右子树的二叉树组成。

特别需要注意的是，二叉树不是特殊的树。虽然树与二叉树有很多相似之处，但他们是不同的两个概念。树与二叉树间最主要的差别是：二叉树为有序树，即二叉树的子树分为左子树和右子树，即使在结点只有一棵子树的情况下也要指明该子树是左子树还是右子树。

二叉树的性质：

① 在二叉树的 i 层上，最多有 2^{i-1} 个结点（$i \geq 1$）。

② 深度为 k 的二叉树最多有 2^k-1 个结点（$k \geq 1$）。

③ 对任何一棵二叉树，若终端结点数为 n_0，度为 2 的结点数为 n_2，则 $n_0 = n_2 + 1$。

满二叉树和完全二叉树是两种特殊形态的二叉树。

一棵深度为 k 且具有 2^{k-1} 个结点的二叉树称为满二叉树（Full Binary Tree）。图 8-10（a）所示是一棵深度为 4 的满二叉树，这种二叉树的特点是每一层上的结点数都是最大结点数。

深度为 k，有 n 个结点的二叉树，当且仅当其每一个结点都与深度为 k 的满二叉树中编号从 1 到 n 的结点——对应时，称为完全二叉树。图 8-10（b）所示是一棵深度为 4 的完全二叉树，这种二叉树的特点是：①叶子结点只可能在层次最大的两层上出现；②对任一结点，若其右分支下的子孙的最大层次为 1，则其左分支下的子孙的最大层次必为 1 或 1+1。图 8-10（c）、（d）所示不是完全二叉树。

4. 二叉树的存储结构

二叉树的存储结构通常采用链式存储结构。其结点结构分为 3 个域：一个数据域 info，用来存储结点自身的信息；一个左指针域 lchild，用来指向结点的左孩子；一个右指针域 rchild，用来指向结点的右孩子。其形式为：

lchild	info	rchild

5. 遍历二叉树

在二叉树的一些应用中，常常要求在二叉树中查找具有某种特征的结点，或者对二叉树中全部结点逐一进行某种处理，这就需要对二叉树进行遍历。遍历二叉树（Traversing

Binary Tree）是指按照一定的策略访问二叉树中的每个结点，使得每个结点均被访问一次，而且仅被访问一次。

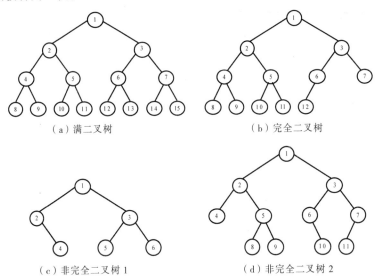

图 8-10　特殊形态的二叉树

根据二叉树的定义可知，二叉树由 3 个基本单元组成：根结点、左子树、右子树。因此，若能依次遍历这 3 部分，就是遍历整个二叉树。假如以 L、D、R 分别表示遍历左子树、访问根结点和遍历右子树，则可以有 DLR、LDR、LRD、DRL、RDL、RLD 6 种遍历二叉树的方案。若限定先左后右的顺序，则只有前 3 种情况，分别称为先（根）序遍历、中（根）序遍历和后（根）序遍历。

（1）先序遍历二叉树的操作定义：若二叉树为空，则空操作；否则

① 访问根结点。

② 先序遍历左子树。

③ 先序遍历右子树。

（2）中序遍历二叉树的操作定义：若二叉树为空，则空操作；否则

① 中序遍历左子树。

② 访问根结点。

③ 中序遍历右子树。

（3）后序遍历二叉树的操作定义：若二叉树为空，则空操作；否则

① 后序遍历左子树。

② 后序遍历右子树。

③ 访问根结点。

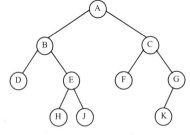

图 8-11　二叉树

对于图 8-11 所示的二叉树，对其结点进行先序遍历的序列为 ABDEHJCFGK；对其结点进行中序遍历的序列为 DBHEJAFCKG；对其结点进行后序遍历的序列为 DHJEBFKGCA。

8.1.5　图

图（Graph）是一种比线性结构（线性表、栈、队列和字符串等）和树状结构（二叉

树、树和森林等）更复杂的非线性结构。在图结构中，结点之间的关系可以是任意的，图中任意两个元素之间都可能相邻。

1. 图的定义和术语

图是由非空的顶点集合和一个描述顶点之间的关系——边（或者弧）的集合组成的，记为

$$G=(V,E)$$
$$V=\{v_i \mid v_i \in 数据对象\}$$
$$E=\{(v_i,v_j) \mid v_i,v_j \in V \wedge P(v_i,v_j)\}$$

（1）无向图和有向图

在一个图中，如果任意两个顶点构成的偶对$(v_i,v_j) \in E$是无序的，即顶点之间的连线是没有方向的，则称该图为无向图。如果任意两个顶点构成的偶对$(v_i,v_j) \in E$是有序的，即顶点之间的连线是有方向的，则称该图为有向图。

图8-12中$G2$是一个有向图，可以描述如下：

$$G_2=(V,E)$$
$$V(G)=\{v_1,v_2,v_3,v_4\}$$
$$E(G)=\{<v_1,v_2>,<v_1,v_3>,<v_3,v_4>,<v_4,v_1>\}$$

 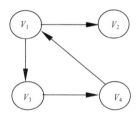

（a）无向图G_1 （b）有向图G_2

图8-12 无向图和有向图

子图：设$G=(V,E)$和$G'=(V',E')$是两个图，如果他们满足V'是V的子集，E'是E的子集，则称图G'是图G的一个子图，如图8-13所示。

（a） （b） （c） （d）

图8-13 子图

顶点的度：顶点的度（Degree）是指依附于某顶点v的边数，通常记为$\mathrm{TD}(v)$。在有向图中，要区别顶点的入度与出度的概念。顶点v的入度是指以顶点v为终点的弧的数目，记为$\mathrm{ID}(v)$；顶点v的出度是指以顶点v为始点的弧的数目，记为$\mathrm{OD}(v)$；有$\mathrm{TD}(v)=\mathrm{ID}(v)+\mathrm{OD}(v)$。

（2）无向网和有向网

在实际应用中，图的边或弧往往与具有实际意义的数有关，即每条边都有它相关的

数，称为权（Weight），这些权可以表示从一个顶点到另一个顶点的距离或耗费等信息。这种边上带权的图称为网或网络，如图 8-14 所示。

连通：在无向图中，如果从一个顶点 v_i 到另一个顶点 v_j（$i \neq j$）有路径，则称顶点 v_i 和 v_j 是连通的。如果图中任意两顶点都是连通的，则称该图是连通图。无向图的极大连通子图（所谓"极大"，是指若再加入一个顶点时就不连通）称为连通分量，如图 8-15 所示。

图 8-14　网络

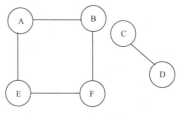

（a）无向图 G_1　　　　　　　　（b）G_1 连通分量

图 8-15　无向图和连通分量

2. 图的基本操作

数据结构的操作是定义在逻辑结构层次上的，而操作的具体实现是建立在存储结构上的。因此下面定义的图的基本操作是逻辑结构的一部分，每一个操作的具体实现只有在确定了存储结构之后才能完成。

（1）图的存储结构

从图的定义可知，一个图的信息包括两部分，即图中顶点的信息及描述顶点之间的关系——边或者弧的信息。下面介绍两种常见的图的存储结构：邻接矩阵和邻接表。

① 邻接矩阵。图的邻接矩阵（Adjacency Matrix）表示又称数组表示，它采用两个数组来完成成图：一个用于存储顶点信息的一维数组，另一个用于存储图中顶点之间关联关系的二维数组，这个关联关系称为邻接矩阵。

② 邻接表。邻接表（Adjacency List）是图的一种顺序存储与链式存储结合的存储方法。邻接表表示法类似于树的孩子链接表示法，对于图 G 中每一个顶点 v_i，将所有邻接于 v_i 的顶点 v_j 链接成一个单链表，这个单链表就称为顶点 v_i 的邻接表；再将所有的点的邻接表表头放到数组中，就构成了图的邻接表。

（2）图的遍历

图的遍历是指从图中的任一顶点出发，对图中的所有顶点访问一次且只访问一次。图的遍历操作和树的遍历操作功能相似。图的遍历是图的一种基本操作，图的许多其他操作都是建立在遍历操作的基础之上。通常，图的遍历有深度优先遍历和广度优先遍历两种方式：

① 深度优先遍历。深度优先遍历是树的先根遍历的推广，它的基本思想是：从图 G 的某个顶点 v_0 出发，访问 v_0，然后选择一个与 v_0 相邻且没被访问过的顶点 v_i 访问，再从 v_i 出发选择一个与 v_i 相邻且未被访问的顶点 v_j 进行访问，依此继续。如果当前被访问

过的顶点的所有邻接顶点都已被访问,则退回到已被访问的顶点序列中最后一个拥有未被访问的相邻顶点的顶点 w,从 w 出发按同样的方法向前遍历,直到图中所有顶点都被访问。

② 广度优先遍历。图的广度优先遍历是树的按层次遍历的推广,它的基本思想是:首先访问初始点 v_i,并将其标记为已访问过,接着访问 v_i 的所有未被访问过的邻接点 $v_{i1}, v_{i2}, \ldots, v_{it}$,并均标记已访问过,然后再按照 $v_{i1}, v_{i2}, \ldots, v_{it}$ 的次序,访问每一个顶点的所有未被访问过的邻接点,并均标记为已访问过,依此类推,直到图中所有和初始点 v_i 有路径相通的顶点都被访问过为止。

（3）最小生成树

从一个连通图的顶点出发,一次可完成图的遍历。连通图的一次遍历所经过的边的集合与图中所有顶点的集合构成了该图的一棵生成树,并且称由深度优先遍历得到的为深度优先遍历生成树;由广度优先遍历得到的为广度优先遍历生成树。对于有 n 个顶点的无向连接图,无论其生成树的形态如何,所有生成树都有且仅有 $n-1$ 条边。在一个连通图的所有生成树中,存在各边的代价之和最小的生成树。

设 $E(G)$ 为连通图 G 中所有边的集合,则从图中任一顶点出发遍历图时,必定将 $E(G)$ 分成两个集合 $T(G)$ 和 $B(G)$,其中 $T(G)$ 是遍历过程中经历的边的集合,$B(G)$ 是剩余边的集合。显然,$T(G)$ 和图 G 中所有顶点一起构成连通图 G 的极小连通子图,连通图的一次遍历所经过的边的集合与图中所有顶点的集合就构成了该图的一棵生成树。

在一个连通图的所有生成树中,各边的代价之和最小的那棵生成树称为该连通图的最小代价生成树,简称最小生成树（MST）。

8.1.6　查找

查找是数据结构中的基本运算,在实际应用中使用频率很高,因此一个好的查找方法可以大大提高运行速度。

关于查找的基本概念与术语:

① 数据项:又称项或字段,数据项是具有独立含义的标识单位,是数据不可分割的最小单位。

② 数据元素:又称记录,是由若干数据项构成的数据单位,是在某一问题中作为整体进行考虑和处理的基本单位。

③ 关键字（Key）:是数据元素中某个数据项的值,用它可以标识一个数据元素。

④ 查找表:是由具有同一类型（或属性）的数据元素（或记录）组成的集合。分为静态查找表（Static Search Table）和动态查找表（Dynamic Search Table）两类。静态查找表是指仅对查找表进行查找操作,而不能修改的查找表;动态查找表是指对查找表可以进行查找操作外,还可以向查找表中插入数据元素,或删除查找表中数据元素。

⑤ 查找（Searching）:根据给定的某个值,在线性表中确定一个其关键字等于给定值的记录或数据元素。若表中存在这样的一个记录,则称查找成功,若表中不存在关键字等于给定值的记录,则称查找失败。

⑥ 平均查找长度（Average Search Length）:又称平均检索长度,是指在查找过程中给定值与关键字进行比较的平均比较次数。平均查找长度是衡量一个查找算法的主要标准。

在此主要介绍静态查找表常见的两种查找方法:顺序查找和折半查找。

1. 顺序查找

顺序查找（Sequential Search）的查找过程为：从表的一端开始，向另一端逐个进行记录的关键字和给定值的比较，若某个记录的关键字与给定值比较相等，则查找成功，并给出记录在查找表中的位置；否则，若经过比较所有记录的关键字与给定值比较都不相等，则查找失败，给出失败信息。

顺序查找的优点：对查找表中结点的逻辑次序无要求（如不必按关键字的值有序）；对查找表的存储结构无要求（如查找表采用顺序存储结构或链式存储结构皆可）。

顺序查找的缺点：平均查找长度大。

2. 折半查找

折半查找（Binary Search）又称为二分法查找，它要求查找表中的记录必须按关键字有序排列，并且查找表必须以顺序方式存储。在此，假设查找表是按升序排列的。

折半查找的查找过程为：在有序的查找表中，取中间位置的记录作为比较对象，若给定值与中间位置记录的关键字相等，则查找成功；若给定值大于中间位置记录的关键字，则在中间位置元素的右半部分继续查找；若给定值小于中间位置记录的关键字，则在中间位置元素的左半部分继续查找。如此不断重复上述查找过程，直到查找成功，或所查找范围内所有记录的关键字都与给定值不等，即查找失败。

折半查找的优点：平均查找长度小。

折半查找的缺点：必须保证查找表有序，必须保证查找表以顺序方式存储。

8.1.7 排序

排序（Sorting）是计算机程序设计中的一种重要操作，其功能是将一个数据元素（或记录）的任意序列，重新排列成一个按关键字有序的序列。

若对任意的数据元素序列按照某种排序方法进行排序，相同关键字元素间的位置关系在排序前后保持一致，则称此排序方法是稳定的，否则，相同关键字元素间的位置关系在排序前后不能保持一致，称此排序方法是不稳定的。

由于待排序的记录数量不同，使得排序过程中涉及的存储器不同，可将排序分为内部排序和外部排序。整个排序过程都在内存中进行的排序，称为内部排序；由于待排序的记录序列数量过大，以致内存不能容纳全部记录，在排序过程中，还需要访问外部存储器的排序过程，称为外部排序。

内部排序的方法很多，下面介绍几种常用的内部排序方法（以升序为例）。

1. 直接插入排序

直接插入排序（Straight Inserting Sort）是一种最简单的排序方法，其基本操作是将一个记录插入到已排序好的有序表中，从而得到一个新的、记录数增 1 的有序表。

【例 8-1】设待排序序列中各记录的关键字为 54，45，36，81，72，18，63，27。进行直接插入排序的过程如图 8-16 所示。

初始态	{54} 45 36 81 72 18 63 27
第一趟	{45 54} 36 81 72 18 63 27
第二趟	{36 45 54} 81 72 18 63 27
第三趟	{36 45 54 81} 72 18 63 27
第四趟	{36 45 54 72 81} 18 63 27
第五趟	{18 36 45 54 72 81} 63 27
第六趟	{18 36 45 54 63 72 81} 27
第七趟	{18 27 36 45 54 63 72 81}

图 8-16　直接插入排序过程

对 n 个记录进行直接插入排序，其算法的时间复杂度为 $O(n^2)$。

2. 简单选择排序

简单选择排序（Simple Selection Sort）的基本思想是：每一趟在 $n-i+1$（i=1，2，…，$n-1$）个记录中选取关键字最小的记录作为有序序列中第 i 个记录。

【例8-2】设待排序序列中各记录的关键字为54，45，36，81，72，18，63，27。进行简单选择排序的过程如图 8-17 所示。

对 n 个记录进行简单选择排序，其算法的时间复杂度为 $O(n^2)$。

3. 起泡排序

起泡排序（Bubble Sort）是基于交换思想的一种简单的排序方法。其基本思想是：将待排序的记录顺次两两比较，若前者大于后者，则两记录进行交换。如此，将所有记录处理一遍的过程称为一趟起泡排序。其效果是将关键字最大的记录交换到最后的位置。对 n 个记录的序列进行排序最多需要 $n-1$ 趟起泡排序。

【例8-3】设待排序序列中各记录的关键字为54，45，36，81，72，18，63，27。进行起泡排序的过程如图 8-18 所示。

初始态	{ 54 45 36 81 72 18 63 27 }
第一趟	18 {45 36 81 72 54 63 27}
第二趟	18 27 {36 81 72 54 63 45}
第三趟	18 27 36 {81 72 54 63 45}
第四趟	18 27 36 45 {72 54 81}
第五趟	18 27 36 45 54 {72 63 81}
第六趟	18 27 36 45 54 63 {72 81}
第七趟	18 27 36 45 54 63 72 {81}

图 8-17 简单选择排序过程

初始态	{ 54 45 36 81 72 18 63 27 }
第一趟	{45 36 54 72 18 63 27} 81
第二趟	{36 45 54 18 63 27} 72 81
第三趟	{36 45 18 54 27} 63 72 81
第四趟	{36 18 45 27} 54 63 72 81
第五趟	{18 36 27} 45 54 63 72 81
第六趟	{18 27} 36 45 54 63 72 81
第七趟	{18} 27 36 45 54 63 72 81

图 8-18 起泡排序过程

对 n 个记录进行起泡排序，其算法的时间复杂度为 $O(n^2)$。

8.2 数据库基础

数据库技术是信息社会的重要基础技术之一，对于大量的数据使用数据库进行存储管理比通过文件进行存储管理具有更高的效率。下面首先介绍有关数据库的基本概念。

8.2.1 数据库的基本概念

1. 数据

数据（Data）是数据库中存储的基本对象。所谓数据，就是能被计算机识别与处理的符号。数据的种类很多，如数字、文字、表格、图形、图像、声音等都属于数据。

2. 数据库

数据库（Database，DB）指存储在计算机内、有组织、可共享的数据集合。它按一定的数据模型组织、描述和储存，具有较小的冗余度，较高的数据独立性和易扩展性，可被多个不同的用户共享。

3. 数据库管理系统

数据库管理系统（Database Management System，DBMS）是数据库系统的核心，是负责数据库的建立、使用和维护的软件，主要功能包括数据库的定义、数据操纵、数据库运行管理、数据库的建立和维护。数据库管理系统是支持人们建立、使用和修改数据库的软件系统。它是位于用户和操作系统之间层面的数据管理软件。它为用户或应用程序提供访问数据库的方法，包括数据库的建立、查询、更新及各种数据控制。

4. 数据库应用程序

数据库应用程序是指用 Visual Basic 或 Delphi 等开发工具开发的程序，用来实现某种具体的功能，例如各种财务管理系统、信息管理系统等。数据库应用程序是在操作系统和数据库管理系统的支持下开发和运行的，它利用数据库管理系统提供的各种手段访问一个或多个数据库及其数据。DBMS 可分为层次型、网型、关系型和面向对象型等几种类型。

5. 数据仓库

数据仓库是一个面向主题的、集成的、相对稳定的、反映历史变化的数据集合，用于支持管理决策。对于数据仓库的概念，可以从两个层次理解：①数据仓库用于支持决策，面向分析型数据处理，它不同于企业现有的操作型数据库；②数据仓库是对多个易购数据源的有效集成，集成后按照主题进行重组，并包含历史数据，而且存放在数据仓库中的数据一般不再修改。

8.2.2 数据库系统的组成和结构

1. 数据库系统的组成

数据库系统是指在计算机系统中引入数据库后的系统，一般由数据库、数据库管理系统（及其开发工具）、软件、硬件和用户构成。

（1）数据库

数据库指数据库系统中存储在计算机内、有组织、可共享的数据集合。它按一定的数据模型组织、描述和储存，具有较小的冗余度，较高的数据独立性和易扩展性，可被多个不同的用户共享。

（2）数据库管理系统

数据库管理系统是对数据进行管理的软件系统，它是数据库系统的核心软件。数据库的一切操作，包括创建各种数据库对象，如表、视图、存储过程等，以及应用程序对这些对象的操作（如插入数据到表中，对表中原有数据的检索、修改、删除等），都是通过数据库管理系统进行的。

DBMS 可以分为层次型、网状型、关系型和面向对象型等几种类型。

数据库在建立、使用和维护是由数据库管理系统统一管理，统一控制。数据库管理系统使用户方便地定义数据和操作数据，并能够保证数据的安全性、完整性、并发性及发生故障后的系统恢复。

（3）软件

软件是指负责数据库存取、维护和管理的软件系统，通常称为数据库管理系统。它对数据库中数据资源进行统一管理和控制，起到将用户程序和数据库数据隔离的作用。

数据库管理系统是数据库系统的核心，其功能强弱体现了数据库系统的性能优劣。

（4）硬件

硬件主要是指计算机。鉴于数据库系统的要求，数据库主机或数据库服务器外存要足够大，存取效率要高，主机的吞吐量大，作业处理能力强。对于分布式数据库而言，计算机网络也是基础环境。

（5）用户

用户是指使用数据库的人员。数据库系统中主要有终端用户、应用程序员和管理员三类用户。终端用户是指那些无太多计算机知识的工程技术人员及管理人员。他们通过数据库系统提供的命令语言、表格语言以及菜单等交互式对话手段使用数据库中的数据。应用程序员是为终端用户编写应用程序的软件人员，他们设计的应用程序主要用途是使用和维护数据库。数据库的建立、使用和维护等工作只靠一个 DBMS 远远不够，还要有专门的人员来完成，这些人被称为数据库管理员。数据库管理员是指全面负责数据库系统正常运转的高级人员，他们负责对数据库系统本身进行深入的研究。

由上面可以知道数据库系统是由计算机软、硬件资源组成的系统，它实现了有组织地、动态地存储大量关联数据，方便多用户访问。通俗地讲，数据库系统可把日常的一些表格、卡片等的数据有组织地集合在一起，输入到计算机中，然后通过计算机处理，再按一定要求输出结果。我们可以用图示来表示数据库系统中各部分之间的关系，如图 8-19 所示。

2. 数据库系统的结构

1972 年，ANSI/SPARC 成立了一个 DBMS 研究组，试图规定一个标准化的数据库系统结构，包括数据库系统的总体结构、数据库系统的特征、接口和各部分所能提供的功能等。研究组于 1975 年提出了一个 ANSI/SPARC 临时报告，1978 年提交了最终报告，它提出了三级模式的数据库系统结构。

图 8-19　数据库系统的组成

（1）三级模式结构

数据库体系在总体结构上都具有三级模式结构的共性。三级模式由外模式、模式和内模式组成，如图 8-20 所示。

图 8-20　数据库系统的模式结构

① 模式（Schema）又称逻辑模式，是指数据库用户所看到的数据结构，是用户看到的数据视图。模式是对数据库中全体数据的逻辑结构和特征的描述，通常以某一种数据模型为基础，并用 DBMS 提供的模式数据定义语言 DDL 来描述逻辑模式，即严格地定义数据的名称、特征、相互关系、约束等。

模式实际上是数据库数据在逻辑级上的视图，一个数据库只有一个模式。它是数据库系统模式结构的中间层，既不涉及数据的物理存储细节和硬件环境，也与具体的应用程序和所使用的应用开发工具无关。

数据库模式统一综合地考虑了所有用户的需求，并将这些需求有机地结合成一个逻辑整体。定义模式时不仅要定义数据的逻辑结构，而且要定义数据之间的联系，定义与数据有关的安全性、完整性要求等内容。

② 外模式（External Schema）又称子模式（Subschema）或用户模式，是数据库中对全体数据的逻辑结构和特性的描述，是所有用户所见到的数据视图的总和。它是数据库用户能够看见和使用的局部数据的逻辑结构和特征的描述，是数据库用户的数据视图，是与某一应用有关的数据的逻辑表示。外模式通常是模式的子集。一个数据库可以有多个外模式。应用程序都是和外模式打交道。外模式是保证数据库安全性的一个有力措施。每个用户只能看见和访问所对应的外模式中的数据，数据库中的其余数据是不可见的。

③ 内模式（Internal Schema）又称存储模式（Storage Schema），是数据在数据库系统内的存储介质上的表示，即对数据的物理结构和存取方式的描述。一个数据库只有一个内模式，它是数据物理结构和存储方式的描述，是数据库内部的表示方法。例如，记录的存储方式是顺序存储、按照树结构存储还是按 hash 方法存储；索引按照什么方式组织；数据是否压缩存储，是否加密；数据的存储记录结构有何规定等。

（2）数据库的两层映像功能与数据独立性

数据库系统的三级模式是数据的 3 个抽象级别，它把数据的具体组织留给 DBMS 管理，使用户能逻辑地抽象地处理数据，而不必关心数据在计算中的具体表示方式与存储方式。为了能够在内部实现这 3 个抽象层次的联系和转换，数据库管理系统在这三级模式之间提供了两层映像：外模式/模式映像和模式/内模式映像。正是这两层映像保证了数据库系统中的数据能够具有较高的逻辑独立性和物理独立性。

① 外模式/模式映像：用于定义外模式和模式之间的对应关系，一个模式可以与多个外模式对应联系。这一映像使得当对模式进行修改时，只要修改外模式/模式映象，而外模式则尽可能保持不变，即模式的改变不影响外模式和应用程序，从而达到了数据的逻辑独立性。

② 模式/内模式映像：把全局逻辑结构描述与物理结构描述联系起来，一个模式只有一个内模式。这种映像保证了数据与程序之间的物理独立性，当数据库的存储结构改变即修改内模式时，只要相应改变模式/内模式映像，而模式尽量保存不变，而对外模式和应用程序的影响则更小，从而实现了数据的物理独立性。

通过两级映射，简化了用户对数据库的操作，使得用户只需对数据库进行逻辑操作即可实现对数据库的物理操作，同时也有利于实现数据的安全性和保密性。

3. 数据库系统外部的体系结构

我们考察数据库系统的结构可以有多种不同的层次或不同的角度。从数据库管理系统角度看，数据库系统通常采用三级模式结构，这是数据库管理系统内部的系统结构。从数据库最终用户角度看，数据库系统的结构分为集中式结构、分布式结构、客户/服务器结构和并行结构。这是数据库系统外部的体系结构。

（1）单用户数据库系统

单用户数据库系统是一种早期的最简单的数据库系统。整个数据库系统都装在一台计算机上，由一个用户独占，不同计算机之间其数据不能共享。

（2）集中式数据库

集中式数据库又称主从式结构的数据库系统，只有一个 CPU 参与数据库应用处理。20 世纪 80 年代中后期，使用计算机通信技术的局域网（LAN）将独立的计算机连接起来，计算机之间可以互相通信，网络中的计算机可以共享外设，导致了多用户数据库的开发。20 世纪 60 年代后期到 80 年代，曾经出现过一种梦想，人们企图建立一种完全统一的集中式数据库，但在实践上遇到了困难，证明这种一体化的数据库根本不能实现，其复杂程度简直是难以想象的。

（3）分布式结构的数据库系统

分布式数据库是指多 CPU 同时参与数据库应用处理，互相通信。对每个用户而言，好像它就是系统中的唯一用户，系统给他提供服务就像没有别人使用时一样，保证应有的一致性、精确性和实时性。但分布式数据库系统的协调和同步是困难的，通信代价也很高。

（4）客户/服务器结构的数据库系统

网络中某个结点上的计算机专门用于执行 DBMS 功能，称为数据库服务器，简称服务器，而结点上的其他计算机安装 DBMS 的外围应用开发工具，支持用户应用，称为客户机。此种结构可以显著地减少通信代价，提高了系统性能、吞吐量和负载能力，更具开放性（用户可以使用不同厂商的数据库开发工具，应用程序具有更强的可移植性），也可以减少软件维护开销。

（5）浏览器/服务结构

在客户/服务器系统中用户端的开发任务很重，于是提出了瘦客户端，增加中间件，减轻用户负担。最终发展为浏览器/服务结构，终端用户只要提出查询要求，数据库服务器即完成一切数据处理功能。

▶▶▶ 8.3　设计和创建数据库

8.3.1　数据库设计——模型与结构

现实世界中，个体间总存在某些联系。反映到信息世界中，就是实体的联系，由此构成实体模型。反映到数据库系统中，是记录间的联系。将实体模型数据化，转化成数据模型，这个过程就是抽象实际数据和设计数据库的过程。

设计数据库系统时，一般先用图或表的形式抽象地反映数据彼此之间的关系，称为建立数据模型。数据模型应满足 3 方面要求：①能比较真实地模拟现实世界；②容易为人所理解；③易于在计算机上实现。

在数据库系统中针对不同的使用对象和应用目的，采用不同的数据模型。常用的数据模型一般可分为两类：概念模型和数据模型。

（1）概念模型

概念模型也称信息模型，它是按用户的观点来对数据和信息建模，主要用于数据库设计，即只在概念上表示数据库中将存储一些什么事物，这些事物之间有什么联系，而不管这些事物和联系在数据库中是如何实现存储的。一般采用 E-R（Entity-Relationship）图表示。

在 E-R 图中。我们用长方形表示实体，用椭圆形表示实体的属性，并用无向边把实体与其属性连接起来。例如，图 8-21 所示就是一个学生实体的 E-R 图。

图 8-21　学生实体 E-R 图

我们知道，客观世界中的各个实体之间通常存在关联。在 E-R 图中，用菱形表示实体之间的联系，菱形框内是联系名。用无向边把菱形分别与有关实体相连接，在无向边旁标上联系的类型（1：1、1：N 或 M：N）。若实体之间联系也具有属性，则把属性和菱形也用无向边连接上。图 8-22 所示是学生选课模型 E-R 图，其中实体的属性被省略。

（2）数据模型

数据模型指在数据库系统中表示数据之间逻辑关系的模型，该模型着重于在数据库系统中的实现，是按计算机系统的观点对数据建模，主要用于 DBMS 的实现。目前，最常用的数据模型有层次模型（Hierarchical Model）、网状模型（Network Model）、关系模型（Relational Model）和面向对象数据模型（Object Oriented Model）。

图 8-22　学生选课模型 E-R 图

① 层次模型（Hierarchical Model）：表示数据间的从属关系结构，其总体结构像一棵倒置的树，根结点在上，层次最高；子结点在下，逐层排列，在不同的结点（数据）之间只允许存在单线联系，层次模型的示例如图 8-23 所示。其主要特征如下：

• 有且仅有一个结点无双亲，此结点称为根结点，如图 8-23 中的"学院"。

• 除根结点外，其余结点均有且仅有一个双亲，如图 8-23 中"学院"包含的各系。

② 网状模型（Network Model）：是层次模型的扩展，其总体结构呈现一种交叉关系的网状结构，在两个数据之间允许存在两种或多于两种的联系。其主要特征如下：

• 有一个以上结点无双亲。

• 允许结点有一个以上双亲。

网状模型表示的是一种较复杂的数据结构，可以表示数据间的纵向关系与横向关系。这种数据模型在概念上、结构上都比较复杂，操作上也有很多不便。网状模型的示例如图 8-24 所示。

图 8-23　层次模型

图 8-24　网状模型

③ 关系模型：是用二维表格结构表示实体及实体之间联系的数据模型。关系模型有严格的数学基础，是以数学的集合论——关系代数为理论基础，抽象级别比较高，简单清晰而且便于理解和使用。下一节将详细介绍关系模型及其数学背景。

④ 面向对象模型：20 世纪 80 年代后期，出现了面向对象数据库系统，它基于扩展的关系数据模型或面向对象数据模型，是尚未成熟的一代数据库系统，其主要特点是支持包括数据、对象和知识的管理；在保持和继承第二代数据库系统的技术基础上引入面向对象技术；对其他系统开放，具有良好的可移植性、可连接性、可扩展性和互操作性。

8.3.2　关系数据库设计

关系数据库用数学的方法来处理数据库中的数据。1970 年 IBM 公司的研究员 E.F.Codd 发表了题为"大型共享数据库的关系模型"论文，把关系代数应用到数据处理中，开创了关系模型数据库理论，启动了数据库界的运动，奠定了关系理论基础。20 世纪 80 年代以来推出的数据库管理系统（DBMS）几乎都支持关系模型，非关系系统的产品也大都加上了关系接口。这些商用数据库技术的运行，特别是微机 RDBMS 的使用，使数据库技术日益广泛地应用到企业管理、情报检索、辅助决策等各方面，成为实现和优化信息系统的基本技术。

1. 关系模型的数据结构

关系数据库系统是支持关系模型的数据库系统。关系模型是建立在严格的数学理论基础上的，在关系模型中，现实世界的实体以及实体间的各种联系均用关系来表示。

在用户看来，关系数据模型的逻辑结构是一张二维表，如表 8-1 中的学生档案就是一个关系模型。关系数据模型和我们现实生活中日常使用的表格在直观上是一致的，一个表格由一个表名、一个表头和一个表体 3 部分组成。"学生基本情况表"是表名，表头由一些属性名组成，每个属性名对应于一列，属性名必须唯一，表体由一些行或记录组成。由关系数据结构组成的数据库系统被称为关系数据库系统。

表 8-1　学生基本情况表

主键 学号	姓名	年龄	性别	院（系）	籍贯	字段 入学成绩
03001	张维	20	男	计算机	山西	621
03002	张珊	19	女	电子	湖南	578 ← 记录
03003	李岷	21	男	机械工程	山东	603
按学号索引 ⋮	⋮	⋮	⋮	⋮	⋮	⋮

为什么将这张二维表称作一个关系呢？下面将阐述关系的数学内涵。

关系模型建立在严格的集合代数的基础上，这里从集合论的角度给出关系数据结构的形式化定义。

2. 关系定义

关系的定义是从域出发的。

定义 1：域（Domain）。域是一组有相同数据类型的值的集合。

即域是值的集合。如{0，1，2，3}是域，其值为 0，1，2，3。

定义 2：笛卡儿积（Cartesian Product）。给定一组域 D_1，D_2，$\cdots$，D_n，这些域中有些是可以相同的，则 $D_1 \times D_2 \times \cdots \times D_n = \{(d_1, d_2, \cdots, d_n) \mid d_i \in D_i, i=1, 2, \cdots, n\}$ 称为笛卡儿乘积。其中每个$(d_1, d_2, \cdots, d_n)$称为元组，元组中的每个 d_i 称为做分量。

定义 3：关系。$D_1 \times D_2 \times \cdots \times D_n$ 的子集称为在域 D_1，D_2，$\cdots$，D_n 上的关系，表示为 R（D_1，D_2，$\cdots$，D_n）。这里 R 表示关系的名字，n 是关系的度。

$D_1 \times D_2 \times \cdots \times D_n$ 表示的是域上所有可能的组合，在现实生活中很多元组是无意义的数据，而一个关系肯定包含在 $D_1 \times D_2 \times \cdots \times D_n$ 之中，因此在数学上把关系定义为一组域 $D_1 \times D_2 \times \cdots \times D_n$ 上的笛卡儿积的子集。

笛卡儿积可表示为一个二维表。表中的每行对应一个元组，表中的每列对应一个域。

例如，给出 3 个域：D_1=老师集合、D_2=专业集合、D_3=学生集合。它们的取值情况是：老师集合={李辉，张建斐}，专业集合={计算机专业，信息专业}，学生集合={王鹏，孙丽，武浩}。

其笛卡儿积 $D_1 \times D_2 \times D_3$={（李辉，计算机专业，王鹏），（李辉，计算机专业，孙丽），（李辉，计算机专业，武浩），（李辉，信息专业，王鹏），（李辉，信息专业，孙丽），（李辉，信息专业，武浩），（张建斐，计算机专业，王鹏），（张建斐，计算机专业，孙丽），（张建斐，计算机专业，武浩），（张建斐，信息专业，王鹏），（张建斐，信息专业，孙丽），（张建斐，信息专业，武浩）}

其中课题组是上述笛卡儿积 $D_1 \times D_2 \times D_3$ 的子集，称为在域老师、专业、学生上的关系，如表8-2所示，其中关系中的每一个元组表示一个课题组。即关系课题组为：课题组（老师、专业、学生）={（李辉，计算机专业，王鹏）、（李辉，计算机专业，孙丽）}。

表 8-2　二　维　表

老　　师	专　　业	学　　生
李辉	计算机专业	王鹏
李辉	计算机专业	孙丽

综上关系笛卡儿积的子集，关系可形象化为一个二维表，表的每行对应一个元组，表的每列对应一个域。由于域可以相同，为了加以区分，必须对每列起一个名字，称为属性。N 目关系必有 N 个属性。

若关系中的某一属性组的值能唯一地标示一个元组，则称该属性组为候选码。

若一个关系有多个候选码，则选定其中一个为主码。它可以唯一确定一个元组。

下面对关系的术语作一个归纳：

● 关系（Relation）：一个关系对应一张二维表，表名即为关系名。

- 元组（Tuple）：表中的一行即为一个元组。
- 属性（Attribute）：表中的一列即为一个属性。
- 域（Domain）：属性的取值范围。
- 分量：元组中的一个属性值。
- 主码（Key）：表中的某个属性组，它可以唯一确定一个元组。
- 外键：外键是本关系的一个属性（组），它不是本关系的主关系键，但却是另一关系的主关系键，则称这个属性（组）为本关系的外部关系键。
- 关系模式：对关系的描述，一般表示为关系名（属性 1，属性 2，…，属性 n）。

表 8-3 总结了关系、表等一系列术语之间的对照关系。

表 8-3　关系数据模型术语之间的对照表

在关系理论中	在关系数据库中	某些软件开发商
关系	表	数据库文件
元组	行	记录
属性	列	字段

3. 关系的类型

关系有基本关系、查询表和视图表 3 种类型。

- 基本关系：是实际存在的表，它是实际存储数据的逻辑表示。
- 查询表：是查询结果对应的表。
- 视图表：是由基本表或其他图表导出的表，是虚表，不对应实际存储的数据。

基本关系具有以下 6 条性质：

① 表中每一列必须是基本数据项（即不可再分解）。

② 表中每一列必须具有相同的数据类型（如字符型或数值型）。

③ 表中每一列的名字必须是唯一的。

④ 表中不应有内容完全相同的行。

⑤ 列的顺序无所谓，即列的次序可以任意交换。

⑥ 行的顺序无所谓，即行的次序可以任意交换。

4. 关系运算

关系数据库管理系统除了提供数据库管理系统的一般功能外，还提供选择、投影、连接 3 种关系操作。关系操作的特点是集合操作方式，即操作的对象和结果都是集合。这种操作方式也称为一次一集合的方式。相应地，非关系数据模型的数据操作方式则为一次一记录的方式。

（1）选择（Select）

选择运算是从一个关系（数据表）中选择某些满足条件的记录组成一个新的关系（数据表）。即从数据库文件中挑选出满足指定条件或指定范围的那些记录，是在二维表的水平方向上选取一个子集。

【例 8-4】若将表 8-1 看作一个关系，选出所有入学成绩大于 600 分的记录组成一个新的关系。选择运算结果如表 8-4 所示。

表 8-4　选择运算结果

学　号	姓　名	年　龄	性　别	院（系）	籍　贯	入学成绩
03001	张维	20	男	计算机	山西	621
03003	李岷	21	男	机械工程	山东	603
⋮	⋮	⋮	⋮	⋮	⋮	⋮

（2）投影（Project）

投影运算是从一个关系（数据表）中选择某些字段的所有值组成一个新的关系（数据表）。即从数据库文件中将指定的字段挑选出来，是在二维表的垂直方向上选取一个子集。投影和选择常组合使用，以便从数据库中挑选出某些记录中的某些数据。

【例 8-5】将关系表 8-1 的学号、姓名、院系从关系中选出，形成一个新的关系，投影运算结果如表 8-5 所示。

表 8-5　投影运算结果

学　号	姓　名	院（系）
03001	张维	计算机
03002	张珊	电子
03003	李岷	机械工程
⋮	⋮	⋮

（3）连接（Join）

连接运算是将两个或两个以上的关系（数据表）通过连接条件组成一个新的关系（数据表）。即按照某个条件将两个数据库文件连接生成一个新的数据库文件。

【例 8-6】将关系表 8-1 和表 8-6 进行连接，组成新的关系，新关系中有学号、姓名、性别和总分 4 个字段。连接运算结果如表 8-7 所示。

表 8-6　学生成绩表

学　号	姓　名	高 等 数 学	大 学 物 理	总　分
03001	张维	80	70	150.0
03002	张珊	90	95	185.0
03003	李岷	95	85	180.0

表 8-7　连接运算结果

学　号	姓　名	性　别	院（系）	总　分
03001	张维	男	计算机	150.0
03002	张珊	女	电子	185.0
03003	李岷	男	机械工程	180.0

5. 关系模型的三类完整性规则

为了维护数据库中数据与现实世界的一致性，关系数据库中的数据进行更新与删除操作必须遵循以下三类完整性规则的约束。

（1）实体完整性规则

若属性 A 是基本关系 R 的主属性，则属性 A 不能取空值。实体完整性规则规定基本关系的所有主键的值不能为空或部分为空，如果出现空值，那么主码起不了唯一标识的作用。

（2）参照完整性规则

现实世界中的实体之间往往存在某种联系，在关系模型中实体及实体间的联系都是用关系来描述的，这样就存在关系与关系间的引用。参照完整性规则定义了外码与主码之间的引用规则。若属性 F 是基本关系 R 的外码，它与基本关系 S 的主码 KS 相对应（基本关系 R 和 S 不一定是不同的关系），则对于 R 中每个元组在 F 上的值必须为：

● 或者取空值（F 的每个属性值均为空值）。

● 或者等于 S 中某个元组的主码值。

换句话说，外键要么在参照关系中有值，要么取空值。

（3）用户定义的完整性

任何关系数据库系统都应该支持实体完整性和参照完整性规则。除此之外，不同的关系数据库系统根据其应用环境的不同，往往还需要一些特殊的约束条件，用户定义的完整性就是针对某一具体关系数据库的约束条件。它反映某一具体应用所涉及的数据必须满足的语义要求。例如，某个属性必须取唯一值、某些属性值之间应满足一定的函数关系、某个属性的取值范围在 0～200 之间等。关系模型应提供定义和检验这类完整性的机制，以便系统进行统一处理，而不是由应用程序承担这一功能。

6. 关系数据库设计基本步骤

根据数据库原理，将数据库设计分成 6 个阶段，如图 8-25 所示。

图 8-25　据库设计步骤

① 用户需求分析阶段。准确了解与分析用户需求（包括数据与处理），并进一步对各个环节抽象。需求分析是整个设计过程的基础，是最困难、最耗费时间的一步。需求分析做得不好，甚至会导致整个数据库设计的返工。

② 概念结构设计阶段。它是整个数据库设计的关键。通过对用户需求进行综合、归纳与抽象，形成一个独立于具体 DBMS 的概念模型，可以用 E-R 图表示。

③ 逻辑结构设计阶段。将概念结构转换为某个 DBMS 所支持的数据模型，对其进行优化。

④ 数据库物理设计阶段。为逻辑数据模型选取一个最适合应用环境的物理结构（包括存储结构和存取方法）。确定得到的关系数据模型最后反映在物理设备上是个什么样的物理结构。

⑤ 数据库实施阶段。运用 DBMS 提供的数据语言（如 SQL）及宿主语言（如 C 语言），根据逻辑设计和物理设计的结果建立数据库，编制与调试应用程序，组织数据入库，并进行试运行。

⑥ 数据库运行和维护阶段。数据库应用系统经过试运行后即可投入正式运行。在数据库系统运行过程中必须不断地对其进行评价、调整与修改。

设计一个完善的数据库应用系统，往往是这 6 个阶段不断重复的过程。需求分析是数据库设计的基础。不论采用什么方法，都必须扎扎实实搞好需求分析。概念设计阶段的关键是对需求分析的结果进行抽象，确定实体、属性以及实体之间的联系。逻辑设计阶段主要是将 E-R 图向关系模型转换，要解决的关键问题是如何将实体和实体间的联系转换为关系模式，以及如何确定这些关系模式的属性和码，处理好属性命名的冲突问题，具有相同码的关系模式进行合并。数据库物理设计及实施是逻辑设计结果的具体实现，完全依赖于给定的硬件环境和数据库产品。总之数据库设计各阶段是密切相关的，应保证各阶段工作的一致性和规范化。

7. 关系模型的优缺点

（1）优点

① 关系模型是建立在严格的数学概念的基础上的。

② 无论实体还是实体之间的联系都用关系来表示。对数据的检索结果也是关系（即表），因此概念单一，其数据结构简单、清晰。

③ 关系模型的存取路径对用户透明，从而具有更高的数据独立性，更好的安全保密性，也简化了程序员的工作和数据库开发建立的工作。

（2）缺点

由于存取路径对用户透明，查询效率往往不如非关系数据模型。因此为了提高性能，必须对用户的查询请求进行优化，增加了开发数据库管理系统的负担。

8.3.3 结构化查询语言 SQL

结构化查询语言（Structured Query Language，SQL）是一种数据库查询和程序设计语言，用于存取数据以及查询、更新和管理关系数据库系统。SQL 基本上独立于数据库本身使用的机器、网络、操作系统，具有良好的可移植性。结构化查询语言是高级的非过程化编程语言，允许用户在高层数据结构上工作。它不要求用户指定对数据的存放方法，也不需要用户了解具体的数据存放方式，所以具有完全不同底层结构的不同数据库系统可以使用相同的结构化查询语言作为数据输入与管理的接口。

1. SQL 语句结构

结构化查询语言包含 6 个部分。

① 数据查询语言（DQL）：其语句，又称为数据检索语句，用以从表中获得数据，确定数据如何在应用程序中给出。保留字 SELECT 是 DQL（也是所有 SQL）用得最多的动词，其他 DQL 常用的保留字有 WHERE、ORDER BY、GROUP BY 和 HAVING。这些 DQL 保留字常与其他类型的 SQL 语句一起使用。

② 数据操作语言（DML）：其语句包括动词 INSERT、UPDATE 和 DELETE。它们分别用于添加、修改和删除表中的行。其又称为动作查询语言。

③ 事务处理语言（TPL）：它的语句能确保被 DML 语句影响的表的所有行及时得以更新。TPL 语句包括 BEGIN TRANSACTION、COMMIT 和 ROLLBACK。

④ 数据控制语言（DCL）：它的语句通过 GRANT 或 REVOKE 获得许可，确定单个用户和用户组对数据库对象的访问。某些 RDBMS 可用 GRANT 或 REVOKE 控制对表单各列的访问。

⑤ 数据定义语言（DDL）：其语句包括动词 CREATE 和 DROP。在数据库中创建新表或删除表（CREAT TABLE 或 DROP TABLE）；为表加入索引等。DDL 包括许多与数

据库目录中获得数据有关的保留字。它也是动作查询的一部分。

⑥ 指针控制语言（CCL）：DECLARE CURSOR、FETCH INTO 和 UPDATE WHERE CURRENT 用于对一个或多个表单独行的操作。

2. SQL 语句基本使用

（1）Select 语句

【例 8-7】从"学生基本情况表"中查询所有"计算机系"同学的姓名和年龄信息。

```
Select 姓名,年龄 From 学生基本情况表 Where 院系="计算机"
```

【例 8-8】显示"学生基本情况表"中所有女同学的信息，结果按照年龄的降序排列。

```
Select * From 学生基本情况表 Where 性别="女"Order By 年龄 DESC
```

【例 8-9】计算每个院系学生的入学平均成绩。

```
Select 院系，Avg（入学成绩）From 学生基本情况表 Group By 院系
```

（2）Update 语句

Update 语句创建一个更新查询，可按照指定条件修改表中的字段值，语法结构为：

Update 表名 Set 字段名=<表达式>[，字段名=<表达式>…]Where 条件

— 说 明 —

Update 语句一次可以更新一个字段，也可以更新多个字段。

【例 8-10】在成绩表中将学号为 03001 同学的高等数学成绩改为 87 分。

```
Update 成绩表 Set 高等数学=87 Where 学号="03001"
```

（3）Insert 语句

Insert 语句创建一个插入查询，用来向数据表中添加记录，语法结构为：

```
Insert Into 目标表名（字段 1[，字段 2…]）Value（值 1[，值 2…]）
```

【例 8-11】在学生基本情况表中添加一条新记录，其字段值分别为"03004"，"王欣"，"17""女"，"艺术系"、"陕西"、465。

```
Insert Into 学生基本情况表（学号，姓名，年龄，性别，院系，籍贯，入学成绩）Value
("03004"，"王欣"，17"女"，"艺术系"、"陕西"、465)
```

（4）Delete 语句

Delete 语句创建删除查询，按照指定条件从数据表中删除相应的记录，语法格式为：

Delete From 表名 Where 条件

【例 8-12】从学生基本情况表中将学号为 03004 的记录删除。

```
Delete From 学生基本情况表 Where 学号="03004"
```

（5）Select Into 语句

Select Into 语句用来备份数据表或者将当前表的数据输出到其他数据库，语法格式为：

```
Select Into 目标表名 From 源表名
```

【例 8-13】将"学生基本情况表"以"学生基本情况表备份"为表名进行备份。

```
Select Into 学生基本情况表备份 From 学生基本情况表
```

▶▶▶ 8.4　Access 2010 数据库应用

在 VB 中要开发数据库应用程序，首要的任务就是访问数据库。VB 可以访问多种数据库，如 Access、Visual FoxPro 以及 Oracle、MicroSoft SQL Server 等，对于数据量较小

的应用，一般选用 Access 作为数据库，因为 Access 数据库比较简单，功能也比较齐全，数据的备份、复制都很方便，且程序发布时不需要额外单独安装其他的数据库管理软件。因此，在功能能够满足要求的条件下，Access 数据库往往成为一些小型数据库软件的首选。本节以 Access 数据库为例简单介绍数据库的结构。

8.4.1　Access 2010 简介

1. Access 2010 的安装

启动 Windows 后，将包括 Access 的 Microsoft Office 2010 中文版的套装软件光盘放入光驱，如果是从网络上安装，在安装过程中会询问驱动器和文件夹的名字。打开资源管理器，单击光驱盘符，然后在文件列表中双击 Setup 文件，就开始进行安装。在执行安装程序时，要选择安装选项，其中"典型安装"将安装基本的 Access 设置，提供绝大部分 Access 功能。"自定义安装"允许选择需要的 Access 部件，并将每一部件所需的硬盘空间显示出来。单击"继续"按钮，安装程序首先检查硬盘空间，然后进行文件复制，并更新系统。最后单击"完成"按钮，安装成功，并返回 Windows 界面。

2. Access 2010 的启动

启动 Access 和启动一般应用程序相同，有 4 种启动方式，即常规启动、桌面快捷方式启动、开始菜单选项启动和通过已存在文件快速启动。最常用的是从"开始"菜单中启动。选择"开始"→"所有程序"→Microsoft Access 2010 命令，即启动 Access。如果桌面有 Microsoft Access 2010 快捷方式图标，也可双击图标快速启动 Access 应用程序。

3. Access 2010 的窗口界面

成功启动 Access 2010 后，屏幕上会出现 Access 2010 的工作首界面，如图 8-26 所示。Access 2010 的工作首界面提供了创建数据库的导航，当选择新建空白数据库或新建 Web 数据库，或者选择其他模板后就正式进入 Access 2010 的工作界面。

图 8-26　Access 2010 工作界面

Access 的窗口与 Windows 中其他应用程序一样，由标题栏、选项卡功能区、导航栏、状态栏及数据库对象窗口等组成，如图 8-27 所示。

图 8-27 Access 2010 工作界面

Access 2010 最突出的新界面元素称为功能区。功能区是一个包含多组命令且横跨程序窗口顶部的带状选项卡区域，如图 8-28 所示。功能区是菜单和工具栏的主要替代部分，并提供了 Access 2010 中主要的命令界面。它将通常需要使用菜单、工具栏、任务窗格和其他用户界面组件才能显示的任务或入口点集中在一个地方便于操作。打开数据库时，功能区显示在 Access 主窗口的顶部，它在此处显示了活动命令选项卡中的命令。

图 8-28 Access 2010 功能区

功能区主要有多个功能区组成，这些功能区上有多个按钮组。在 Access 2010 中，主要的命令功能区包括"文件""开始""创建""外部数据"和"数据库工具"。

"开始"功能区用来对数据库进行基本操作，分为视图、剪贴板、字体、格式文件、记录、排序和筛选、查找、中文简繁转换等分组，在每个分组中可以实现不同的功能。

"创建"功能区中包括表、窗体、报表、其他、特殊符号等功能，如图 8-29 所示。主要有实现插入新的空白表，使用表模板创建新表，在设计视图中创建新表、创建窗体、创建新的透视表或图表、创建新的查询、宏、模块或类模块等功能。

图 8-29 "创建"功能区

外部数据模块包括导入、导出、收集数据、SharePoint 列表。在外部数据可以实现的功能如下：导入或链接到外部数据、导出数据、通过电子邮件收集和更新数据、使用联机 SharePoint 列表、将部分或全部数据库移动至新的或现有的 SharePoint 网站。

数据库工具包括宏、显示/隐藏、分析、移动数据、数据库工具等几大模块。运用数据库工具可以实现以下功能：启动 Visual Basic 编辑器或运用宏创建和查看表关系、显示/隐藏对象文档或分析性能、运行链接表管理器、管理 Access 加载项、创建或编辑 VBA 模块。

数据表包括视图、字段和列、数据类型和格式、关系等模块，如图 8-30 所示。在此模块中，可以实现字段的添加、修改、列的添加、数据格式的转换以及各个表的关系类型等。

图 8-30　"数据表"功能区

Access 2010 窗口的中间是"数据库对象"窗口，这是创建、设计数据库的地方。在"数据库"窗口上边的"创建"列表框中列出了 Access 2010 所有的数据库对象，用户可以通过表对象来存储自己的数据，通过窗体来浏览、输入及更新表中内容，用查询来检索符合指定条件的数据，用报表以特定的方式来分析和打印数据。在"创建"列表框左边有个"文件"列表框，可以新建或者打开已有的数据库。

Access 2010 窗口的左侧是导航窗格，如图 8-31 所示。利用导航窗格可以实现对当前数据库所有对象的管理和组织。导航窗格按类别分组显示数据库的所有对象，包括表、查询、窗体、报表、宏和模块。默认状态下，导航窗格中显示的是开始工作的相关任务，如果要执行其他任务，可以单击导航窗格右上角的 按钮，在弹出的下拉列表中选择相应的任务选项。如果启动程序时没有显示导航窗格，可以通过窗口中左上角的 »按钮打开导航窗格，单击导航窗格右上角的 «按钮可以将其关闭。

图 8-31　导航窗格

4．打开数据库

在 Access 2010 中选择"文件"选项卡中的"打开"命令，或者按快捷键【Ctrl+O】，弹出"打开"对话框。在"打开"对话框的文件列表中选择要打开的文件，然后单击"打开"按钮，即可打开指定的数据库。

Access 数据库不仅包含存储数据的表对象，还包含操作或控制数据的其他对象，Access 数据库文件就是表和其他对象的集合。Access 数据库包含 6 个数据库操作对象包括：

① 表（数据表）：是数据库中用来存放数据的场所，是数据库的核心和基础，各数

据表间通过主键连接。

② 查询：在数据库的一个或多个表中检索所需信息。

③ 窗体：用于显示、输入、编辑数据及控制应用程序执行的操作界面。

④ 报表：用于控制显示或打印数据的输出格式。

⑤ 宏：是对若干 Access 操作命令序列的定义，执行宏实际上是由系统自动执行宏定义中的一系列命令。

⑥ 模块：用 Access 提供的 VBA 语言编写的程序段。

5. 数据库的保存

当用户新建一个数据库时，系统会提示用户选择数据库的保存位置，数据库通常保存在一个扩展名为.accdb 的文件中。如果在数据库中新建一个数据对象，系统会提示用户保存数据对象并为其起名。如果对数据库中的数据对象做了修改，关闭窗口时，系统会自动保存所作的修改而不再提示。

6. Access 2010 的退出

退出 Access 可以选择"文件"→"关闭数据库"命令，待文件关闭后再选择"文件"→"退出"命令；也可以单击控制菜单图标 🅰，在弹出的菜单中选择"关闭"命令；或者单击屏幕右上角的"关闭"按钮退出 Access 2010。

8.4.2　数据库存储结构的设计与创建

数据库是关于特定的主题或任务的信息集合，不同的主题或任务的信息集合起来构成了不同的数据库。以什么样的方式来组织信息直接影响到数据库的效率，通常需要建立多个数据库相互配合来达到自己的目的。这种配合意味着数据库间的关系存在，因而出现了关系型数据库。Microsoft Access 2010 就是一种关系型数据库管理系统，它通过各种数据库对象来管理信息，数据库对象包括表、查询、窗体、报表、宏和模块。用户将自己的数据存储在表中，通过窗体来浏览、输入及更新表中内容，用查询来检索符合指定条件的数据，用报表以特定的方式来分析和打印数据。

1. 数据库的设计

合理的设计是创建一个高效、功能强大的数据库的基础，是对数据实施各种操作的前提。设计数据库存储结构的步骤如下：

（1）确定创建数据库的目的

设计数据库的首要任务是确定数据库的目的以及使用方法。根据用户的需求，确定用什么数据库保存表和用什么表保存字段，以及将要生成什么报表。在这一阶段，要充分地和用户交流，共同讨论、确定需要数据库解决的问题。

（2）确定该数据库中需要的表

表是创建其他数据库对象的基础，因此设计好表的结构是创建数据库的关键。在设计表时，应按以下原则对信息进行分类：

① 表间不应有重复信息，每条信息只保存在一个表中。

② 每个表应该只包含关于一个主题的信息。

（3）确定表中需要的字段

表中每个字段与主题直接相关，并且表中的全部字段要包含需要的所有信息，其中必须包含能定义为主关键字的字段，即唯一确定每条记录的字段。在确定每个字段时，应该注意下列问题：

① 每个字段直接与表的主题相关。

② 不包含推导或计算的数据。

③ 保护所需的所有数据。

④ 以最小的逻辑部分保存信息。

（4）明确主键

一般地，数据库中每个表必须包含表中能够唯一地标识每个记录的单个字段或多个字段，也就是要确定主键。

（5）确定表之间的关系

各个表中储存了不同信息，并且已定义了主关键字字段，所以需要将每个表中相关信息结合到一起，这就必须定义 Microsoft Access 数据库中表之间的关系。一个良好的数据库设计在很大程度上取决于该数据库中关系的定义。

（6）优化表的设计

在设计完表、字段和关系后，就应该检查该设计，并找出任何可能存在的不足。因为现在改变数据库的设计要比更改已经填满数据的表要容易得多。

（7）输入数据并创建其他数据库对象

如果表的设计已达到了设计规则，就应该向表中添加所有的数据，然后就可以创建所需的任何查询、窗体、报表、数据访问页、宏和模块等其他数据对象。

（8）使用分析工具

"表分析向导器"能分析表的设计，建立新的表结构和关系，并在合理的情况下，在相关的表中重构原来的表，"性能分析器"能分析整个数据库，并能提出建议来改善数据库。

2. 新建数据库

新建一个数据库常用两种方法：第一种方法是创建一个空数据库，即建立一个不包含表、查询、窗体和报表等数据对象的空数据库；第二种方法是使用 Access 中提供的数据库模板创建数据库，即在"数据库向导"的提示下一步一步地创建数据库。

如果想创建关于特定的主题或任务的数据库，可以建立一个不包含数据库对象的空数据库，然后根据用户的实际需求设计表、窗体、报表等数据库对象。在 Access 启动窗口中单击"空数据库"选项，在其中输入要保存数据库的文件夹及新建的数据库的名字，例如学生信息管理系统，然后单击"创建"按钮，如图 8-32 所示。创建好的空数据库即显示在屏幕上。至此只创建了一个空数据库，之后还要根据用户的需求继续创建表对象，并向表中输入数据，然后再创建基于表中这些数据的查询、窗体、报表和模块等数据库对象。

8.4.3 表的创建与基本操作

数据表（简称"表"）是记录的集合，是数据库的基本组成部分。一个数据库中可以有多个数据表，它们包含了数据库的所有信息。表是一种关于特定主题的数据集合，最好为数据库的每个主题建立不同的表，以提高数据库的效率，减少输入数据的错误率。表中的数据都以行（称为记录）和列（称为字段）的格式来组织。

图 8-32 修改数据库名称

在建立数据表之前，应根据任务的需要考虑建立什么样的表。每个表都有表名和结构，一个好的表的设计，可让用户快速获取和更新数据。因此在设计表时应注意：表中不应该包含重复的信息；一条信息只在表中保存一次，以便于维护；每个表应该只包含关于一个主题的信息，这样可以独立于其他主题维护每个主题的信息；为字段选择适合该数据的具有最小长度的字段类型。

表的设计包括：设置字段名、设置字段的数据类型、设置字段的说明、设置字段的属性、设置主关键字等。用户根据具体需求设计完成后，即可进行表的创建。

下面在 Microsoft Access 2010 中建立一个"学生信息管理系统.accdb"数据库，包括"学生表"和"课程表""成绩表" 3 个数据表，表结构如表 8-8～表 8-10 所示。

表 8-8 "学生表"结构

字 段 名 称	数 据 类 型	字 段 名 称	数 据 类 型
学号（主键）	文本	邮编	文本
姓名	文本	出生日期	日期/时间
性别	文本	班级	文本
专业	文本	简历	备注
电话	整型	照片	OLE 对象
地址	文本	—	—

表 8-9 "课程表"结构

字 段 名 称	数 据 类 型
课程号（主键）	文本
课程名称	文本
开设学期	文本
学分	整型

表 8-10 "成绩表"结构

字 段 名 称	数 据 类 型
课程号（主键）	文本
学号（主键）	文本
成绩	单精度型

1. 表的创建

可以在数据表视图或设计视图中创建数据表。表的设计视图显示了表的结构，可以编辑和浏览表中各个字段的名称、数据类型、说明和相关属性。表的数据表视图显示了表中各条记录，可以在其中编辑和浏览表中的记录、字段。

（1）通过设计视图创建一个表

表设计视图的功能十分强大，是最常用的创建表的方法。在"创建"功能区"表格"组中单击"表设计"按钮，屏幕显示设计视图窗口，此时，插入点位于第一行的"字段名称"单元格中，准备输入表的第一个字段的名称，根据需要输入表中字段名称、数据类型及字段属性，输入完成后，单击工具栏的"保存"按钮，并输入表的名称。在保存数据时，会弹出一个提示框，提示用户是否建立主键，一般情况下要建立一个主键，单击"是"按钮即可，如图 8-33 所示。

（2）通过"数据表视图"创建表

在数据表视图中可以通过直接输入数据的方法方便、快捷地创建表对象。在数据库窗口中，选定"创建"列表框下的"表"，或者单击"文件"列表框下的"新建"按钮，在"新建表"对话框中，选择"空数据库"命令，即可得到一个数据表。在该表的顶部排列着字段 1、字段 2 和字段 3 等。双击"字段 1"，就可以输入新字段名，用同样的方法，可以依次将表的其余字段根据需要重命名。在表中输入记录时，每列要输入一致的类型及格式，Access 2010 会根据第一个记录中输入的信息推测该字段中保存的数据的类型。输入完成后，单击工具栏中的"保存"按钮，输入表的名称，在保存数据的同时，将删除空字段。在保存数据时，会弹出一个提示框，提示用户是否建立主键。单击"是"按钮即可建立主键。

图 8-33　通过设计视图创建的表

2．定义字段及数据类型

由上文可以看出创建表实际上就是向表中添加用户需要的各种数据类型的字段，以便存储各种类型的数据。字段的数据类型用于定义字段应该存储什么类型的数据，例如对于一个存储学生成绩的表中包括的"总分"字段，就应该将此字段定义为数字类型而不能包含文本字符。在创建表对象时，首先应该考虑表中应该包含一些什么字段，以及各个字段应该选定哪种数据类型。对于表字段应从以下几方面考虑：

① 在表的字段中将输入哪种数据类型的值。例如，不能在"数值"数据类型的字段中保存文本类型的数据。

② 字段中输入的数据的最大长度。

③ 对字段中的值将执行何种操作。例如，Microsoft Access 2010 可以对数字和货币字段进行求和、求均值等操作，却不能对文本字段中的值进行此类型操作。

④ 是否要根据此字段的值进行排序、建立索引或进行分组。备注、超链接和 OLE 对象字段都不能做排序或索引。

⑤ 若对字段排序应采取何种方式。例如，若将日期/时间数据类型的值存储为文本类型，将不能按照时间进行正确的排序。

（1）字段的数据类型

Microsoft Access 提供了 10 种数据类型，每种类型都有其不同的使用方法，这 10 种数据类型的使用方法及最大长度如下：

① 文本（Text）数据类型：用于存储文本数据，例如姓名、地址等字符串形式的数据类型，其最大长度为 255 个字符。设置"字段大小"属性可以控制可输入文本数据的最大字符长度。

② 备注（Memo）数据类型：也用于存储文本数据，它与文本数据类型的区别在于，备注数据类型中可以输入一些特殊的字符，而在文本数据类型中则不允许。另外，备注数据类型最大存储长度为 65 535 个字符，并且不能指定备注数据类型的字段大小。

③ 数字（Number）数据类型：用来存储数值数据。可根据实际需要来设置数字数据类型的精度为整数、长整数或实数。其数据长度可设置为 1、2、3、4 或 8 个字节。

④ 日期/时间（Date/Time）数据类型：用来存储日期或时间数据，其长度固定为 8 个字节。

⑤ 货币（Currency）数据类型：用于存储关于"金额"的数值数据，但此数值数据最多只能包含四位小数，其长度固定为 8 个字节。

⑥ 自动编号（Auto Number）数据类型：是一种特殊的存储数值、数据的数据类型。当某个字段被赋予自动编号数据类型时，则在添加新记录时，新记录的值自动设置为上一条记录此字段的值加 1。此种数据类型的数据长度固定为 4 个字节。

⑦ 是/否（Yes/No）数据类型：用来存储真（True）、假（False）两个逻辑值。其长度固定为 1 位。

⑧ OLE 对象（OLE Object）数据类型：用于存储链接或嵌入到 Microsoft Access 表中的类似于 Microsoft Word 文档、Microsoft Excel 工作表、图像、声音等的对象。其最大长度可为 1 GB（受磁盘空间限制）。

⑨ 超链接（Hyperlink）数据类型：用于存储到文件、网页或文件位置的超链接。

其最大长度可为 2 048 个字符。

⑩ 查阅向导（Lookup Wizard）数据类型：允许使用另一个表中的某字段值来定义此字段的值。从数据类型列表中选择此选项，将打开向导以进行定义。其长度通常为 4 个字节。

（2）设置字段的属性

在表的设计视图中还可以设置字段的属性。

① "字段大小"属性：用来设置文本、数字或自动编号数据类型的字段中可输入的数据的最大长度，其他数据类型的最大长度都是固定的。文本数据类型字段大小属性可设置为 1 到 255，其默认值为 50。设置文本数据类型字段的字段大小属性可直接在特性参数区中的 Field Size 编辑框中输入设置。自动编号数据类型的字段大小属性可设置为 "长整数"或"同步复制 ID"。数字数据类型字段的字段大小属性可以有多种选择。

② "数据格式"属性：表示数据应该如何显示打印。对于各种不同的数据类型，可以设置不同的格式。对于每种类型，Microsoft Access 应用程序在一方面提供了一些预先定义的显示格式，另一方面还提供了一种格式设置字节，根据不同的数据类型，显示不同的数据形式。

③ "输入掩码"属性：表示应该按何种方式输入数据。对于各种不同的数据类型，可以设置不同的输入掩码。例如，输入时间/日期数据类型的数据时，可以设置以"2016/3/1"的形式输入数据，而不是以"2016 年 3 月 1 日"的形式输入。对于每种数据类型，Microsoft Access 2010 应用程序在一方面提供了一些预先定义的输入掩码格式，在另一方面也提供了一些输入掩码设置字节。

④ "字段的有效性规则"属性：是指在该字段中输入的数据必须符合给定的限制条件。否则输入的数据无效，输入焦点一直停留在此字段中，直到输入的数据符合限制条件为止。例如，对于"学生成绩"字段一般设置为数字类型，并且输入的数据必须是非负数，且一般要小于 100，也即"学生成绩>=0 且学生成绩<=100"，就是对于"学生成绩"字段定义的有效性规则。

⑤ 字段的"有效性文本"属性：是指当在字段中输入的数据不符合字段定义的有效性规则时，Access 应用程序将弹出一个包含此有效性文本字符串的错误提示对话框，提示用户输入数据错误，应重新输入。

⑥ "标题"属性：设置字段的标题，用于设置窗体和报表。

⑦ "默认值"属性：设置数字、文本和日期字段的默认值。

⑧ "必填字段"属性：设置是否允许空值存在。

⑨ "索引"属性：设置字段是否要使用索引，可以选择不使用索引、允许重复索引、禁止重复索引。

（3）定义主关键字

每一个表都可以设置一个主关键字。主关键字作为表对象中每条记录的唯一标识，用于快速地查找和组合一个或多个不同表中的信息。主关键字可以是表中的一个字段，也可以是多个字段的组合。在前面介绍创建数据表时，已经涉及用户自己定义主关键字，即在创建完毕数据表之后，根据系统提示定义主关键字。也可以建立好数据表之后，在表的设计视图中，选定要定义为主关键字的字段并右击，在弹出的快捷菜单中选择"主键"命令，便定义了主关键字，如图 8-34 所示。

图 8-34　定义主键

（4）修改数据表结构

Access 允许在创建表后，甚至在输入数据后修改表的结构。对表结构的修改包括删除字段、添加字段、改变字段的类型、改变字段的查阅方式和字段有效性规则。修改数据表一般是在表设计器中进行的。在输入数据后，修改表的结构一定要对数据库进行备份。以免在修改表的结构时造成数据的丢失。

① 更改表中的字段名。在 Access 2010 中，可以随时更改表中字段名而不会影响到字段中的数据。但会影响到其他基于该表创建的数据库对象，其他数据库对象对表中该字段的引用必须作相应的修改方可生效。可以在"设计"视图中，也可以在"数据表"视图中更改字段名。下面是在"设计"视图中更改字段名称的方法：在"设计"视图中打开表，双击要更改的字段名称，输入新的字段名称，命名方式必须符合 Microsoft Access 对象命名规则；然后单击工具栏上的"保存"按钮，保存所做的更改。查询、窗体、报表等数据库对象中对该字段的引用都将做相应的更新。

② 添加和删除字段。首先在"设计"视图中打开相应的表。若要将字段插入到表中，单击要在其前面插入字段的那一行，单击"表格工具/设计"功能区"工具"组中的"插入行"按钮 ，如果要将字段添加到表的最后一列，则在"字段名称"中单击字段结尾的第一个空白行，输入相应字段名称，并在"数据类型"列中，选择所需的数据类型。删除字段时，选择要删除的字段，如果要选择一组字段，可以在按住【Ctrl】键的同时，在要删除的字段中拖动光标。然后单击"表格工具/设计"功能区"工具"组中的"删除行"按钮 ，即可删除该字段，同时也删除该字段的数据。

③ 改变字段的数据类型。如果表中包含数据，则需要在更改数据类型或字段大小之前先备份表。然后在"设计"视图中打开相应的表，单击要更改字段的"数据类型"选项，在下拉列表中选择新的数据类型，最后单击工具栏上的"保存"按钮。

④ 设置表有效性规则。在数据表中有些字段的取值有一定的限制，如在产品表中，"数量"字段不能小于 0 就是一个有效性规则。在 Access 中，还可以设置表中每一条记录的有效性规则。例如，"成绩表"中"总评"字段的值应等于"平时×0.3+考试×0.7"，否则这一条记录为非法数据。

下面以"成绩表"中"总评"字段的值应等于"平时×0.3+考试×0.7"这个有效性规则为例，介绍如何设置表的有效性规则。打开"成绩表"的设计器，然后右击"总评"字段，在弹出的快捷菜单中选择"属性"命令，打开"表属性"对话框，单击"有效性规则"按钮，然后单击其右侧 ⋯ 按钮，打开"表达式生成器"对话框，双击"总评"选项，再在"操作符"选项中双击"="按钮；然后双击"平时"选项，双击"*"按钮，从键盘输入"0.3"，再双击"+"按钮，然后依次双击"考试"、*选项，从键盘输入 0.7，再单击"确定"按钮。关闭"表属性"对话框，单击工具栏中的"保存"按钮，保存对表的修改。系统提示用户数据完整性规则已经更改，是否对已有的数据进行检查，单击提示框中的"是"按钮，让系统对表中的数据进行检查。

3. 表的基本操作

表的基本操作包括在数据表视图中直接添加数据、编辑数据表字段中的已有数据，以及如何在多用户环境下编辑数据。

（1）在表中输入数据

在"数据表视图"中可以直接添加数据。首先在"数据表视图"中打开相应的表，然后单击工具栏上的"新记录"按钮，即可输入所需数据。输完后单击工具栏上的"保存"按钮，确保输入的数据存到表中相应的字段中。

（2）编辑表中数据

在"数据表视图"中打开相应的表，将插入点定位到需要修改处，输入修改的数据。如果要删除或复制记录，首先选择要删除和复制的记录，然后通过单击功能区的"复制"按钮或"删除"按钮完成相应操作。最后单击工具栏上的"保存"按钮，确保输入的数据存到表中相应的字段中。

（3）设置表间的关系

在数据库中为每个主题都设置了不同的表后，必须告诉 Microsoft Access 如何将这些不同表中的信息合并在一起，并按照需要的顺序来显示信息，这样的协调需要利用关系来完成。定义表间的关系，可以同时查看数据表中每个订单以及其相关的客户信息。

关系通过匹配关键字字段中的数据来完成，关键字段通常是两个表中使用相同名称的字段。在大多数情况下，这些匹配的字段是表中的主关键字，且对于每一记录提供唯一的标识符，并且在其他表中有一个外部关键字。Microsoft Access 中的关系主要有一对多关系、多对多关系、一对一关系 3 种类型。

① 一对一关系：是指对于 a 表中的 1 个记录仅能在 b 表中有 1 个且唯一的 1 个记录相匹配。

② 一对多关系：是最常用的类型。在 a 表中的 1 个记录能与 b 表中的许多记录匹配，但是在 b 表中的一个记录仅能与 a 表中的一个记录匹配。

③ 多对多关系：在多对多关系中，a 表中的记录能与 b 表中的许多记录匹配，并且

在 b 表中的记录也能与 a 表中的许多记录匹配。此关系的类型仅能通过定义第三个表（称作联结表）来达成，它的主键包含两个字段，即来源于 a 表和 b 表两个表的外部键。多对多关系实际上是使用第三个表的两个一对多关系。

在 Access 中可以对表间的关系进行定义和编辑。

（4）定义表间的关系

要定义关系，首先在"关系"窗口中添加要定义关系的表，然后从表中拖动关键字字段，并将它拖动到其他表中的关键字字段上。具体操作步骤如下：

① 关闭所有打开的表，不能在已打开的表之间创建或修改关系。

② 单击"数据库工具"功能区"关系"组中的"关系"按钮，打开"关系"窗口，如果数据库没有定义任何关系，将会自动显示"显示表"对话框。如果需要添加一个关系表，而"显示表"对话框却没有显示，则单击"关系工具"/"设计"功能区"关系"组中的"显示表"按钮；如果以前保存了数据库各表间的关系，则在"关系"窗口中显示此布局，如图 8-35 所示。

图 8-35 "关系"窗口

③ 在"显示表"对话框中，双击要作为相关表的名称，然后关闭"显示表"对话框。

④ 在"关系"窗口中，从一个表中将所要的相关字段拖动到其他表中的相关字段上，在大多数情况下，是将表中的主关键字字段拖动到其他表的外部关键字的相关字段上，相关字段不需要有相同的名称，但它们必须有相同的数据类型，以及包含相同种类的内容。此外，当匹配的字段是数字类型字段时，它们必须有相同的"字段大小"属性设置。

（5）在表之间定义多对多关系

首先创建两个具有多对多关系的表，再创建称作结合表的第三个表，并将其他两个表中定义为主关键字的字段添加到这个表中。在结合表中，主关键字字段和外键的功能相同，可以像在其他表中一样，将其他的字段添加到结合表中。在结合表中，将主键设置为包含其他两个表中的主键字段。在两个主表和结合表之间，分别定义一个一对多关系，这样就建立了两个表间的多对多的关系。

（6）编辑已有的关系

在"数据库"窗口中，单击"数据库工具"功能区"关系"组中的"关系"按钮，显示"关系"窗口。如果没有显示要编辑的表的关系，单击"关闭工具/设计"功能区"关系"组中的"显示表"按钮，并双击每一个所要添加的表。然后在"关系"窗口中，双击要编辑关系的关系连线，显示"编辑关系"对话框。在其中设置关系的选项，单击"编辑关系"对话框中的"连接类型"按钮，选择所需要的连接类型。若要删除关系，单击要删除关系的关系连线，然后按【Delete】键。

8.4.4　数据查询

对于表中的数据，可以利用查询将它们根据不同的要求组织在一起，也可以根据某一特定的目的查找符合条件的数据。

1. 查找符合条件的记录

用户可以在很多数据中按照一定的规则从一个或多个表中查找符合条件的数据，并按照所需的排列次序显示。下面介绍利用向导和设计器两种方式来创建查询。

（1）使用向导创建查询

Access 应用程序提供了"查询向导"帮助创建查询。在数据库窗口中，创建"学生成绩表"和"学生情况表"，如图 8-36 所示，然后单击"创建"功能区"查询"组中的"查询向导"按钮，在打开的对话框中选择"简单查询向导"选项，弹出"简单查询向导"对话框。在对话框中，选择"学生成绩"表中的"姓名""学号""英语"3 个字段，然后单击"下一步"按钮，进入"简单查询向导"第二个对话框，在其中设置选择查询为"明细查询对象"，再单击"下一步"按钮，进入"简单查询向导"第三个对话框，在其中设置简单查询的名称为"学生成绩查询"，最后单击"完成"按钮，即查找到所有符合条件的记录。

学号	姓名	性别	专业
1202210430	李峰	男	机电
1205210425	吴敏	女	会计
1206210410	张辉	男	计算机

（a）学生

学号	姓名	性别	专业	英语
1206210410	张辉	男	计算机	80
1202210430	李峰	男	机电	90

（b）学生

图 8-36　查询示例

如果查询的信息在多个表中，例如查询学生姓名、成绩及专业信息，必须首先建立"学生成绩表"和"学生情况表"表间关系，然后在"查询向导"的引导下逐步创建查询，查询结果如图 8-37 所示。

学号	姓名	英语	高数	物理
1202210430	李峰	90	80	83
1206210410	张辉	80	85	75
1206210425	吴敏	77	78	80

图 8-37　多表查询结果示例

（2）使用设计器创建查询

在数据库窗口中，单击"创建"功能区"查询"组中的"查询设计"按钮，弹出"显示表"对话框。在"显示表"对话框中，用户可以选择一个或多个表，添加到设计视图的窗口中。如果用户选择多个表，这多个表必须直接或间接地存在某种关系。例如，选择"成绩表"后，单击"添加"按钮，则向查询设计视图中添加此表，然后单击"关闭"按钮。在查询设计视图中，窗口分为两部分，如图 8-38 所示，上部显示了新建对象中要使用的所有表对象，每个表对应于一个字段列表，下部是定义查询的设计表格。其中："字段"选项设置定义查询对象时要选择表对象的哪些字段；"表"选项设置字段的来源；

"排序"选项定义字段的排序方式；"显示"选项设置选择字段是否在"数据表视图"中显示出来；"条件"选项设置字段限制条件。单击数据表中所选择的字段，就将这些字段添加到查询设计器下面的表格中。

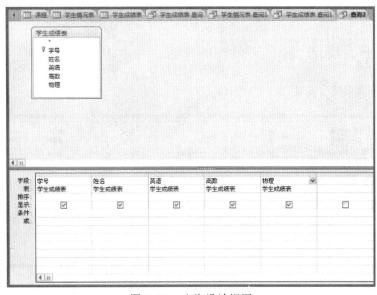

图 8-38　查询设计视图

在查询设计过程中，如果想查看查询的结果，单击"设计"功能区"结果"组中的 ! 按钮，此时将显示查询的结果。查询对象窗口下部设计表格中的"条件"栏用来输入各个字段的限制条件，只有满足字段限制条件的数据才会在执行选择查询对象时被选择。如果要选择字段值为某个特定值的记录，可直接把特定值输入到"条件"这一行，如果限制条件的字段是文本类型，则应用双引号括起来。如果要选择符合多个限制条件之一的记录，可在"条件"这一行中用 or 等关键字把这个限制条件连接起来。用户除了可以直接输入字段特定值外，还可以输入<、>等比较操作符。可以为很多字段设置限制条件，此时只有所有符合限制条件的记录才会被查询对象选择。例如，在"英语"列的"条件"行中输入查询条件>=80 and <=90。

2. 总计查询的建立

总计查询实际上是一种特殊的选择查询对象。有时用户并不关心表中各条记录的数据，而是关心记录中某些字段的统计值，如平均值和总计值。这种功能在其他数据库系统中操作起来比较复杂，但和 Access 2010 中只需简单设置即可，这种功能称为总计查询。

先从最简单的分组数据统计着手介绍如何创建综合查询对象。例如，要总计查询每个班考试情况，首先启动查询设计器，按照创建简单查询的方法在"字段"栏中引入"班级""平时""考试""总评"等字段，然后单击"开始"功能区"记录"组中的"合计"按钮 **Σ**，在设计器下部出现总计行，如图 8-39 所示。

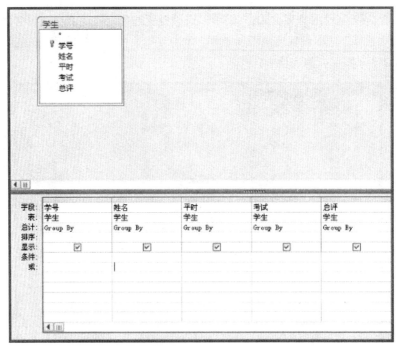

图 8-39　总计查询

在字段"总评"的总计行中，从下拉列表框中选择"平均值"统计函数，如图 8-40 所示。Access 应用程序一共提供了 9 种统计函数，分别对应 9 种不同的基本统计方式。这些函数的名称、功能和相对应的字段数据类型范围如表 8-11 所示。

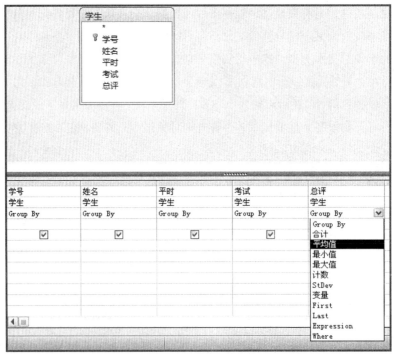

图 8-40　选择"平均值"选项

表 8-11　Access 的 9 种统计函数

函　　数	返　回　值	函数处理的数据类型
sum	字段值的总和	数值和货币数据类型
avg	字段的平均值	数值和货币数据类型
min	字段的最小值	数值、货币、文本和日期数据类型
max	字段的最大值	数值、货币、文本和日期数据类型
count	不包括 Null（空）值的字段数量	任意数据类型
first	该组数据内的第一条记录的字段值	任意数据类型
last	该组数据内的最后一条记录的字段值	任意数据类型
StDev	字段的标准偏差值	数值和货币数据类型
Var	字段的方差值	数值和货币数据类型

设置完限制条件以后，只需单击"执行"按钮，就可以看到图 8-41 所示的关于对象"学生成绩"的总计查询结果。

图 8-41　总计查询结果

3. 查看或修改 SQL 语句

如果比较熟悉 SQL 语句，可直接对查询的基础 SQL 语句进行操作。实际上，每个选择查询对象都对应一个以关键字 Select 开头的 SQL（结构化查询语言 Structure Query Language）语句。SQL 语句用于选择、删除、插入、更新表中的记录，或创建和删除表。首先打开已有的查询"设计视图"窗口并右击，在弹出的快捷菜单中选择"SQL 视图"命令，则显示等效于在"设计"视图中所创建查询的 SQL 语句，如图 8-42 所示。如果要进行修改，可以在 SQL 语句中进行相应的修改。

```
SELECT 学生.学号, 学生.姓名, 学生.平时, 学生.考试, 学生.总评
FROM 学生
GROUP BY 学生.学号, 学生.姓名, 学生.平时, 学生.考试, 学生.总评;
```

图 8-42　SQL 语句示例

8.4.5　创建窗体

窗体是人机交互的一个重要接口，数据库的使用和维护大都是通过窗体这一接口完成的，好的窗体结构与风格能使使用者轻松、愉快地进行数据库的操作，扩大应用软件的应用。

1. 创建窗体

Access 2010 应用程序提供了多种创建窗体的方式。

（1）使用"窗体"命令创建窗体

使用"窗体"命令可以创建一个显示选定表或查询所有字段及记录的窗体。具体步骤为：在数据库窗口中，单击"创建"功能区"窗体"组中的"窗体"按钮 ，如图 8-43

所示。创建的窗体显示了选定表或查询对象中所有字段及记录，但"窗体"功能创建的表较为简单。

图 8-43 自动窗体

（2）使用向导创建窗体

在数据库窗口中，单击"创建"功能区"窗体"组中的"窗体向导"按钮，弹出图 8-44 所示的对话框。例如为"成绩表"建立窗体，首先选定"表/查询"列表框中的"成绩表"为源表，将"可用字段"列表框中的"姓名""学号""平时""考试"等字段添加到"选定字段"列表框中，再单击"下一步"按钮，进入"窗体向导"第二个对话框中。

图 8-44 "窗体向导"对话框

在"窗体向导"第二个对话框中，用户可以定制窗体所用的布局。这里设置为"纵栏表"布局，单击"下一步"按钮，进入"窗体向导"第三个对话框。在该对话框中可以为窗体设置标题"学生成绩"，最后单击"完成"按钮，如图 8-45 所示。

图 8-45 "学生成绩"窗体

2. 编辑窗体

在数据库窗口中,单击"创建"功能区"窗体"组中的"窗体设计"按钮 ，弹出"窗体组成节"窗口,窗体对象一般由主体、窗体页眉、窗体页脚、页面页眉、页面页脚5 个节组成,如图 8-46 所示。

图 8-46 窗体中的节

在窗体某节处右击,弹出图 8-47 所示的快捷菜单,选择"页面页眉/页脚"或"窗体页眉/页脚"命令对窗体添加或删除页眉页脚。

选择"表单属性"命令,打开"属性表"面板,如图 8-48 所示,可以调整节的外观。如果窗体对象建立在表对象或查询对象等数据源基础上,可类似于表对象,对窗体进行添加记录、修改记录、排序、筛选记录等操作。

图 8-47 窗体快捷菜单　　　　　　图 8-48 "属性表"面板

8.4.6 创建报表

报表是以打印的格式表现用户数据的方式，可以按照用户所需的方式显示信息以便查看。

1. 创建报表

报表中大部分的内容是从基本表、查询或语句中获得的，它们都是报表中的数据来源。报表中的其他内容将存储在报表设计中。可以根据需要创建报表，也可以用"报表向导"来创建报表。报表的设计在很多方面类似于窗体的设计，因此在报表的设计中可以大量借鉴窗体设计的一些技巧和方法，也可直接将窗体转化为报表，加快开发速度，提高系统应用的可靠性与一致性。

（1）用"报表"按钮创建报表

用"报表"按钮创建的报表能够显示基础表或查询的所有字段和记录。在"数据库"窗口中，选择好包含报表所需数据的表或查询，在"创建"功能区的"报表"组中单击"报表"按钮，Access 就会产生一个报表，并在打印预览模式下打开它，如图 8-49 所示。

（2）使用向导创建报表

Access 有一些创建报表的向导，这些向导会根据不同的要求建立不同的报表。在"数据库"窗口中，单击"创建"功能区"报表"组中的"报表向导"按钮，弹出"报表向导"对话框，如图 8-50 所示，双击"可用字段"列表框中的选项，选择报表所需数据的表或查询，再单击"下一步"按钮，弹出下一个"报表向导"对话框，单击"完成"按钮，即创建了所需的报表，如图 8-51 所示。

图 8-49　报表

图 8-50　"报表向导"对话框　　　　　　　图 8-51　报表示例

2. 打印和预览报表

在 Microsoft Access 可以方便地打印和预览报表，先介绍如何预览报表。打开一个报表切换到"预览视图"功能区，如图 8-52 所示。

图 8-52　"打印预览"功能区

（1）预览报表

预览报表的目的是在屏幕上模拟打印机的实际效果。Access 2010 提供了多种预览模式，如单页预览、双页预览和多页预览。如果要在页面间切换，可以使用"打印预览"窗口底部的浏览按钮；要在当前页中移动，可以使用滚动条。如果同时预览两页以上的报表内容，可通过单击"打印区预览"功能区"显示比例"组中的"双页"按钮、"多页"按钮或用拖动的方法选定要显示的页数。

（2）打印报表

第一次打印报表之前，要检查页边距、页方向和其他页面设置的选项是否符合要求。打印报表时，首先在"数据库"窗口中选定报表，或在"设计"视图"打印预览"或"版面预览"视图中打开报表，直接单击"打印预览"功能区中的"打印"按钮；或者选择"文件"选项卡中的"打印"命令，在"打印"对话框中进行以下设置：

① 在"打印机"下拉列表框中，指定打印机的型号。

② 在"打印范围"选项组中，指定打印所有页或者确定打印页的范围。

③ 在"份数"文本框中，指定打印的份数和是否需要对其进行分页。

最后单击"确定"按钮，便开始打印。

本 章 小 结

　　本章介绍了数据结构基础理论知识、数据库、关系模型的基本概念，以及 Access 2010 的应用。数据结构是指相互之间存在一种或多种关系的数据元素的集合。数据元素不是孤立存在的，而是在它们之间存在某种关系。数据结构的研究内容包括数据的逻辑结构、数据的物理存储结构、对数据的运算（或算法）。算法的设计取决于数据的逻辑结构，算法的实现取决于数据的物理存储结构。

　　数据库是按照数据结构来组织、存储和管理数据的仓库。数据库管理系统用于建立、使用和维护数据库，是对数据库进行统一的管理和控制，以保证数据库的安全性和完整性。Access 是微软发布的数据库管理系统，被企业和喜爱编程的开发人员利用它来制作处理数据的桌面系统，也常被用来开发简单的 Web 应用程序。

第 9 章　多媒体技术

学习目标：

- 了解多媒体技术概念与特点；
- 熟悉多媒体计算机系统的基本组成原理；
- 掌握与理解多媒体文字、音频、图形图像与视频等技术与特点；
- 掌握声音媒体的计算机处理过程与相关计算方法；
- 了解主流多媒体软件产品的名称以及大概制作过程方法。

多媒体技术（Multimedia Technology）是利用计算机对文本、图形、图像、声音、动画、视频等多种信息综合处理、建立逻辑关系和人机交互作用的技术。多媒体技术是现代计算机技术的重要发展方向，也是现代计算机技术发展最快的领域之一。多媒体技术与通信技术的结合将从根本上改变现代社会的信息传播方式，是社会信息化高速公路的基础。

本章主要介绍多媒体技术的基本概念，多媒体数据的特点，多媒体的关键技术等，同时对多媒体硬件设备进行相应的介绍。多媒体的制作与创作时的基本原则，以及对多媒体的制作与创作的常用的编辑制作工具进行简单介绍。

▶▶▶　9.1　多媒体技术概述

多媒体技术使计算机系统具有综合处理文字、语音、图像、图形和视频信息的能力，其丰富的多媒体信息、方便的交互性和实时性，改善了人机界面，改善了计算机的使用方式，丰富了计算机的应用领域。

9.1.1　多媒体的概念及特点

日常生活中媒体传递信息的基本元素是声音、文字、图像、动画、视频、影像等，这些基本元素的组合就构成了我们平常接触的各种信息。计算机中的多媒体就是用这些基本媒体元素有机组合来传递信息的。

1. 基本概念

多媒体来自英文 Multimedia，该词由 Multiple（多）和 Media（媒体）复合而成，而对应的单媒体是 Menomedia。多媒体是两个或两个以上的单媒体的有机组合。多媒体在计算机领域中有两种含义：一是指以存储信息的实体，如磁带、硬磁盘、闪存盘、光盘和半导体存储器等；二是指信息的载体，如数字、文本、图形、图像、声音、视频等。多媒体技术中的媒体是指后者。

国际电信联盟（International Telecommunication Union，ITU）下的 ITU–T 将媒体分为 5 类：

① 感觉媒体（Perception Medium）：是指人们的感觉器官接触信息的形式，如视觉、听觉、触觉、味觉、嗅觉。

② 表示媒体（Representation Medium）：是指信息的表示和表现形式，如文本、图形、图像、声音、视频等。

③ 显示媒体（Presentation Medium）：是指用于输入和输出信息的媒体。分为输出媒体（如显示器、打印机、音箱等）和输入媒体（如键盘、鼠标、话筒、摄像机等）。

④ 存储媒体（Storage Medium）：是用于存放数字化的感觉媒体的载体。计算机可以随时加工处理和调用存放在存储媒体中的信息编码，如硬盘、光盘等。

⑤ 传输媒体（Transmission Medium）：是指用于传输媒体的载体，如双绞线、同轴电缆、光导纤维等。

一般来说，如不特别强调，所说的媒体都是指表示媒体。

多媒体计算机技术（Multimedia Computing）即多媒体技术，就是利用计算机技术综合处理多种媒体信息——文本、图形、图像和声音，使多种媒体信息建立逻辑连接，集成为一个系统并具有交互性。

另外，还有超文本与超媒体的概念，超文本是一种使用于文本、图形或计算机的信息组织形式。它使得单一的信息元素之间相互交叉引用。这种引用并不是通过复制来实现的，而是通过指向被引用的地址字符串来获取相应的信息。这是一种非线性的信息组织形式。它使得 Internet 成为真正被大多数人所接受的交互式的网络。利用超文本形式组织起来的文件不仅仅是文本，也可以是图、文、声、像以及视频等多媒体形式的文件。这种多媒体信息就构成了超媒体。

流媒体是应用流技术在网络上传输的多媒体文件（音频、视频、动画或者其他多媒体文件），而流技术就是把连续的影像和声音信息经过压缩处理后放到网站服务器，让用户一边下载一边观看、收听，而不需要等待整个压缩文件全部下载到自己机器后，才可以观看的网络传输技术。

2. 多媒体技术的特点

早期的计算机由于受到计算机技术、通信技术的限制，只能接收和处理字符信息。字符信息被人们长期使用，其特点是处理速度快、存储空间小，但形式呆板，仅能利用视觉获取，靠人的思维进行理解，难于描述对象的形态、运动等特征，不利于完全真实地表达信息的内涵。图像、声音、动画和视频等单一媒体，比字符表达信息的能力更强，但均只能从一个侧面反映信息的某方面特征。

多媒体技术是一门综合的高新技术，它是集声音、视频、图像、动画等多种媒体于一体的信息处理技术，它可以接收外部图像、声音、影像等多种媒体信息，经过计算机加工处理后，以图片、文字、声音、动画等多种形式输出，实现输入、输出方式的多元化，改变了计算机只能处理文字、数据的局限，使人们的工作、生活更加丰富多彩。多媒体技术主要具有以下特点：

（1）多维性

多维性是指多媒体技术具有的处理信息范围的空间扩展和放大能力。利用多媒体技术能将输入的信息加以变换加工，增加输出的信息的表现能力，丰富显示效果。多媒体信息使我们不但能看到文字说明，观察到静止的图像，还能听到声音，使人有身临其境之感。这种信息空间的多维性，使信息的表现方式不再单调，而是有声有色，生动逼真。

（2）集成性

多媒体技术是结合文字、图形、声音、图像、动画等各种媒体的一种应用，是一个利用计算机技术来整合各种媒体的系统。媒体依其属性的不同可分成文字、音频和视频。文字又可分成字符与数字，音频可分为语言和音乐，视频又可分为静止图像、动画和影像，多媒体系统将它们集成在一起，经过多媒体技术处理，使它们能综合发挥作用。

（3）交互性

所谓交互性，是指人的行为与计算机的行为互为交流沟通的关系。这也是多媒体与传统媒体最大的不同。电视教学系统虽然也具有"声、图、文"并茂的多种信息媒体，但电视节目的内容是事先安排好的，人们只能被动地接受播放的节目，而不能随意选择感兴趣的内容，这个过程是单方向的，而不是双向交互性的。如果用多媒体技术制作教学系统，学生可根据自己的需要选择不同的章节、难易各异的内容进行学习。对于重点的内容，一次未搞明白，还可重复播放。学生可参与练习、测验、实际操作等。如果出现错误，多媒体教学系统能及时评判、提示和纠正。

9.1.2　多媒体元素及其特征

多媒体涉及大量不同类型、不同性质的媒体元素。这些媒体元素数据量大，同一种元素数据格式繁多，数据类型之间的差别极大。多媒体的信息中媒体元素是指可显示给用户的媒体组成。

1. 文本

文本（Text）是多媒体作品中最基本的信息。通过对文本显示方式的组织，多媒体应用系统可以显示的信息更易于理解。文本数据可以在文本编辑软件中制作，如 Microsoft Word 等所编辑的文本文件大都可被输入到多媒体应用系统中，也可以直接在制作图形的软件或多媒体编辑软件中一起被制作。

常见的文本分为非格式化文本文件和格式化文本文件。非格式化文本文件是指只有文本信息而无任何有关格式的信息，又称为纯文本文件，如.txt 文件。格式化文本文件是指带有各种文本排版信息等格式信息的文本文件，如.doc 文件，该文件中带有段落格式、字体格式、文章的编号、分栏、边框等格式信息。文本的多样化是指文字的变化，即字的格式（Style）、字的定位（Align）、字体（Font）、字的大小（Size）以及由这 4 种变化的各种组合形成的。

2. 图形

图形（Graphic）一般是指用计算机绘制的画面。图形的格式是一组描述点、线、圆等几何图形的大小、形状及其位置、维数的指令集合。在图形文件中只记录生成图形的过程和方法，因此又称为矢量图。通过读取这些指令并将其转换为屏幕上所显示的形状和颜色而生成图形的软件通常称为绘图程序。

对于图形，可以分别控制处理图中的各个部分，如在屏幕上移动、旋转、放大、缩小、扭曲而不失真。不同的图形元素可以在屏幕上重叠并保持各自的特性。因此，图形主要用于表示线框型的图画、工程制图、美术字等。

对图形来说，数据的记录格式是关键的内容，直接影响图形数据操作的方便性。在计算机中图形的存储格式大小都不固定，要视各个软件的特点由开发者自定。微机上常用的矢量图形文件有.3ds（用于 3D 造型）、.dxf（用于 CAD）、.wmf（用于桌面出版）等。

图形技术的关键是图形的制作和再现，图形只保存算法和特征点，所以相对于图像来说，图形占用的存储空间较小；而在图形再现时需要重新计算，故显示速度较图像慢；在打印输出和放大时，图形的质量较高，而图像在此情况下通常会发生失真。

3. 图像

图像（Image）是以数字化形式存储的任意画面，画面中的各个点（称为像素点 pixel）的强度和颜色等信息用二进制代码表示，通常称为位图图像（Bitmap）。用于度量位图图像内数据量多少的参数通常表示为 p/in（ppi，每英寸像素）。位图图像适合表现层次和色彩比较丰富、包含大量细节的图像。

图像文件的存储格式有多种，主要有 BMP、PCX、TIF、TGA、GIF、JPG 等。一般数据量较大。可以表达真实的照片，也可以表现复杂绘图的某些细节。

图像的关键技术是图像的扫描、编辑、压缩、解压缩和色彩的一致性再现等，处理时一般要考虑以下 3 个因素：

① 分辨率：分为屏幕分辨率、图像分辨率和像素分辨率 3 种。其中，屏幕分辨率指计算机显示器屏幕显示图像的最大显示区，以水平和垂直像素点表示，如 640×480 像素；图像分辨率指数字化图像的大小，以水平和垂直像素点表示，如 320×200 像素；像素分辨率指像素的宽高比，一般为 1∶1。在像素分辨率不同的计算机之间传输图像会产生畸变。分辨率影响图像质量。

② 图像灰度：指每个图像的最大颜色数目，屏幕上每个像素都用若干二进制位描述其颜色信息。如单色图像的灰度为 1 位，表示亮与暗；若每个像素 4 位，表示支持 16 色；8 位表示支持 256 色；若灰度为 16 位，则颜色数目为 65 536 色；若灰度为 24 位，则颜色数目达 1 577 万多种，通常称为真彩色。

③ 图像文件大小：用字节为单位表示图像文件大小时，计算方法为（高×宽×灰度位数）/8，其中高指图像垂直方向的像素点数目，宽指图像水平方向的像素点数目。

对图像文件可进行改变图像尺寸、对图像进行编辑修改、调节颜色板等处理。

4. 音频

声音根据其内容可以分为波形声音、语音和音乐。

波形声音（wave）：是数字化了的声音，是由计算机对任何声音进行采样量化后得到的离散化信号，实际上包含了所有的声音形式，通常称为数字音频（audio）。

语音（voice）：语音也可以表示为波形声音，但波形声音表示不出语音的语言、语音学内涵。语音是对讲话声音的一次抽象。

音乐（music）：音乐比语音更规范，是符号化了的声音。但音乐不能对所有的声音都进行符号化。乐谱是符号化声音的符号组，表示比单个符号更复杂的声音信息内容。

5. 动画

动画（animation）就是运动的图画。用计算机实现的动画有两种，一种叫造型动画，另一种叫帧动画。帧动画是由一幅幅连续的画面组成的图像序列，这是产生各种动画的基本方法。

为什么一幅幅静态的画面连续播放，就可看到动态的图像画面？这是由于人的眼睛具有视觉暂停现象，在亮度信号消失之后亮度感觉仍然可以保持 1/20～1/10 s 的时间。动态图像（动画）就是根据这个特性而产生的。从物理意义上看，任何动态图像都是由多幅连续的图像序列构成的，沿着时间轴，每一幅图像保持一个很小的时间间隔，顺序地在人眼感觉不到的速度（每秒 25～30 帧）下换成另一幅图像，连续不断地转换就形成了运动的感觉。电影和计算机中的动画都是如此。

6. 视频

视频（Video）是用摄像机拍摄的连续自然场景。视频与动画一样是由连续的画面组成的，只是画面图像是自然景物的图像。两者的区别在于：视频是对视频信号源（如电视机、摄像机等）经过采样和数字化后保存，是对真实世界的记录；而动画是用人工合成的方法对真实世界的一种模拟。

视频有如下几个重要技术参数：

① 帧速：每秒播放的静止画面数（帧/秒）。为了减少数据量，可适当降低帧速。若帧速在 16fps（Frames Per Second）以上，便可达到比较满意的效果。

② 数据量：未经过压缩的数据量为帧速乘以每幅图像数据量。假设一幅图像为 1 MB，则每秒的数据量将达到 25 MB（PAL 制式），经过压缩之后将减少为原来的几十分之一甚至更少。

③ 画面质量：画面质量除了原始图像质量外，还与视频数据的压缩比有关。压缩比超过一定值，画面质量下降。

9.1.3 多媒体数据压缩技术

数据的压缩处理包括数据的压缩和解压缩过程。压缩是一个编码过程，即将原始数据经过编码进行压缩，以便存储与传输，解压缩是一个解码过程，即对编码数据进行解码，还原为可以使用的数据。

数据压缩方法有很多种，可以根据不同的方法进行分类。

（1）根据解码后数据是否能够完全无丢失地恢复进行分类

① 无损压缩（可逆压缩）：解码数据与原始数据严格相同，即压缩是没有任何损失或无失真的。这种压缩方法压缩比例低，一般在 2∶1～5∶1 之间，用于文本、数据的压缩。典型的编码方法有 LZW 编码、哈夫曼（Huffman）编码、算术编码、游程编码等。

② 有损压缩（不可逆压缩）：解码数据与原始数据有一定误差，即压缩是有损失的或有失真的。由于允许一定程度的失真，故主要用于图像、声音、动态视频等数据的压缩。压缩比例高，可达百分之一。常用的编码方法有 PCM、预测编码、变换编码、插值和外推法、子带编码、小波编码等。

（2）根据压缩编码方法的原理进行分类

① 预测编码（Prediction Coding, PC）：是一种针对空间冗余和时间冗余的压缩方法。

其原理是利用已被编码的点的数据值预测邻近的一个像素点的数据值。对于语音，就是通过预测去除语音信号时间上的相关性；对于图像来讲，帧内预测去除空间上的冗余性，帧间预测去除时间上的冗余性。预测根据某个模型进行，如果选取较合适的模型并利用人的视觉特性，则会获得较高的压缩比。这种编码技术比较成熟、简便，所以目前大多数语音、图像编码中都采用这种编码技术，如语音中的 LPC（线性预测）、图像中的 ADPCM（自适应预测）等。

② 变换编码（Transform Coding，TC）：也是一种针对空间冗余和时间冗余的压缩方法。其原理是将图像光强矩阵（时域信号）变换到系数空间（频域）上进行编码压缩处理。在空间上具有很强的相关的信号，反映在频域上是某些特定区域的能量常常集中在一起，或者是系数矩阵的发布具有某些规律。我们可以利用这些规律分配频域上的量化比特数，从而达到压缩的目的。

③ 统计编码：最常用的统计编码是哈夫曼（Huffman）编码。这种编码方法是根据信息熵的原理，用短码表示出现概率大的数据，用长码表示出现概率小的数据，这样可以保证总的平均码最短。其编码效率主要取决于需编码的符号出现的概率分布，越集中则压缩比越高。这是一种无损压缩技术，在语音和图像编码中常常与其他方法结合使用。

④ 分析–合成编码：这种编码方法是通过对原数据的分析，将其分解成一系列更适合于表示的"基元"或从中提取若干具有更为本质意义的参数，编码仅对这些基元或特征参数进行。译码时则借助于一定的规则或模型，按一定的算法将这些基元或参数"综合"成原数据的一个逼近。这种编码方法可能得到极高的数据压缩比。

无论是对视频还是音频信号，各种压缩编码算法都各有其优缺点。一般评价压缩编码算法的指标有：

① 压缩比：压缩过程中输入数据和输出数据量之比。
② 图像质量（失真度）：压缩解压后的图像（声音）质量的好坏。
③ 算法的复杂性和运算速度：算法的复杂性一般是指这种编码算法实现的难易程度；运算速度是指这种编码算法的压缩和解压速度。

9.1.4　多媒体技术的应用

多媒体应用系统丰富多彩、层出不穷，已深入到人类学习、工作和生活的各个方面。其应用领域从教育、培训、商业展示、信息咨询、电子出版、科学研究到家庭娱乐，特别是多媒体技术与通信、网络相结合的远程教育、远程医疗、视频会议系统等。这些新的应用领域给人类的生产生活带来了巨大的变革。

1. 教育、培训应用领域

在多媒体的应用中，教育、培训应用大约占 40%。多媒体教育、培训始于计算机辅助教学 CAI。它是提高教学质量和普及教育的有效途径，根据教学的基本原理，利用计算机对信息具有的大容量存储、高速处理等特点，通过与用户之间的交互活动，用最优化的教学方式来实现教学目标的教学手段。它既可代替教师进行课程的教学，也可作为常规课堂教学的补充手段。它有如下优势：

① 多媒体教学以图文、声像并茂的形式提供信息，提高获取知识的速度，提高教学质量，激发学生的学习积极性。

② 实现学习个别化，按照学生的能力、特点进行教学。

③ 把多媒体技术与计算机通信技术及知识库相结合，能提供多元化的教学，并可使教育走向家庭。

④ 把以教师为中心的教学模式转变为以学生为中心，增加了学生的主观能动性，使学生产生一种学习责任感。

2. 商业展示、信息咨询应用领域

多媒体技术与触摸屏技术的结合为商业展示和信息咨询提供了新的手段，现已广泛地应用于交通、商场、饭店、宾馆、邮电、旅游、娱乐等公共场所。例如，大商场的导购系统。以多媒体技术制作的产品演示光盘为商家提供了一种全新的广告形式，商家通过多媒体演示光盘可以将产品表现得淋漓尽致，客户通过多媒体演示光盘随心所欲地观看广告，直观、经济、便携，效果非常好。它可用于房地产公司、计算机销售公司、汽车制造厂商等多种行业的展示。

3. 多媒体电子出版物

计算机多媒体技术的发展正在改变传统的出版业，CD-ROM 大容量、低成本及CD-ROM 驱动器能重现声、文、图、像等信息的特点，加快了电子出版物的发展。多媒体电子出版物是一种新型的信息媒体，它将文字、声音、图片、图像、动画、视频等多种媒体与计算机程序融合，以电子信息的形式存放在 CD-ROM 中。从本质上说，多媒体电子出版物是一种应用软件产品，是由计算机软件控制，并对其多媒体对象进行综合处理编辑的结果。一张光盘能存放 30 多亿个汉字（1 000 多张《人民日报》的信息量）。电子出版物的很多性能优于传统出版物，如查找方便迅速、体积小、携带方便、可靠性高、寿命长等。而且用户在接受多媒体电子信息（如电子书刊）时，不仅仅是阅读信息，还能亲身感受信息。

4. 多媒体通信

多媒体技术与通信技术结合形成了新的应用领域，如视频会议、可视电话、双向电视、电子商务、远程教学、远程医疗等。

可视电话系统一般由语言处理、图像信号输入、图像信号输出及图像信号处理 4 部分组成。目前，国际上已有许多成熟产品，如 MCI 公司推出的可视电话，可利用电视机和普通逻辑电话线，其内部装有摄像机、解调器和多媒体芯片。

图文电视机是普通电视机与图文解码器二合一体机。电视图像在场与场之间不传送图像的空隙，而是传送数字化的图文信息。

视频会议让人们可以在世界的任何地方通过显示器或电视屏幕来面对面地讨论、交谈、传送文件等，使人们的活动范围扩大而物理距离缩小，进一步提高工作效率和质量。

远程教学可通过 Internet 让学员自己选择教学计划、教学进度及教学地点，聆听远方教授的教学指导。

远程医疗可通过 Internet 传送病人的各种化验单、CT 及 X 光片等图像，供在远方的专家会诊；还可传送手术镜头让远方的专家对手术进行指导。

交互式电视（Video On Demand，VOD）的功能是用户可根据自己的需要来点播电视节目或电视上显示的其他选项，还可以随意设计故事情节，交互地指挥节目进行。

电影数字化后，电影制片厂只要把电影文件通过网络发往电影院和家庭，而且质量

和效果都比普通电影高得多。

多媒体通信技术使计算机的交互性、通信的分布性及电视的真实性融为一体，多媒体通信技术的广泛应用将能极大地提高人们的工作效率，减轻社会的交通负担，改变人们传统的教育和娱乐方式。

5. 家庭娱乐

多媒体技术由于能处理图文、声像等，软件制造商们已开发了丰富多彩的多媒体游戏和娱乐软件，摆脱了以往的单调，有较好的视听效果且交互性强，给人以身临其境的感觉。例如，近年来的 DVD，使我们能在计算机上观看具有高清晰度的画面质量、更具震撼力的音响效果的影视节目。

9.1.5 多媒体技术的发展

目前，多媒体技术主要向以下几个方向发展：

（1）多媒体通信网络的研究和建立

多媒体通信网络的研究和建立将使多媒体从单机、单点向分布、协同多媒体环境发展，在世界范围内建立一个可全球自由交互的通信网。对该网络及其设备的研究和网上分布应用与信息服务研究将是热点。未来的多媒体通信将朝着不受时间、空间、通信对象等方面的任何约束和限制的方向发展，其目标是"任何人，在任何时刻，与任何地点的任何人，进行任何形式的通信"。人类将通过多媒体通信迅速获取大量信息，反过来又以最有效的方式为社会创造更大的社会效益。

（2）智能处理

利用图像理解、语音识别、全文检索等技术，研究多媒体基于内容的处理，开发能进行基于内容处理的系统，是多媒体信息管理的重要方向。

（3）多媒体标准的规范

各类标准的研究建立将有利于产品规范化。以多媒体为核心的信息产业突破了单一行业的限制，涉及诸多行业，而多媒体系统集成特性对标准化提出了更高的要求，所以必须开展标准化研究，它是实现多媒体信息交换和大规模产业化的关键所在。

（4）多学科交互

多媒体技术与其他技术相结合，提供了完善的人机交互环境。同时多媒体技术将继续向其他领域扩展，并使其应用范围进一步扩大。多媒体仿真、智能多媒体等新技术层出不穷，扩大了原有技术领域的内涵，并不断创造出新的概念。

多媒体技术正在向自动控制系统、人机交互系统、人工智能系统、仿真系统等技术领域渗透，所有具有人机界面的技术领域都离不开多媒体技术的支持。这些相关技术在发展过程中创造出许多新的概念，产生了许多新的观点，正在为人们所接受，并成为研究课题之一。

►►► 9.2 多媒体系统

多媒体系统是一个能够处理多媒体信息的计算机系统，是计算机和视觉、听觉等多媒体系统综合。一个完整的多媒体系统由硬件和软件两大部分组成。其核心是一台计算机，

大学计算机基础（第五版）

围绕核心计算机的主要是视听等多媒体设备。因此，多媒体系统主要由 4 部分组成：

① 多媒体操作系统：又称多媒体核心系统，具有实时任务调度、多媒体数据转换和同步执行对多媒体设备的驱动和控制，以及图形用户界面管理等。

② 多媒体硬件系统：包括计算机硬件、音频/视频处理器、多媒体输入/输出设备及信号转换装置、通信传输设备及接口装置等。

③ 多媒体处理工具：即多媒体系统开发工具软件，是多媒体系统的重要组成部分。

④ 用户应用软件：根据多媒体系统终端用户要求而定制的应用软件或面向某一领域的用户应用软件系统，它是面向大规模用户的系统产品。

多媒体个人计算机（Multimedia Personal Computer，MPC）是指具有多媒体功能的个人计算机。它是在传统的个人计算机的基础上增加各种多媒体部件组成的，个人计算机通过这种扩充具有图形、图像、声音及视频处理能力。

9.2.1 多媒体硬件系统

多媒体系统的硬件是整个系统的物质基础，典型的硬件结构如图 9-1 所示。整个系统由 5 个部分组成。

图 9-1 典型的多媒体系统硬件结构

1. 主机

主机是多媒体计算机的核心，可以是大/中型计算机，也可以是工作站，用得最多的是微型计算机。目前的微机主板上可能集成有多媒体专用芯片。

2. 视频部分

视频部分负责多媒体计算机图像和视频信息的数字化摄取和回放，主要包括视频压缩卡（又称视频卡）、电视卡、加速显示卡等。

视频卡：主要完成视频信号的 A/D 和 D/A 转换及数字视频的压缩和解压缩功能。其信号源可以是摄像头、数码照相机、影碟机等。

电视卡（盒）：完成普通电视信号的接收、解调、A/D 转换及与主机之间的通信，从而可电视机上观看电视节目，同时还可以以 MPEG 压缩格式录制电视节目。

加速显示卡（Accelerated Graphics Port，AGP）主要完成视频的流畅输出。AGP 是 Intel 公司为解决 PCI 总线带宽不足的问题而提出的新一代图形加速端口。通过 AGP 接口，可以将显卡同主板芯片组直接相连，进行点对点传输，大幅度提高了计算机对 3D 图形的处理能力。另外，在处理大的纹理图形时，AGP 显卡除了使用卡上的缓存外，还可以通过 DIME（Direct Memory Execute，直接内存执行）从系统内存抓取材质，也就是所谓的 AGP Mapping 功能，从而更充分地利用了系统资源。AGP×1 与 AGP×2 均是 AGP 接口的工作模式，其中 AGP×1 工作在 66 MHz 的总线频率下，是现在的 PCI 总线的一倍，其视频信号传输率也由 PCI 总线的 133 Mbit/s 提高到 266 Mbit/s；而 AGP×2 模式由于每个周期可执行两个指令，因此理论上可以提供最高达 533 Mbit/s 的数据传输率。同样道理，AGP×4 便可以达到每秒 1 MB 的传输速率。目前，常见的是 AGP×8。显卡外接显示器或触摸屏。

下面详细介绍摄像头和数码照相机。

（1）摄像头

摄像头是一种视频输入设备，如图 9-2 所示。摄像头基本分为两种：一种是数字摄像头，可以独立与微机配合使用；另一种是模拟摄像头，要配合视频捕捉卡使用。在此，介绍的是数字摄像头。

图 9-2 摄像头

摄像头主要的性能指标包括：

镜头：现在市面上的摄像头有两种感光元器件的镜头，一种是电荷耦合器（Charge Coupled Device，CCD），一般是用于摄影摄像方面的高端技术元件；另一种是比较新型的感光元器件互补金属氧化物半导体（Complementary Metal Oxide Semiconductor，CMOS）。现在的高端摄像头，如 Logitech、Creative 的产品基本都采用 CCD 感光元器件，主流产品则基本是 CCD 和 CMOS 平分秋色。

像素：像素数是摄像头的一个重要指标。现在的摄像头普遍都有 30 万像素以上，高端产品如 Logitech 的 Pro 4000 有 130 万像素，Creative PCCAM 700 则高达 210 万像素。但不一定是像素越高越好，因为像素越高就意味着一幅图像所包含的数据量越大，对于有限的带宽来说，高像素会造成低速率。

接口：数字摄像头应用先进的 USB 接口，使得摄像头的硬件检测，安装变得比较方便，而且 USB 接口的最高传输速率可达 12 Mbit/s，这使得高分辨率、真彩色的大容量图像实时传送成为可能。

视频捕捉能力：目前厂家一般标示的最大动态视频捕捉像素为 640×480 像素，其实由于目前摄像头的接口大都采用 USB 1.1 标准，所以高分辨率下的数据传输仍然是个瓶颈，都会产生跳帧。最大 30 fps 的视频捕捉能力一般都是在 352×288 像素时才能达到流畅的水平。

调焦功能：一般好的摄像头都有较宽的调焦范围，另外还具备物理调焦功能，能够手动调节摄像头的焦距，包括附带软件，摄像头外形，镜头的灵敏性，内置麦克风等。

另外 Logitech 和 Spotlife.com 网站合作，可以使用用户设置网上摄像机或进行网络实况转播。

（2）数码照相机

数码照相机是一种能够进行拍摄，并通过内部处理把拍摄到的景物转换成以数字格式存放的图像的特殊照相机，如图 9-3 所示。与传统光学照相机不同，数码照相机不使用胶片，而是使用固定的或者可拆卸的半导体存储器来保存获取的图像。

图 9-3　数码照相机

数码照相机可直接连接到计算机、电视机或打印机上。在一定条件下，数码照相机还可以直接接到移动电话或手持 PC 上。由于图像是内部处理的，所以使用者可以马上检查图像是否正确，而且可立刻打印出来或通过电子邮件发送出去。

数码照相机的主要技术指标包括：

① CCD 像素数：数码照相机 CCD 芯片上的光敏元件数量的多少称为数码照相机的像素数，是目前衡量数码照相机档次的主要技术指标，决定了数码照相机的成像质量。

② 色彩深度：用来描述生成的图像所能包含的颜色数。数码照相机的色彩深度有 24 bit、30 bit 及 36 bit。

③ 存储功能：影像的数字化存储是数码照相机的特色。在选购高像素数码照相机时，要尽可能选择能采用更高容量的存储介质的数码照相机。

3．音频部分

音频部分主要完成音频信号的 A/D 和 D/A 转换及数字音频的压缩、解压缩及播放等功能，主要包括音频卡、外接音箱、话筒、耳麦、MIDI 设备等。

下面重点介绍音频部分的重要部件音频卡。

音频卡又被称为声卡、声音适配器，主要用于处理声音。目前，很多主板上都集成了音效芯片，取代了声卡的功能，有效地提高了整机的性价比，但是与一些高端的单独存在的声卡相比，无论从声音处理效果、抗干扰性和功能种类上，都逊色许多。

（1）音频卡的主要功能

数字音频的播放：音频卡的技术指标之一是数字化量化位和立体声声道的多少。早期的音频卡是 8 位，SB16 支持 16 位立体声声道。可播放 CD-DA 唱盘及回放 WAVE 文件。

录制生成 WAVE 文件：音频卡配有话筒输入、线性输入接口。数字音频的音源可以是话筒、收录机和 CD 唱盘等，可选择数字音频参数，如采样频率、量化位数和压缩编码算法等。在音频处理软件的控制下，通过音频卡对音源信号进行采样、量化、编码生成 WAVE 格式的数字音频文件，通过软件还可进一步对 WAVE 文件进行编辑。

MIDI 和音乐合成：通过 MIDI 接口可获得 MIDI 消息。SB16 采用 FM 频率合成的方法实现 MIDI 乐声的合成以及文本-语音转换（Text-to-Speech）合成。

多路音源的混合和处理：借助混音器可以混合和处理不同音源发出的各种声音信号，混合数字音频和来自 MIDI 设备、CD 音频、线性输入、话筒及 PC 扬声器等的各种声音。录音时可选择输入来源或各种音频的混合，控制音源的音量、音调。

（2）音频卡的组成

音频卡由声音处理芯片、功率放大器、总线连接端口、输入/输出端口、MIDI 及游戏杆接口（共用一个）、CD 音频连接器等构成。

声音处理芯片：声音处理芯片通常是音频卡中最大的集成块。声音处理芯片决定了音频卡的性能和档次，其基本功能包括采样和回放控制、处理 MIDI 指令等，有的还有混响、合声等功能。

功率放大芯片：从声音处理芯片出来的信号不能直接驱动喇叭，功率放大芯片（简称功放）将信号放大以实现这一功能。

总线接口：音频卡插入到计算机主板上的那一端称为总线连接端口，它是音频卡与计算机交换信息的桥梁。根据总线接口类型可把声卡分为 PCI 声卡和 ISA 声卡。目前市场多为 PCI 声卡。

输入/输出端口：在音频卡与主机箱连接的一侧有 3～4 个插孔，音频卡与外围设备的连接如图 9-4 所示。通常是 Speaker、Line In、Line Out、Mic 等。

图 9-4　音频卡与外围设备的连接示意图

Speaker：连接外部音箱，将信息输出。

Line In：连接外部音响设备的 Line Out 端，向音频卡输入信息。

Line Out：连接外部音响设备的 Line In 端，从音频卡输出信息。

Mic In：用于连接话筒，可录制解说或者通过其他软件（如汉王、天音话王等）实现语音录入和识别。

上述 4 种端口传输的是模拟信号，如果要连接高档的数字音响设备，需要有数字信号输出、输入端口。高档音频卡能够实现数字声音信号的输入、输出功能，输出端口的外形和设置随厂家不同而异。

4. 基本输入/输出设备

基本输入/输出设备主要包括键盘、鼠标、光笔和扫描仪等。

（1）扫描仪

扫描仪是一种输入设备，如图 9-5 所示，主要用于输入黑白或彩色图片资料、图形方式的文字资料等平面素材。配合适当的应用软件后，扫描仪还可以进行中英文文字的智能识别。

根据扫描的原理及数字图像的指标，扫描仪的主要技术指标包括：

① 扫描分辨率：单位是 dpi，意思是每英寸能分辨的像素点。例如，某台扫描仪的扫描分辨率是 600dpi，则每英寸可分辨 600 个像素点。dpi 的数值越大，扫描的清晰度越高。

② 扫描彩色精度：扫描仪在扫描时，把原稿上的每个像素用 R（红）、G（绿）、B（蓝）三基色表示，而每个基色又分若干个灰度级别，即色彩精度。色彩精度越高，灰度级别就越多，图像越清晰、细节越细腻。

③ 扫描速度：在保证扫描精度的前提下，扫描速度越高越好。扫描速度主要与扫描分辨率、扫描颜色模式和扫描幅面有关，扫描分辨率越低，幅面越少，扫描速度越快。计算机系统配置、扫描仪接口形式、扫描分辨率的设置、扫描参数的设定等也会影响扫描速度。

（2）笔式输入

手写笔的出现是为了输入中文，同时还具有鼠标的作用，并可以作画。

手写板分为电阻式和感应式两种，电阻式的手写板必须充分接触才能写字，如图 9-6 所示。

图 9-5　扫描仪

图 9-6　手写板

感应式的手写板又分有压感和无压感两种，其中有压感的输入板能感应笔画的粗细、着色的浓淡，但感应式的手写板容易受电器设备的干扰。

目前还有直接用手指来输入文字的手写系统，采用的是新型的电容式触摸板。

5. 大容量存储设备

由于多媒体信息需要的存储量较大，因此需要大容量的数据存储设备，主要包括有 CD-ROM、磁盘、打印机、可擦写光盘等。

在一个具体的多媒体系统的硬件配置中，不一定都包括上述的全部配置，但一般至少在常规的计算机上再加音频适配卡和 CD-ROM 驱动器。

9.2.2　多媒体软件系统

多媒体软件系统按功能可分为系统软件和应用软件。其中，系统软件是多媒体系统的核心。具体来说，多媒体软件系统分为以下 5 类：

（1）多媒体驱动软件

多媒体软件中直接与硬件打交道的软件称为多媒体驱动软件。在系统初始化引导程序的作用下，将其载入并常驻系统内存。其作用是完成设备的初始化，各种设备的操作及设备的打开、关闭，基于硬件的压缩和解压，图像的快速变换等基本硬件功能的调用。这种软件一般随硬件提供。

（2）多媒体计算机的核心软件

多媒体计算机的核心软件即视频/音频信息处理核心部分。其主要任务是支持随机移动或扫描窗口下的运动及静止图像的处理和显示，为相关的音频和视频数据流的同步问题提供需要的实时任务调度等。

（3）多媒体操作系统

多媒体操作系统就是具有多媒体功能的操作系统。除了具有一般操作系统的功能以外，多媒体操作系统还必须具备对多媒体数据和多媒体设备的管理和控制功能，具有综合使用各种媒体的能力，能灵活地调度多种数据并能进行相应的传输和处理，且使各种媒体硬件和谐地工作。例如，目前流行的 Windows 系列操作系统主要适用于多媒体个人计算机。

（4）多媒体创作工具软件

多媒体创作工具软件，是帮助开发者制作多媒体应用软件的工具，又称多媒体编辑软件。它能够对文本、声音、图像、视频等多种媒体信息进行控制和管理，并按要求连接成完整的多媒体应用软件。多媒体创作工具大多数都具有可视化的创作界面，并具有直观、简便、交互能力强和无须编程、简单易学的特点。高档的创作工具可用于影视系统的动画创作，中档的创作工具可用于创作教育和娱乐节目，低档的多媒体工具可用于商业简介的创作、家庭学习材料的编辑。例如，Cool Edit Pro、Adobe Photoshop、3D Studio MAX、Flash、Adobe Premiere、Authorware、Director 等。

（5）多媒体应用软件

多媒体应用软件是根据多媒体系统终端用户要求而定制的应用软件或面向某一领域的用户应用软件系统，是面向大规模用户的系统产品。它包括一些系统提供的应用软件，如 Windows 系统中录音机、媒体播放器应用程序和用户开发的多媒体应用程序。

➤➤➤ 9.3　多媒体文字信息技术

在现实生活中，文字（包括字符和各种专用符号）是使用最多的信息交流工具。用文本表达信息，可以给人以充分的想象空间，在多媒体作品中文字主要用于对知识的描述性表示，比如阐述概念、定义、原理和问题以及显示标题、菜单等内容。

9.3.1　文字信息的特点

多媒体信息中的文字有文本文字和图形文字两种形式，它们的区别如下：

① 产生的软件不同：文本文字多使用字处理软件（如记事本、Word、WPS 等），通过输入、编辑排版后生成；而图形文字多需要使用图形处理软件（如画笔、3ds Max、Photoshop 等）来制作。

② 文件的格式不同：文本文字为文本文件格式（如 .txt、.doc、.wps 等），除包含所输入的文字以外，还包含排版信息；而图形文字为图像文件格式（如.bmp、.c3d、.jpg 等），它们都取决于所使用的软件和最终用户所选择的保存格式。图像格式所占的字节数一般要大于文本格式。

③ 应用场合不同：文本文字多以文本文件形式（如帮助文件、说明文件等）出现在系统中；而图形文字可以制成图文并茂的艺术字，成为图像的一部分，以提高作品的感染力。

9.3.2　文本文件的格式

对于文本信息的处理，可以在文字编辑软件中完成，如使用记事本、Word、WPS 等软件；也可以在多媒体编辑软件中直接制作。建立文本信息的软件非常多，而每种软件大都保存为特定的格式，于是就有了许多不同的文件格式。常用的文本文件的格式有以下几种：

① TXT 格式：纯文本格式。在不同操作系统之间可以通用，兼容于不同的文字处理软件。因无文件头，不易被病毒感染。

② WRI 格式：一个非常流行的文档文件格式，它是 Windows 自带的写字板程序所生成的文档文件。

③ DOC 格式：由文字处理软件 Word 生成的文档格式，表现力强、操作简便。不过 Word 文档向下的兼容性不太好，用高版本 Word 编辑的文档无法在低版本中打开，在一定程度上影响了使用。

④ WPS 格式：由国产文字处理软件 WPS 生成的文档格式，老版本的 WPS 所生成的*.wps 文件实际上只是一个添加了 1 024 字节控制符的文本文件，它只能处理文字信息。而 WPS 97/2000 所生成的*.wps 文件则在文档中添加了图文混排的功能，大大扩展了文档的应用范围。值得一提的是，WPS 向下的兼容性较好，即使是采用 WPS 2000 编辑的文档，只要没有在其中插入图片，仍然可以在 DOS 下的老版本 WPS 中打开。

⑤ RTF 格式：一种通用的文字处理格式，几乎所有的文字处理软件都能正确地对其进行存取操作。

9.3.3　文字信息的属性

丰富多彩的文本信息是由文字的多种变化而构成的，即由字体（Font）、大小（Size）、格式（Style）、定位（Align）等组合形成的。文字信息的属性一般具有以下内容：

① 字体（Font）：由于计算机系统上安装的字库不是完全相同的，所以字体的选择也会有所不同。我们可以通过安装字库来扩充可选择的字体，它们默认保存在 Windows 系统下的 Fonts 文件夹中。字体文件的扩展名多为 FON 及 TT（True Type），TT 支持无级缩放、美观、实用，因此，一般字体都是 TT 形式。常用的一些装饰标志也可以字体的形式出现。

② 格式（Style）：字体的格式包括普通、加粗、斜体、下画线、字符边框、字符底纹和阴影等。通过字体的格式设置，可以使文字的表现更加丰富多样。

③ 大小（Size）：字的大小在中文里通常是以字号为单位的，从初号到八号，由大到小；而在西文中却以磅为单位，磅值越大，字就越大。为了使用方便，表 9-1 列出了文字字号、磅以及毫米之间的对应关系。

表 9-1　字号、磅以及毫米之间的对应关系

字　号	磅　值	毫　米	字　号	磅　值	毫　米	字　号	磅　值	毫　米
初号	42	14.82	三号	16	5.64	六号	7.5	2.65
小初	36	12.70	小三	15	5.29	小六	6.5	2.29
一号	26	9.17	四号	14	4.94	七号	5.5	1.94
小一	24	8.47	小四	12	4.32	八号	5	1.74
二号	22	7.76	五号	9.5	3.7			
小二	18	6.35	小五	9	3.18			

④ 定位（Align）：字体的定位包括左对齐、右对齐、居中、两端对齐以及分散对齐。一般标题采用居中，其他应根据具体情况设置。

⑤ 颜色（Color）：对文字指定不同的颜色，使画面更加漂亮。

➤➤➤ 9.4 多媒体音频技术

声音是人们表达思想和情感的重要媒体，通过声音人们传递语言、交流思想、表示信息，通过声音欣赏美妙的音乐，也可以通过声音来感觉丰富多彩的大自然景象。

9.4.1 声音与计算机音频处理

声音是通过一定介质传播的一种连续的波，是一个随着时间连续变化的模拟信号，在物理学中称为声波。复杂的声波是由许多不同振幅和频率的正弦波组成的。为了在多媒体计算机系统中对声音信号进行存储、传输，就必须把模拟音频信号数字化，形成数字音频。

1. 声音

一切能发出声音的物体叫声源。声音是由于声源的振动而产生的，借助于它们周围的空气介质，把这种振动以机械波的形式由近及远地传向远方，就形成了声波。声波传入人耳，致使耳膜也产生振动，这种振动被传导到听觉神经，就产生了"声音"的感觉。声源产生的声音是一种模拟信号，可以用波形来表示，波形近似逐渐衰减的正弦曲线，一个声音模拟波形曲线包括 3 个要素：基线、周期和振幅。

基线是波形曲线中最高点和最低点之间的平均线；振幅即波形的最高点（或最低点）与基线间的距离，它表示了声音音量的大小；周期是波形中两个相邻波峰之间的距离，它表示完成一次振动过程所需的时间，其大小体现了振动进行的速度。从物理学中可知，频率是周期的倒数，周期越短，频率越高。频率的单位为赫兹（Hz）。人的听觉器官只能感觉到振动频率在 20 Hz～20 kHz 之间的声波，超出此范围的振动波不能被人耳听到。

2. 声音的计算机处理

人耳听到的声音是一种声波，计算机要处理这种声波，可以通过话筒把机械振动转变成相应的电信号，这也是一种连续的模拟信号。而计算机只能处理数字信号，不能处理模拟信号，只有把这种模拟信号转换成数字信号，计算机才能够处理声音，这种转换就是模/数转换（A/D 转换），它是由模/数转换电路实现的。

声音经 A/D 转换后得到的数字声音信号交给计算机处理，处理后的数据经过数/模（D/A）转换电路，还原成模拟信号，再进行放大输出到喇叭或耳机，变成人耳能够听到的声音。

综上所述，声音（模拟信号）经过计算机处理并回放的过程是：声音信号经过模/数转换电路，将模拟信号转换成数字信号，经过计算机处理后，再经过数/模转换还原为声音。这一过程就是音频的数字化技术。音频的数字化转换技术是多媒体声音处理技术中最基本的也是最主要的技术。

3. 音频的数字化过程

模拟信号到数字信号的转换过程包括采样、量化及编码 3 个步骤。

经过数字化处理之后的数字信息就能够像文字和图形信息一样进行存储、编辑及处理了。声音信号的数字化处理过程，如图 9-7 所示。

图 9-7　声音信号数字化过程

（1）采样

模拟音频信号在时间轴和幅度上都是连续的信号，而多媒体系统中传输和处理的是离散的数字量。因此，首先需要将连续变化的模拟信号转换为离散的数字量。所谓取样，就是从模拟信号中提取样本信息，即按照一定的时间间隔采样模拟信号的幅值。根据取样定理，只要取样频率不低于模拟信号带宽的 2 倍，就可以从取样的脉冲信号中无失真地恢复出原来的模拟信号。例如，普通话音信号的带宽为 4 kHz，那么取样频率可取每秒 8 k 次，即每 125 μs 取样一次。采样的时间间隔决定了采样频率。采样频率就是每秒所采集的声波样本的次数。采样频率越高，则经过离散数字化的声波就越接近于其原始的波形。这就意味着声音的保真度越高，声音的质量越高，与之相对应的就是信息存储量越大。

在采样过程中还涉及一个重要概念：声道数。声道数是指所使用的声音通道的个数，也是一次采样所产生的声波个数。单声道只产生一个声音波形，双声道（立体声）产生两个声音波形。双声道的音色和音质比单声道优美动听，但是数据量是单声道的两倍。

声音的质量可以用声音信号的带宽来衡量，等级由高到低依次是 DAT、CD、FM、AM 和数字电话。另外，声音质量的度量还有两种方法：一种是客观质量度量，一种是主观质量度量。评价声音质量时，有时同时采用两种方法，有时以主观质量度量为主。

数字化的音频信号的数据量由采样频率、量化位数、声道数等因素决定。随着采样频率、量化位数、声道数的增加数据量是成倍增加的。因此，必须在音质和存储量之间取得一个平衡，选用合适的采样频率、量化位数和声道数。

（2）量化

所谓量化，就是将取样点处取得的信号幅值分级取整的过程，即将取得的模拟信号的最大幅值等分为若干等级（为了编码方便，通常为 2^n 级）。例如，若模拟信号的最大幅值为 256，而将其量化为 128（2^7）级，则将幅值在[0,2]内量化为 0；幅值在[2,4]内量化为 1；……幅值在[254,256]内量化为 127。若量化为 32（2^5）级，则将幅值在[0,8]内量化为 0；幅值在[8,16]内量化为 1；……幅值在[248,256]内量化为 31。在量化为 128 级时，量化后得到的整数值与实际幅值之间的误差小于 2；而当量化为 32 级时，量化后得到的整数值与实际幅值之间的误差小于 8。可见，量化分级越高，误差就越小，因此信号还原时产生的失真也就越小，但是分级越高，每个样本点所需要的编码比特数也就越多，需要传输的数据量也就越大。

（3）编码

采样量化后的二进制音频数据还要按一定的规则进行组织，以利于计算机处理，这就是编码。最简单的编码方案是直接用二进制的补码表示，又称脉冲编码调制（PCM，Pulse Code Modulation）。例如，如果量化为 128 级，量化后的整数值有 8，16，29，110，91，25，2，则每个量化后的整数值需要用 7 位比特表示，它们相应的编码为 0001000，

0010000，0011101，01101110，01011011，0011001，0000010。

在声音信号中还有一个重要的指标：声道数。它表示在采集声音波形时，是产生一个还是两个波形，一个波形为单声道，两个波形为双声道，即立体声。立体声听起来要比单声道丰满圆润，但数据量要增加一倍。

计算机要完成模拟信号和数字信号的相互转化，就必须增加相应的转换电路设备，这就是声卡。声卡是一块可以插在计算机主板上的电路板。

9.4.2　多媒体声音的压缩与合成

在多媒体系统中，计算机所面临的不再是简单的数值，而是数值、文字、图形、图像、视频、音频等多种媒体元素，并且将它们数字化、存储和传输，其数据量很大。例如，对于高保真立体声音频信号，若采样频率为 44.1 kHz，用 16 位采样精度，则双声道立体声音每秒所需的存储量为 $44.1 \times 1000/\text{s} \times 16 \text{ bit} \times 2 \div 8 \div 1024 = 172 \text{ KB}$，那么 650 MB 的 CD-ROM 可存大约 1 小时的音乐。由此可以看出，数字化信息的数据量是巨大的。同时媒体信息容量以很高的速度不断增长。因此，只有对数据进行压缩，大大降低数据量，才能满足媒体信息处理的需求。

1. 声音压缩

（1）声音文件压缩的必要性

声音信号数据化处理后得到的数据量可以用下式来计算：

数据量 = 采样频率 × 采样精度/8 × 通道个数 × 时间（秒）　　（单位：字节）

例如，一段 1 分钟双声道、采样频率 44.1 kHz、采样精度 16 位的声音数字化后不压缩，数据量为 $44.1 \times 1\,000 \times 2 \times 16/8 \times 60/1\,024 \approx 10 \text{ MB}$。

表 9-2 中给出了 1 分钟立体声，不同采样频率及采样精度的声音文件的数据量及它们的使用范围。

表 9-2　1 分钟声音文件的数据量一览表

采样频率/kHz	采样精度/bit	存储容量/MB	音质及应用范围
44.1	16	9.1	相当于 CD 音质，质量很高
22.05	16	5.05	相当于 FM 音质，可用于伴音、音效
	8	2.52	
11.025	16	2.52	相当于 AM 音质，可用于解说、伴音
	8	1.26	

由此可见，未经压缩的数字音频的数据量相当大，因此，对声音文件进行压缩处理是十分必要的。

（2）数据压缩的方法

数据压缩是将数据尽可能减少的处理。其实质就是查找和消除信息的冗余量。被压缩的对象是原始数据，压缩后得到的数据是压缩数据，两者容量之比为压缩比，对应压缩的逆处理就是解压缩。

无损压缩：压缩后信息没有损失的压缩方法。用在要求重构的信号与原始信号完全一致的情况下。无损压缩方法可以把数据压缩到原来的 1/2 或 1/4，即压缩比为 2：1

或 4：1，其基本方法是将相同的或相似的数据归类，使用较少的数据量来描述原始数据，达到减少数据量的目的。一般用于磁盘文件的压缩。常用的无损压缩方法有 Haffman、Lempei-Eiv 法。

有损压缩：压缩后的信息有一些损失的压缩方法。用在重构的信号不一定非得要与原始信号完全相同的场合。这种压缩在压缩的过程中丢掉某些不致对原始数据产生误解的信息，它是有针对性地化简一些不重要的数据，从而加大压缩力度，大大提高压缩比。

2. 声音合成

在计算机中对声音信号处理时会产生大量的数据量，在数据传输时，还必须考虑传输速度问题，为了达到使用少量的数据来记录音乐的目的，产生了合成音效技术。目前常用的有调频合成（Frequency Modulation，FM）和波表合成（Wave Table，WT）两种方式。

（1）FM 合成

FM 合成音乐的方法是：利用硬件电子电路产生具有一定基频的正弦波，通过频率的高低控制音高，通过波形的幅度去控制响度，时值的控制由信号的持续时间来确定。利用处理谐波可以改变增益、衰减等参数，这样便可创造出不同音色的音乐。

FM 合成方法的成本较低，但由于很难找出模拟真实乐器的完美谐波的组合，合成出来的乐器声音与真实乐器的声音相比较，还有一定的差距，FM 合成的声音比较单调，缺乏真实乐器的饱满度和力度的变化，真实感较差。

（2）波表合成

波表合成是为了改进 FM 合成技术的缺点而发展起来的。其原理是：将乐器发出的声音采样后，将数字音频信号事先存放于 ROM 芯片或硬盘中构成波形表。存储于 ROM 中的采样样本通常称为硬波表，存储于硬盘中的称为波表。当进行合成时，再将波表中相应乐器的波形记录播放出来。因此所发出的声音比较逼真，但各波形文件也需要大量的存储空间来记录真实乐音，因此一般同时要采用数据压缩技术。

目前许多带波表合成的声卡上都有处理芯片及存储器等部件，配备了音乐创作和演奏软件，提供 FM 音乐文件，并可利用文字编辑器写成类似简谱格式的文件，然后生成 FM 音乐文件。因此，波表合成声卡价格比一般声卡价格高。

9.4.3 音频信息的存储格式

声音信息在存储时是按一定格式存储的，在不同的操作系统和不同的软、硬件环境下有不同的存储格式。常见格式有：

（1）WAV 文件

WAV 文件扩展名为.wav，是 Windows 所使用的标准数字音频格式，称为波形文件。WAV 文件格式支持存储各种采样频率和样本精度的声音数据，并支持音频数据的压缩。其缺点是产生的文件过大，相应的所需存储空间大，不适合长时间的记录，必须采用适当的方法进行压缩处理。

（2）MIDI 文件

MIDI（Musical Instrument Digital Interface，乐器数字接口）文件不对音乐的声音进行采样，而是将每个音符记录为一个数字，在回放的过程中通过 MIDI 文件中的指令控制 MIDI 合成器将这些数字重新合成音乐。MIDI 文件所需存储空间小，可以满足长时间音乐的需要。但缺乏重现自然真实声音的能力。

（3）MP3 文件

MP3 文件是 MPEG Layer 3 的简称，是一种数字音频格式。MP3 由于采用了高比率的数字压缩技术，压缩比可达到 12∶1。经过 MP3 软件编码后，在音质几乎与 CD-DA 质量没什么差别的情况下，每分钟 MP3 声音文件大小只有 1 MB 左右，使得 640 MB 的 CD-ROM 能够存放十几个小时的 MP3 文件。

（4）MOD 文件

MOD 文件最初产生于 COMMODORE 公司的 Amiga 多媒体计算机上，这种计算机以不同的采样频率和音量在 4 个独立的通道同时播放音乐，PC 上的 MOD 文件是从 Amiga 多媒体计算机上移植过来的。可以存放自然音效、语音和音乐，甚至能存储大型乐队的效果。

（5）WMA（Windows Media Audio）格式

WMA 格式是微软发布的一种音频压缩格式，容量比 MP3 格式的文件小，支持 Stream（是在网络上可以实现一边下载一边播放的格式）流技术。WMA 格式可以将一首歌曲压缩到很小，但能保持很高的音质，有取代 MP3 格式的趋势。

（6）CD 唱片

CD 唱片存放的是一种数字化声音，是以 16 位采样量化精度，44.1 kHz 频率采样的立体声存储的，可完全重现原始声音。CD 唱片的音质效果是以上介绍的几种声音格式中最好的，一般每张 CD 唱片可以存放 74 分钟高质量的音乐曲目。

9.4.4　音频编辑工具简介

现成搜集到的一些声音素材，往往并不符合实际工作的需要，通常要按照某种目标要求经过编辑处理后才可以使用。市场上的音频编辑软件一般都有友好直观的图形操作界面，只是在处理的细节上各有特点，如 Windows 自带的录音机，尽管功能不是很强大，但它确实是小巧实用。因此，只要掌握了其中的一种，便可触类旁通。

下面简要地介绍目前市场常用的音频处理软件：

1. Sound Forge

Sound Forge 是 Macromedia 公司推出的著名音频编辑工具软件，是为音乐编辑、多媒体音效设计很好的创作软件。Sound Forge 使用广泛，从音乐制作到游戏音效的编辑，能够满足最普通用户到最专业的录音师的所有用户的各种要求。

2. Cakewalk

Cakewalk 是美国 Twelve Tone System 公司出品的专业级音序器软件，是目前使用最为广泛的专业音乐制作软件之一。Cakewalk 的界面十分友好，与其他的音频编辑软件相比，Cakewalk 更侧重于音乐的创作与制作，用它可以进行各种音色的组合，编辑各种MIDI 信号，然后再通过进一步编辑修改将最终的音乐效果输出。

3. Cool Edit Pro

Cool Edit Pro 是由 Syntrillinm 公司出品的一款音频编辑软件，其界面非常直观实用。Cool Edit Pro 对于音频的编辑修改处理过程非常直接而且简便，它除了自身附带有 30 余种音频处理效果外，还支持各种 DirectX 效果器插件，同时还支持 SMPTC 以及 MIDI 时间码的同步功能，特别适合录音棚、电台对声音进行后期编辑处理。

4．Audio Editor

Ulead Media Studio Pro 6.5 之一的 Audio Editor 是一个专业的音频编辑、处理软件。它包含强大的声音处理能力，对现有的声音有各种回音、速度、音调调整功能，还拥有各种专业的声音编辑能力：消除杂音、查找/删除静音、各种淡出/淡入效果等。软件运行后的主要操作界面如图 9-8 所示。

图 9-8　Audio Editor 主界面

其工具栏按钮功能以及文字说明如图 9-9 所示。

图 9-9　Audio Editor 工具栏

声音文件格式将影响到音质、文件大小和处理快慢，这些因素包括声道数、采样频率、采样精度等，录制配音前必须预先设置好。

设定声音波形格式与声音质量步骤如下：

① 在菜单中选择"File"→"New"命令，出现"New"对话框，如图 9-10 所示。

② 选择 WAV 文件格式。

● 采样频率（Sampling rate）：选取 11.025 kHz、22.05 kHz、44.1 kHz 之一；还可以自定义采样频率。

● 通道（Channels）：单声道选取 Mono，双声道选取 Stereo。

● 采样精度（Sample size）：选取 8 位或者 16 位精度。

图 9-10　新建文件对话框

③ 单击 OK 按钮，即建立新文件。

声音的质量越高，则波形文件占用的磁盘存储空间也越大，正常情况下，通过麦克风话筒录制配音，选用单声道、11.025 kHz、8 bit 就已足够。

设置好波形文件格式后，单击工具栏上的录音按钮，弹出的对话框如图 9-11 所示。该对话框用来显示录音水平，如果话筒正常，就会看到进度条随着声音的高低而闪动，

第 9 章　多媒体技术

此时，单击"Start"按钮便开始录音。否则，单击工具栏上的"音量控制"按钮或双击 Windows 任务栏右侧中的喇叭图标，运行"音量控制"程序的录音选项，检查话筒是否被选中并调节录音水平。

单击"Stop"按钮，结束录音工作。录音过程中可以看到录制配音的波形画面，如图 9-12 所示。

图 9-11　录音对话框

图 9-12　波形图

单击工具栏上的播放按钮，可以回放试听录音效果，最后，用户可以选择"File" → "Save"命令，保存用户当前录制的波形文件。

9.5　多媒体图形图像技术

图形和图像是人们非常乐于接受的信息载体，是多媒体技术的重要组成部分。一幅图画可以形象生动地表示大量的信息，具有文本和声音所无法比拟的优点。本节介绍有关图形图像处理基本知识。

对图像进行处理最根本的方法是利用人的视觉特性对颜色进行处理。

9.5.1　图形和图像的颜色

任一彩色都是颜色的 3 种要素（亮度、色调和饱和度）的综合效果。

① 亮度：是光作用于人眼所引起视觉的明暗度的感觉。同一物体在不同光照强度下，其亮度不同。同样的光照强度下不同的物体的亮度不同，反光能力大的看起来就亮一些，反之，就暗一些。

② 色调：是当人眼看到的一种或多种波长的光时所产生的彩色感觉，它反映颜色的种类，是决定颜色的基本特性。其物体的色调取决于本身辐射的光谱成分或在光照射下所反射的光谱成分。

③ 饱和度：表示色彩浓或淡的程度，即颜色的纯度或掺入白色光的程度。饱和度为 100%的颜色就是完全未混入白色光的单色光，对于同一色调的彩色光，饱和度越大颜色越鲜明或越纯。如果在某色调的彩色光中，掺入别的彩色光，则会引起色调的变化，只有掺入白光时仅引起饱和度的变化。饱和度还和亮度有关，因为在饱和的彩色光中增加白光的成分，增加了光能，因而变得更亮了，同时其饱和度降低了。

由于色调和饱和度表示的是颜色的种类和深浅特性，因而两者统称色度，故颜色由亮度和色度来表示。

如果适当选择 3 种独立的基本颜色，将它们按不同的比例进行合成，就可以得到自然界常见的各种颜色，即三基色原理的主要内容。一般选用红（R）、绿（G）、蓝（B）3 种颜色作为基色。

为了利用人的视觉特性降低彩色图像的数据量，在多媒体计算机中除了最常用的 RGB 彩色空间（模式）以外，还把 RGB 空间表示的彩色图像转换成其他的彩色空间来对图像的颜色进行表示。常用的彩色空间表示有 YIQ、YUV、HIS 等。

RGB 彩色空间：由于计算机的彩色显示器的输入需要 RGB 的 3 个彩色分量，通过 3 个分量的不同比例，在显示屏幕上可以合成所需要的任意颜色。所以不管多媒体系统中采用什么形式的彩色空间表示，最后的输出一定要转换成 RGB 彩色空间表示。

在 RGB 彩色空间，任意彩色光 F 的配色方程可表达为：

$$F = r（R）+ g（G）+ b（B）$$

其中 r、g、b 为三色的系数，r（R）、g（G）、b（B）为 F 色光的三色分量。

9.5.2　图形和图像的概念

在计算机领域，图形（Graphics）和图像（Picture 或 Image）是两个不同的概念。

1. 图形

图形又称矢量图形，是用一系列计算机指令来表示一幅图，如画点、画线、画圆、画曲线等。矢量图实际是用数学方法来描述一幅图，存放这种图的格式称为矢量格式，存储的数据主要是绘制图形的数学描述。矢量图的生成主要来自计算机应用软件，如 Flash、3D studio、Core Draw 等。

2. 图像

图像（又称位图）是把一些图分成很多像素点，每个像素点用若干个二进制位来指定该像素的颜色、亮度和属性。存放这种图使用的格式称为位图格式，存储的数据主要是描述像素的数值。位图通常来自扫描仪、摄像机等设备，这些设备把模拟的图像信号变成数字图像数据。图像主要用于表现自然景色、人物等，能表现对象的颜色细节和质感。具有形象、直观、信息量大的优点。

图形和图像的共同特点是：两者都是静态的，和时序无关。它们之间的差别是：图形是用一组命令通过数学计算生成的，这些命令用来描述画面的直线、圆、曲线等的形状、位置、颜色等各种属性和参数；而图像是通过画面上的每一个像素的亮度或颜色来形成画面的；图形可以容易地分解成不同成分单元，分解后的成分间有明显的界限，而要将图像分解成不同的成分则较难，各个成分间的分界往往有模糊之处，有些区间很难区分该属于哪个成分，它们彼此平滑地连接在一起。

9.5.3　图像的文件格式

多媒体计算机中，可以通过扫描仪、数字化仪或者光盘上的图像文件等多种方式获取图像，每种获取方法又是由不同的软件开发商研制开发的，因而就出现了多种不同格式的图像文件。常见的图形图像文件格式有以下几种：

① 位图文件格式 BMP（Bitmap File）：又称点阵图文件格式，是 Windows 采用的图像文件格式，在 Windows 环境下运行的所有图像处理软件都支持这种格式。BMP 位图文件默认的文件扩展名是.bmp。

② 图形变换格式 GIF（Graphics Interchange Format）：是 Compu-Serve 公司为了制定彩色图像传输协议而开发的，它支持 64 000 像素的图像，256 色～16M 色的调色板。GIF 格式的文件的压缩比较高，文件长度较小。

③ 标记图像文件格式 TIFF（Tag Image File Format）：是由 Aldus 公司和 Microsoft 合作开发的，最初用于扫描仪和桌面出版业，是工业标准格式。TIFF 支持任意类型和大小的图像。

④ 便携网络图形格式 PNG（Portable Network Graphic）：是一种位图文件存储格式。使用从 LZ77 派生的无损数据压缩算法。能把文件压缩到极限以利于网络传输，但又能保留所有与图像品质有关的信息，使图像在压缩前后保持相同，没有失真。

⑤ JPG 格式：是利用 JPEG 方法压缩的图像格式。其特点是压缩比高，并且可在压缩比和图像质量之间平衡。由于压缩/解压缩算法比较复杂，压缩比高，存储和显示速度都比较慢，图像的边缘有不太明显的失真。适用于处理大量图像，如 WWW 应用。

⑥ PCD（Photo CD）格式：是 Kodak 公司为专业摄像照片制定的格式，可选择多种分辨率，文件较大，一般存放在 CD-ROM 盘片上。PCD 的应用非常广泛，各种各样的商业图像库是开发多媒体应用的重要的图像资源之一。

⑦ WMF（Windows Meta File）格式：是特殊的图元文件，属于位图和矢量图的混合体。在桌面出版印刷领域应用广泛，Windows 中许多剪贴画（ClipArts）图像就是以该格式存储的。

除上述标准格式外，多数图像软件还支持其他格式文件的输入/输出，有的系统还有自己的图像文件格式。

9.5.4　图像的属性参数

图像的属性参数主要包含分辨率、像素深度、图像的表示法和种类等。

1. 分辨率

常见的分辨率有 3 种：显示（屏幕）分辨率、图像分辨率和像素分辨率。

（1）显示分辨率

显示（屏幕）分辨率是指显示屏上能够显示出的像素数目。它与显示模式有关，例如，标准 VGA 图形卡的最高屏幕分辨率为 640×480 像素，整个显示屏就含有 307 200 个像素点。同样大小屏幕能够显示的像素越多，分辨率就越高，显示的图像质量越高。

（2）图像分辨率

图像分辨率是指组成一幅图像的像素密度。同一幅图，如果组成该图的图像像素数目越多，则说明图像的分辨率越高，看起来就越逼真。相反，图像就显得粗糙。

在用扫描仪扫描彩色图像时，通常要指定图像的分辨率，用每英寸像素点数目来表示，即 dpi（Dots Per Inch）。如果用 300 dpi 来扫描一幅 8"×10"的彩色图像，就得到一幅 2 400×3 000 个像素的图像。分辨率越高，像素就越多。

图像分辨率与显示分辨率是两个不同的概念。图像分辨率是确定组成一幅图像的像素数目，而显示分辨率是确定显示图像的区域大小。如果显示器的分辨率为 640×480 像素，那么一幅 320×240 像素的图像只占显示屏的 1/4；相反，2 400×3 000 像素的图像在这个显示屏上就不能显示一个完整的画面，只能通过滚动的方式浏览全部图像内容。

（3）像素分辨率

像素分辨率是指一个像素的宽和高之比，不同的像素的宽高比将导致图像变形，因此在这种情况下必须进行比例调整。

2. 像素深度

像素深度是指存储每个像素所用的位（bit）数，它用来度量图像的颜色数。图像深度决定彩色图像的每个像素可能有的颜色数，或者灰度图像每个像素可能有的灰度级数。

位图中每点的色彩深度可分为 2 色、16 色、256 色或 16 位、24 位、32 位真彩色等格式。如果用若干位表示位图中像素的颜色信息，这些位的个数（或称长度）就称为像素深度。深度为 1 的图像只能有两种颜色（黑色和白色），通常称为单色图像；深度为 4 的图像可以有 16 种颜色（2^4）；深度为 8 的图像可表示 256 种颜色（2^8）。

一幅位图所需的存储空间可以用下式计算：

文件的字节数＝（位图高度×位图宽度）×位图深度／8

例如，一幅 640×480 的 256 色原始图像（未经压缩）的数据量为：

（640 像素×480 像素×8 位）／8＝307 200 B

图像的每个像素都是用 R（red）、G（green）、B（blue）3 个分量表示的，即每个像素是由红、绿、蓝 3 种颜色按一定的比例混合而得到的，若每个分量用 8 位，那么一个像素共用 24 位表示，就说像素的深度为 24，每个像素可以是 2^{24}=16 777 216（16M）种颜色中的一种，由于组成的颜色数目几乎可以模拟出自然界中的任何颜色，所以也称为真彩色。

9.5.5　图形图像处理软件

多媒体制作中，要使用图像，有的需要通过扫描仪扫描生成，有的需要自己绘制，对扫描的图像多数情况还需要进行修改处理，这就需要图像编辑处理软件，现在流行的图像处理软件很多，使用较多的有 Photoshop、AutoCAD、CorelDRAW、Photostyler、Morph 等。这些软件具有较强的图形制作与编辑功能，应用各有特点。

1. Adobe Photoshop

Adobe 公司出品的 Photoshop 是用户非常熟悉的图像处理软件，其界面整洁、逻辑性强，许多功能的符号已成为图像编辑软件操作方式的标志图标。

Photoshop 不仅可直接绘制艺术图形，而且也能从扫描仪和数码照相机等设备采集图像，并对图像进行各种各样的修改和处理，如调整色彩、亮度、大小等。

Photoshop 还可以进行合并图像，增加效果和艺术字处理，改变图像颜色模式等。

Photoshop 强大的文字编辑处理能力、基于图层进行操作的位图式编辑方式得到了很多用户的认可。

除此之外，Photoshop 提供了强大的滤镜功能，能够非常轻易地制作出模糊、光影、火焰、烟雾、水纹等奇妙的艺术效果，为图像的编辑处理锦上添花。在陆续推出的新版本的 Photoshop 中，不断添加新工具、近乎完美的人性化操作，给用户的编辑处理带来巨大的便利。

Photoshop 的主界面如图 9-13 所示。

图 9-13　Adobe Photoshop 的主界面

2. CorelDRAW

CorelDRAW 是目前市场上最流行、功能最完善的矢量绘图软件之一，被大量用于各类图形的描绘设计。该程序的描绘功能十分强大，可以绘制出各种图形。平面、立体几何图形的绘制更是十分的便捷。图形对象、字体的艺术特效及填充操作，都提供了大量的模板、用户直接设置参数即可得到不同的效果。

CorelDRAW 有十分便于绘制图形的工作平台，随意的视野缩放，完善的智能工具，灵活的快捷键设置，使之成为众多绘图工作者的首选软件。

3. AutoCAD

AutoCAD 属于三维立体绘图软件，在国内的工业设计领域独占鳌头，应用十分普遍。精确的点、线、面组合打造出精良的基础模型。很多机械制造工业在设计产品时都会采用 AutoCAD 来构架三维立体模型，再配合其他软件达到最终的实体化模型。

AutoCAD 的工作平台可以随意切换用户视角，绘制工具十分丰富，设置十分完善。可以满足各类高端绘图制作需求。

▶▶▶ 9.6　多媒体视频技术

在人类信息活动中，视觉媒体以其直观生动而备受人们的欢迎。它是通过视觉传递信息的媒体，简称视频。视频是多媒体的重要组成部分，是人们容易接受的信息媒体，包括静态视频（静态图像）和动态视频（电影、动画）。

动态视频信息是由多幅图像画面序列构成的，每幅画面称为一帧。每幅画面保持一个极短的时间，利用人眼的视觉暂留效应快速更换另一幅画面，连续不断，就产生了连续运动的感觉。如果把音频信号加进去，就可以实现视频、音频信号的同时播放。

9.6.1 多媒体视频

1. 视频基础知识

（1）视频

通常所说的视频是指动态视频，它是以一定速度连续投射到屏幕上的一幅幅图像序列。

（2）模拟视频

模拟视频是基于模拟信号产生的视频。模拟视频图像具有成本低和还原度好的优点。但其缺点是经长期存放后，视频质量会下降，经多次复制后，图像会有明显失真。

（3）数字视频

数字视频是基于数字技术生成的视频。数字视频有两层含义：一是将模拟视频信号输入计算机进行数字化视频编辑，最后制成数字化视频产品；二是视频图像由数字摄像机拍摄下来，从信号源开始，就是无失真的数字视频。当输入计算机时，不再考虑视频质量的衰减问题，然后进行视频编辑，制成产品。

现在的数字视频技术主要是指第一层含义，即模拟视频的数字化。当视频信号数字化后，就克服了模拟视频的缺点，可以不失真地无限次复制，可以用许多新方法对数字视频进行创造性的编辑，如增加电视特技等，可以真正实现将视频融进计算机系统中以及实现用计算机播放电影节目。

（4）全动态和全屏幕视频

全动态视频就是每秒显示 30 帧图像的视频。用这种显示速度去刷新画面，足以消除任何不稳定的感觉，不会产生闪烁和跳跃。

全屏幕视频是指显示的视频图像充满整个屏幕，而不是局限于一个小窗口中，这与显示分辨率有关。在 VGA 方式（640×480）中可以将原先的视频基本充满屏幕。但在 SVGA 方式（800×600 像素或 $1\,024 \times 768$ 像素）中，全动态视频的画面将只占屏幕的一部分，而不是充满整个屏幕。如果充满全屏，画面就会变得粗糙许多。

（5）视频的数字化

视频的数字化是指在一段时间内以一定的速度对视频信号进行捕获并加以采样后形成数字化数据的处理过程。各种制式的普通电视信号都是模拟信号，然而计算机只能处理数字信号，因此必须将模拟信号的视频转化为数字信号的视频。

视频信号数字化与音频信号数字化一样，要经过采样、量化（A/D 转换）、解码和彩色空间变换等处理过程。将视频数字化的过程也常称为捕捉。

2. 视频文件格式

视频信号数字化后的数据以不同的文件格式存储。常用的视频文件格式有以下几种：

① AVI（Audio Video Interleaved）格式文件：是微软公司推出的视频格式文件，应用广泛，是目前视频文件的主流。AVI 格式文件未经过压缩，虽然图像和声音质量非常好，但占用磁盘空间很大，其普及程度受到限制，但它在影像制作方面经常使用。

② MOV 格式文件：MOV 是 MOVIE 的缩写。最早是苹果计算机中的视频文件格式，

目前在因特网上提供以较高视频和音频质量传输的电影、电视和实况转播节目。

③ RM 格式文件：是 Real Networks 公司开发的一种用于在低速网上实时传输音频和视频信息的压缩格式。网络连接速度不同，客户端所获得的声音、图像质量也不尽相同，以声音为例：对于 14.4 kbit/s 的网络连接速度，可获得调幅（AM）质量的音质；对于 28.8 kbit/s 的网络连接速度，可以获得广播级的声音质量。

④ ASF 格式文件：是 Microsoft 为了和 RealMedia 竞争而发展出来的一种可以直接在网上观看视频节目的视频文件格式。其视频部分采用了先进的 MPEG-4 压缩算法，音频部分采用了 WMA 压缩格式。所以 ASF 格式的压缩率和图像质量都很好。

⑤ DAT 格式文件：DAT 不是程序设计中的数据文件格式，而是指 VCD 影碟中的视频文件格式。

3. 电视视频制式标准

目前世界上常用的彩色电视制式有 3 种：NTSC 制、PAL 制和 SECAM 制，此外还有正在普及的 HDTV。

（1）NTSC 制式

NTSC（National Television Systems Committee）是美国国家电视标准委员会 1952 年定义的彩色电视广播标准，称为正交平衡调幅制。NTSC 主要在美国、加拿大、日本、韩国、菲律宾以及我国台湾省应用。

（2）PAL 制式

PAL（Phase-Alternative Line）是 1962 年制定的彩色电视广播标准，称为相位逐行交变，又称逐行倒相制。德国、英国、朝鲜以及我国大部分地区采用这种制式。

（3）SECAM 制式

SECAM（Sequential Color and Memory System）由法国制定，称为顺序传送彩色与存储制。法国等国家采用这种制式。

NTSC 制、PAL 制和 SECAM 制都是兼容制制式。也就是说，黑白电视机能接收彩色电视信号，显示的是黑白图像；彩色电视机能接收黑白电视信号，显示的也是黑白图像。

3 种电视制式的主要参数见表 9-3。

表 9-3　电视制式的主要参数

制　　式	行数（行）	行频（kHz）	场频（Hz）	颜色频率（MHz）
PAL	625	15.625	50.00	4.433619
NTSC	525	15.734	59.94	3.579545
SECAM	625	15.625	50.00	4.43369

（4）数字高清晰度电视 HDTV

数字高清晰度电视是继黑白模拟电视、彩色模拟电视之后的第三代电视系统。HDTV 垂直分辨率在 1 000 线以上，图像清晰度在水平和垂直方向比现在的电视提高一倍以上，像素和信息量比现行电视增加约 5 倍，视觉效果达到或接近 35 mm 宽银幕电影的水平。采用 30 in 以上的 16∶9 幅型比的大屏幕显示器观看，图像细腻逼真，在图像高度的大约三倍距离处能看到清楚细节，并配以多路环绕立体声音响，有很强的临场感，是现代多种科技的结晶。

数字电视（Digital TV）包括数字 HDTV、数字 SDTV 和数字 LDTV3 种。三者的区别主要在于图像质量和信道传输所占带宽的不同。从视觉效果来看，数字 HDTV（1 000 线以上）为高清晰度电视（High Definition Television）的简称，图像质量可达到或接近 35 mm 宽银幕电影的水平；SDTV（500-600 线）即标准清晰度电视，主要是对应现有电视的分辨率量级，其图像质量为演播室水平；LDTV（200-300 线）即普通清晰度电视，主要是对应现有 VCD 的分辨率量级。因为电视全数字化是今后的趋势，所以目前提到的 HDTV 及 SDTV、LDTV 如无特别说明，均指全数字体制。

HDTV 有以下特点：频道利用率高，现有模拟电视信号带宽可传输 1 路数字 HDTV 信号或 4 路 SDTV 或 6～8 路数字 LDTV 信号，抗干扰能力强，清晰度高，音频效果好。

9.6.2　视频信号的压缩

视频压缩标准 MPEG（Moving Picture Experts Group）是 ISO 和 CCITT 联合成立的运动图像专家组的简称，运动图像专家组主要研究制定用于数字存储媒介中活动图像及其伴音编码的国际标准。

MPEG 标准包括 4 个部分：①MPEG 视频，主要描述视频数据压缩到 1.5 Mbit/s 的编解码算法；②MPEG 音频，主要描述音频数据的编解码算法；③MPEG 系统，主要描述音频和视频同步及多路复用并且还规定了系统的编解层；④MPEG 测试与验证，说明如何测试比特流和解码器是否满足前 3 个部分中所规定的要求。

在图像质量基本不变的情况下 MPEG 对图像的压缩比为 50∶1，在图像质量下降情况下，压缩比可达 200∶1。

目前，已经开发的 MPEG 标准包括以下几种：

（1）MPEG-1 压缩标准

MPEG-1 压缩标准用于速率约在 1.5 Mbit/s 以下的数字存储媒体，主要用于多媒体存储与再现，如 VCD 等。其主要任务是将视频信号及其伴音以可接受和重建的质量压缩到 1.5 Mbit/s 的码率，并复合成一个单一的 MPEG 位流，同时保证视频和音频的同步。

（2）MPEG-2 压缩标准

与 MPEG-1 相比，MPEG-2 压缩标准能使用于更广的领域，主要包括数字存储媒体、广播电视和通信。MPEG-2 适于高于 2 Mbit/s 的视频压缩，包括了原计划为 HDTV 的发展而制定的 MPEG-3 标准。

（3）MPEG-4 压缩标准

MPEG-4 压缩标准是多媒体信息描述的最新标准。它是为视听数据的编码和交互播放开发算法和工具，其目标是极低码率的音频/视频压缩编码。MPEG 可使用户实现音频视频内容交互性的多种形式，以及以一种整体的方式将人工和自然的音频和视频信息融合在一起。由于 MPEG-4 适合在低数据传输速率场合下应用，所以其应用领域主要在公用电话网、可视电话、电子邮件和电子报纸等。

（4）MPEG-7 压缩标准

MPEG-7 是一种多媒体内容描述接口，它将为各种类型的多媒体信息规定一种标准化的描述。这种描述与多媒体信息的内容一起，支持对用户感兴趣的图形、图像、3D 模型、视频、音频等信息及它们的组合的快速有效的查询，满足实时、非实时等应用要求。

9.6.3 视频处理软件 Premiere 简介

Adobe Premiere 是 Adobe 公司推出的视频处理软件。Adobe 公司不仅在图像处理软件方面有相当的功底，它的 Premiere 影视编辑软件同样十分出色，在数字化影视制作中 Premiere 非常普及和流行，其地位不亚于 Photoshop 在图像编辑领域中的地位。Premiere 软件做到了影视与计算机技术的完美结合，是影视制作数字化应用的典范，能够满足电视广告、新闻、电视剧、MTV、教学用多媒体课件、VCD、DVD 甚至家庭生活（婚庆、典礼、生日、旅游）摄像的编辑、特技、字幕、配音等后期制作从低端到高端的多种用户的不同要求。

Premiere 6.0 主界面如图 9-14 所示。

图 9-14 Adobe Premiere 6.0 主界面

Premiere 作为一个独立的商品软件，不依赖于任何专用板卡，具有良好的兼容性和开放性，它使视频制作的效果与软件相对独立。Premiere 软件制作的影视作品的最后效果取决于运行 Premiere 软件的多媒体计算机所带的视频采集/回收卡的质量。一块廉价的实用视频采集/回收卡，可以制作出相当于 VHS 录像机画面质量的图像，一块广播级的采集/回收卡就可以构成专业的影视后期制作系统，制作的画面质量可以满足电视播放的要求。

Premiere 软件的主要功能有：进行电视的后期编辑制作、制作多媒体课件、制作 VCD、制作广告、建立自己的网站、存储个人资料等。

▶▶▶ 9.7 多媒体动画处理技术

随着计算机信息技术的发展，人们对计算机动画已不再感到陌生，从日常生活中的动画电影到平常多媒体课件中的动画演示，人们逐渐接受了这种直观生动的媒体形式。计算机动画以其生动、形象、直观等突出特点，为多媒体课件和网页制作增添了无穷的活力，动画媒体可以使制作的多媒体课件更加富有特色和感染力，可以起到事半功倍的效果。

9.7.1 动画的概念和分类

1. 动画的基本概念

动画是由很多内容连续且互不相同的画面组成的。动画利用了人类眼睛的视觉暂停效应，人在看物体时，画面在人脑中要停留 1/20～1/10 s，如果每秒有 15 幅或更多画面进入人脑，那么人们在来不及忘记前一幅画面时，就看到了后一幅，形成了连续的影像。这就是动画形成的基本原理。

图像显示所需的最慢速度因图而异，较高的速度会使动作看起来较流畅，较慢的速度会使图像闪烁或产生跳动性的画面。卡通动画的播放速率为每秒 12 或 24 张，电视画面播放速率为每秒 25 帧。

传统动画的画面是由大批的动画设计者手工完成的。在制作动画时必须人工制作出大量的画面，一分钟动画所需的画面在 720～1 800 张之间，用手工来画制图像是一项很大的工程，因此就出现关键帧。关键帧是由经验丰富的动画大师绘制的主要画面，关键帧之间的画面称为中间画面，中间画面则由助手画出。

随着计算机技术的发展，动画技术也从原来的手工绘制进入了计算机动画时代。使用计算机制作动画，表现力更强，内容更丰富，制作也更简单。经过人们不断的努力，计算机动画已从简单的图形变换发展到今天真实的模拟现实世界。同时，计算机动画制作软件也日益丰富，且更易于使用，制作动画也不再需要十分专业的训练。

2. 动画的分类

动画从本质上说，分为两大类：帧动画和矢量动画。帧动画是由一帧一帧的画面连续播放而形成的。这种动画也是传统的动画表现方式，构成动画的基本单位是帧。创作帧动画时就要将动画的每一帧描绘下来，然后将所有的帧排列并播放，工作量会很大。现在使用计算机作为动画制作的工具，只要设置能表现动作特点的关键帧，中间的动画过程会由计算机计算得出。这种动画常用来创作传统的动画片、电影特技等。

矢量动画是经过计算机计算生成的动画，表现为变换的图形、线条和文字等。这种动画画面其实只有一帧，通常由编程或是矢量动画软件来完成的，是纯粹的计算机动画形式。

动画从表现形式上，又分为二维动画、三维动画和变形动画。二维动画是指平面的动画表现形式，它运用传统动画的概念，通过平面上物体的运动或变形，来实现的动画，具有强烈的表现力和灵活的表现手段。创作平面动画的软件有 Flash、GIF Animator 等。

三维动画是指模拟三维立体场景中的动画效果，虽然它也是由一帧帧的画面组成的，但它表现了一个完整的立体世界。通过计算机可以塑造一个三维的模型和场景，而不需要为了表现立体效果而单独设置每一帧画面。创作三维动画的软件有 3ds Max、Maya 等。

变形动画是通过计算机计算，把一个物体从原来的形状改变成为另一种形状，在改变的过程中把变形的参考点和颜色有序地重新排列，就形成了变形动画。这种动画的效果有时是惊人的，适用于场景的转换、特技处理等影视动画制作中。

9.7.2　动画制作系统组成

计算机动画制作系统由一个用于动画制作的计算机硬件、软件系统组成的。它是在交互的计算机图形系统上配备相应的动画设备和动画软件形成的。主机和动画制作软件是动画系统中最重要的部件。目前用于动画系统的主机有工作站和微机两种。工作站是一个性能优良功能完备的计算机设备，通常个人使用的工作站设计为桌面型的机器。一个工作站可能是一个大型计算机的终端，也可能与其他工作站联网使用，或者是具有局部处理能力的单一设备。目前国内用于动画制作的工作站主要是美国 SGI（Silicon Graphics Inc）的产品，如 4D 系列和 INDIO 系列。SGI 工作站是一个真正的三维工作站，有专门用于硬件支持的图形功能，可配置许多优秀的动画制作软件。

动画系统中的彩色图形显示器也是很重要的设备，显示器性能的优劣，直接影响到动画系统的质量。分辨率和颜色数是显示器的两个重要指标。显示器上的发光点叫做像素，像素点的多少叫分辨率。分辨率常用以下形式表示：640×480，800×600，1 024×768，1 280×1 024 等，前面的数表示屏幕的每一行有多少个像素点，后面的表示一个屏幕有多少行，这两个数字越高分辨率就越高，显示出来的画面就越精细。显示器显示的颜色数也是很重要的指标，对于二维计算机制作系统来说，3 万种颜色就足够了；对于三维电视动画制作系统，则要求在 1 600 多万种颜色以上，才能使动画颜色过渡柔和。

计算机动画系统除常见的图形输入设备（如键盘、鼠标、光笔）外，还必须备有图形扫描仪、摄像机、大容量硬盘等设备。由计算机动画系统生成的动画系列必须输出到录像带、电影胶片或存储在光碟上才能为广大观众所接受，因此，还必须配备录像设备、摄影胶片设备或光盘刻录设备。

计算机动画系统中使用的软件分为系统软件和应用软件两大类。系统软件包括操作系统、网络通信系统、高级语言、开发工具等。应用软件主要指绘画、二维动画、三维动画以及画面合成等软件。

9.7.3　动画文件格式

计算机动画现在应用得比较广泛，由于应用领域不同，其动画文件也有不同的存储格式，如 3DS、C3D、GIF 和 SWF 等。

（1）GIF 格式

由于 GIF 图像采用了压缩率较高的 LZW 算法，文件尺寸较小，因此被广泛采用。GIF 动画格式可以同时存储若干幅静止图像并进而形成连续的动画，目前 Internet 上大量采用的彩色动画文件多为这种格式的 GIF 文件。多数图像浏览器都可以直接观看此类动画文件。

（2）FLI/FLC 格式

FLC（FLI）格式文件是 Autodesk 公司在 3D Studio MAX 三维动画编辑软件中采用的动画文件格式，FLI 则是该公司的 3D Studio 和二维动画编辑软件 Animator、Animator Pro 中使用的动画文件格式。FLC（FLI）文件为无损压缩存储。画面清晰但不能存储同步声音。

（3）SWF 格式

SWF 格式文件是由 Adobe 公司的 Flash 软件生成的矢量动画图形格式，由于 SWF 格

大学计算机基础（第五版）

式的动画文件很小，因此被广泛应用于因特网上。

（4）AVI 格式

AVI 是对视频、音频文件采用的一种有损压缩方式，该方式的压缩率较高，并可将音频和视频混合到一起，因此尽管画面质量不是太好，但其应用范围仍然非常广泛。AVI文件目前主要应用在多媒体光盘上，用来保存电影、电视等各种影像信息，有时也出现在 Internet 上，供用户下载、欣赏新影片的精彩片段。

（5）MOV、QT 格式

MOV、QT 都是 QuickTime 的文件格式。该格式支持 256 位色彩，支持 RLE、JPEG等领先的集成压缩技术，提供了 150 多种视频效果和 200 多种 MIDI 兼容音响和设备的声音效果，能够通过 Internet 提供实时的数字化信息流、工作流与文件回放，国际标准化组织（ISO）最近选择 QuickTime 文件格式作为开发 MPEG4 规范的统一数字媒体存储格式。

（6）MMM 格式

MMM 格式文件是 Adobe 公司在 Director 中生成的动画文件，一般集成在完整的应用程序中，单独出现的文件比较少见，必须有专门播放 MMM 格式的动画驱动程序。

9.7.4　常见的动画处理软件

在多媒体软件产品中，适当使用一些动画修饰会给用户留下很好的视觉享受和趣味提升。动画的设计制作，必须建立在原始信息之上，是对复杂、抽象事物的精简和提炼，但是绝对不是虚构和假设。动画设计人员必须对事物（知识点）有深刻的理解和高层次的升华，才可以制作出精彩的动画。

1. 动画媒体的设计和制作要点

动画媒体的设计和制作要点如下：

① 动画的设计制作，应力求真实表现内容，比喻和夸张要恰当、合理。

② 动画图像的造型、风格要符合项目内容的需求。

③ 动画的图像媒体一般采用 256 色作图，可极大缩小动画容量，一些精彩片头和重要标题除外。

④ 声音和画面必须保持同步，动画配音最好采用 MIDI 音乐，也可以缩小动画容量，保证动画播放顺畅。

⑤ 动画数据一般采用 GIF 格式、Flash 格式、AVI 动画格式、FLI/FLC 动画格式或QuickTime 动画格式进行存储。

⑥ 片段性的动画必须提供实时控制功能，便于用户仔细观看和分析。

2. 主要动画处理软件简介

（1）Flash

Flash 是采用时间线和帧的概念实现动画过程。Flash 的主界面如图 9-15 所示。

Flash 是由 Macromedia 公司推出的制作网络动画的二维矢量动画的软件。Flash 具有强大的矢量图形和动画编辑能力，音频编辑能力，支持 Alpha 通道的编辑，提供遮罩、交互功能，并采用了数据流技术。该软件在多媒体软件制作、商业产品演示、媒体教学、游戏等领域被广泛使用，特别是在网络动画中，Flash 动画已成为网络动画标准。无论是专业动画人员，还是业余爱好者，Flash成为必备的动画设计软件。

图 9-15　Flash 主界面

（2）3ds Max

3ds Max 5 的主界面如图 9-16 所示。

图 9-16　3ds Max 5 主界面

3ds Max 是 Autodesk 公司推出的主要用于三维动画设计、影视广告设计、室内外装饰设计等，功能强大。3ds Max 的色彩、光线渲染十分出色，造型工具的设置丰富、细腻，变化繁多，配合其他软件可以塑造各种专业造型。各类立体几何三维动画制作相对简易。因此，3ds Max 已成为众多三维设计师的首选软件。

3ds Max 是微机上最畅销的三维动画和建模软件，它具有 1 000 多种特性，为电影、视频制作提供了独特直观的建模和动画功能以及高速的图像生成能力。它具有完善人物设计和模拟动画的效果，并增加了 Max Script 编程语言，使三维动画的创建更加得心应手，设计的动画也越来越接近真实的世界。

3ds Max 软件容量较大，对机器配置要求较高，一般来说，普通的多媒体 PC 在执行精良渲染时，不宜开启其他软件，以避免出现资源不足的情况。

（3）Maya

Maya 是 Alias/Wavefront 公司于 1998 年推出的三维动画软件。Maya 的出现给当时的动画行业带来了巨大的革新。之后，陆续推出的每一部科幻大片，都可以看到 Maya 所创造的绝佳的视觉特效。

Maya 软件体系容量很大，主要分为 Animation（动画）、Modeling（建模）、Rendering（渲染）、Dynamics（动力学）、Live（对位模块）和 Cloth（衣服）六大模块。工具包汇集了众多功能强大的工具：Maya Fur 用来创建逼真的毛发；Fluit Effects 用来创建海洋、烟火、岩浆等；独特的 Paint Effects 可以创建花草、树木、闪电、火花、毛发的生长过程；无所不能的画笔工具甚至可以实现建模功能。

本 章 小 结

多媒体技术是利用计算机对文本、图形、图像、声音、动画、视频等多种信息综合处理、建立逻辑关系和人机交互作用的技术。

文本是以文字和各种专用符号表达的信息形式，它是现实生活中使用得最多的一种信息存储和传递方式。图形图像是多媒体软件中最重要的信息表现形式之一，它是决定一个多媒体软件视觉效果的关键因素。声音是人们用来传递信息、交流感情最方便、最熟悉的方式之一。音频采样包括两个重要的参数即采样频率和采样数据位数。采样频率即对声音每秒采样的次数，人耳听觉上限在 20 kHz 左右，目前常用的采样频率为 11 kHz、22 kHz 和 44 kHz 几种。采样频率越高音质越好，存储数据量越大。

动画是利用人的视觉暂留特性，快速播放一系列连续运动变化的图形图像，也包括画面的缩放、旋转、变换、淡入/淡出等特殊效果。视频技术包括视频数字化和视频编码技术两个方面。视频数字化是将模拟视频信号经模数转换和彩色空间变换转为计算机可处理的数字信号，使得计算机可以显示和处理视频信号。

参 考 文 献

[1] 陈国良. 计算思维导论[M]. 北京：高等教育出版社，2012.

[2] 李廉. 计算思维：概念与挑战[J]. 中国大学教学，2012，(1)：7-12.

[3] 夏耘. 黄小瑜. 计算思维基础[M]. 北京：电子工业出版社，2012.

[4] 朱近之. 智慧的云计算：物联网发展的基石[M]. 北京：电子工业出版社，2010.

[5] 佛罗赞. 计算机科学导论[M]. 刘艺，译. 北京：机械工业出版社，2009.

[6] 姜丽荣. 大学计算机基础[M]. 北京：北京大学出版社，2010.

[7] TANENBAUM A S. 现代操作系统[M]. 马洪兵，译. 北京：机械工业出版社，2009.

[8] 刘晖. Windows 7 使用详解[M]. 北京：人民邮电出版社，2012.

[9] 张基温. 信息系统安全教程[M]. 北京：清华大学出版社，2009.

[10] 谢希仁. 计算机网络[M]. 6 版. 北京：电子工业出版社，2013.

[11] 吴功宜，吴英. 计算机网络应用技术教程[M]. 3 版. 北京：清华大学出版社，2009.

[12] 冯博琴. 大学计算机基础[M]. 3 版. 北京：清华大学出版社，2009.

[13] 王志良，王粉花. 物联网工程概论[M]. 北京：机械工业出版社，2011.

[14] 高万萍，吴玉萍. 计算机应用基础教程：Windows 7，Office 2010[M]. 北京：清华大学出版社，2013.

[15] 王国胜. Office 2010 实战技巧精粹辞典[M]. 北京：中国青年出版社，2012.

[16] 郝胜男. Office 2010 办公应用入门与提高[M]. 北京：清华大学出版社，2012.

[17] 神龙工作室. Office 2010 中文版从入门到精通[M]. 北京：人民邮电出版社，2012.

[18] 孔祥东. Office 2010 从新手到高手[M]. 2 版. 北京：科学出版社，2012.

[19] 卞诚君. 完全掌握 Office 2010[M]. 北京：机械工业出版社，2013.

[20] 徐子珊. 从算法到程序[M]. 北京：清华大学出版社，2013.

[21] 董卫军，邢为民，索琦. 大学程序设计技术概论[M]. 北京：人民邮电出版社，2012.

[22] 田文洪. 软件工程[M]. 北京：机械工业出版社，2013.

[23] 严蔚敏. 数据结构[M]. 北京：清华大学出版社，1997.

[24] 王珊，萨师煊. 数据库系统概论[M]. 4 版. 北京：高等教育出版社，2006.

[25] 张忠华. 多媒体计算机硬件基础教程[M]. 北京：清华大学出版社，2013.

[26] 王中生，马静. 多媒体技术应用基础[M]. 2 版. 北京：清华大学出版社，2012.